증례로 배우는

아차하기 쉬운 환자들

Learning from Medical Errors | **Clinical Problems**

군자출판사

증례로 배우는 아차하기 쉬운 환자들

Learning from Medical Errors : Clinical Problems

첫째판 1쇄 인쇄 | 2007년 6월 20일
첫째판 1쇄 발행 | 2007년 6월 30일

지 은 이 Anh Vu T. Nguyen, Dung A. Nguyen
옮 긴 이 연세대학교 의과대학 응급의학교실
발 행 인 장주연
표지디자인 오호경
편집디자인 최진하
발 행 처 군자출판사
등 록 제 4-139호(1991. 6. 24)

본 사 (110-717) 서울특별시 종로구 인의동 112-1 동원회관 BD 3층
Tel. (02) 762-9194/5 Fax. (02) 764-0209
대구지점 Tel. (053) 428-2748 Fax. (053) 428-2749
광주지점 Tel. (062) 228-0252 Fax. (062) 228-0251
부산지점 Tel. (051) 893-8989 Fax. (051) 893-8986

This is a translation of
Learning From Medical Errors 1E by Anh Vu T. Nguyen, Dung A. Nguyen
Radcliffe Publishing Limited
18 Marcham Road, Abingdon,
Oxon OX14 1AA, UK

www.koonja.co.kr

* 파본은 교환하여 드립니다.

ISBN 978-89-7089-928-2
정가 22,000원

역자 명단

김승호 | 주임교수, 세브란스병원

김의중 | 강사, 영동세브란스병원

박유석 | 강사, 세브란스병원

박인철 | 조교수, 세브란스병원

이진희 | 강사, 영동세브란스병원

정성필 | 조교수, 영동세브란스병원

정현수 | 조교수, 영동세브란스병원

조준호 | 강사, 세브란스병원

좌민홍 | 강사, 세브란스병원

저자 서문 | Foreward

만일 의학이 충분한 의료자원과 전문의들의 적극적인 지원 하에서 평소부터 잘 아는 환자들과 여유있게 즐기면서 진료할 수 있는 것이라면, 그리고 모든 질환이 짐작할 수 있는 방식으로 나타난다면, 이런 책은 필요하지 않았을 것이다. 그러나 물론 현실은 - 특히 응급실은 - 정반대이며, 훌륭한 의사들도 진단이나 치료에서 과실을 범할 가능성이 있다. 불행하게도, 전통적인 의학 교육은 이러한 함정을 피하는데 별로 도움이 되지 않는다. 우리는 병태생리로 무장하고 증상의 발견과 전통적인 진단 과정을 배운다. 그렇지만 심지어 최고의 의사들도 얼마나 쉽게 실수할 수 있는지는 배우지 않는다.

이처럼 의학의 예술적인 측면을 연마하는 가장 좋은 방법은 실패 사례를 공부하는 것이라고 생각한다. 즉, 일선의 의사들이 정확한 단계를 밟는데 실패한 사례들, 그리고 더욱 중요하게는 왜 그런 실수가 발생되었는가를 연구하는 것이다. 분명 인간은 실수하게 마련이지만 전문가로서 우리는 실패담을 낭비해서는 안 된다. Nguyen(응우옌) 형제의 이 책은 수련과정에 있어서 커다란 공헌을 하였다. 우리가 매일 접하는 주요 증상들(흉통이나 호흡곤란 등)에 대한 기본적인 평가 단계들을 기술하였을 뿐 아니라 각 증상과 관련된 흥미롭고 유용한 증례들을 첨부하였다.

이 책에는 이 분야에 관심있는 의대 학생에서부터 수많은 당직으로 단련된, 한밤중에 비슷한 고민에 빠져있는 응급의학 의사에 이르기까지 모두를 위한 가치있는 교훈이 담겨져 있다.

Frank J Edwards MD, FACEP
Delphi Emergency Physicians 대표
인문사회의학 조교수, 로체스터 대학, 뉴욕
2005년 7월

역자 서문 | Foreward

"실수는 성공의 어머니"라는 말처럼, 무슨 일을 하든지 과거의 실수담은 성공의 밑거름이 된다. 불필요한 시행착오를 줄일 수 있기 때문이다. 환자를 대상으로 하는 임상의학에서, 특히 응급환자를 다루는 응급의학에서는 더욱 시행착오가 용납되지 않는다. 그러나 현실적으로 응급실은 오히려 실수하기 쉬운 환경이며, 응급의학 의사들은 "아차" 하는 경우를 경험하게 마련이다. 그런 실수들이 발생되는 것도 문제지만 더욱 심각한 문제는 크고 작은 실수 경험들에서 교훈을 얻지 못하고, 응급실의 시스템만을 탓하면서 불필요한 실수를 반복하거나 후배 의사들이 답습하게 하는 것이다. 물론 전공의 수련 중에 증례발표를 통해 실수를 돌아볼 기회가 있지만, 증상별로 놓칠 수 있는 실수를 골고루 경험하기도 어려울 뿐더러 그런 일이 일어나서도 안 될 것이다.

이 책에서는 환자나 의사들이 막대한 대가를 지불한 실수담을 증상별로 정리하였다. 아울러 그런 귀중한 실수들이 더 이상 재발되지 않도록 하기 위한 고민을 다루고 있다. 저자들이 서론에서 언급하였듯이 실수를 줄이자는 것이 꼭 모든 검사와 협진을 총동원하는 방어적인 진료를 하자는 것은 아니다. 오히려 병력이나 신체검진과 같은 기본에 충실하지 않는 최근의 진료행태가 실수하는 지름길이다. 또한 실수에 대한 불안과 강박증을 가지고 진료하라는 것이 아니라, 의사결정시 빈틈없고 폭넓은 사고를 하라는 것이다. 그리고 이 책의 실수 사례를 간접 경험으로 삼아서 환자가 보내는 적신호를 민감하게 포착하는 것이다. 그런 의미에서 이 책은 산전수전 다 겪은 고참의사들보다는, 실수에 대한 경험이 적고 진료습관을 형성해나가는 의대 학생들이나 새내기 의사들에게 더욱 도움이 되리라 생각한다.

이 책의 번역이 필요하다는 것에 동의하고 기꺼이 번역 작업에 참여해 주신 김승호 주임교수님을 비롯한 연세의대 응급의학 교실원들에게 감사드린다. 또한 출판 과정동안 수고해주신 군자출판사 관계자 분들에게도 감사드린다. 이 책의 내용이 우리나라의 진료환경이나 의료수가, 법률적인 부분과 일부 다를 수는 있지만, 응급의학을 배우는 의사들이 이 책을 통해 "아차" 하는 일이 줄어들게 되고, 그럼으로써 환자들의 불편과 건강상의 위해를 조금이라도 예방할 수 있었으면 하는 바램이다.

2007년 6월

연세의대 응급의학교실 **정 성 필**

저자 소개 | About the authors

Dr Anh Vu Nguyen은 베트남의 사이공에서 태어나 플로리다의 탬파에서 자랐다. 남플로리다 대학에 National Merit Scholar로 입학하였으며 공과대학을 summa cum laude*로 졸업하였다. 그 후 남플로리다 의과대학을 1996년에 졸업하였다. 1999년에는 플로리다의 Saint Petersburg에 있는 Bayfront 병원에서 전공의 과정을 마치고 가정의학과 전문의가 되었다. 이후 전담 응급의학 의사가 되어 1999년부터 2001년까지 플로리다의 Tallahassee 지역병원(현재의 Capital Regional 병원)에서 associate director로 일해 왔다. 1998년부터 2003년까지 그는 Saint Petersburg와 Tallahassee에서 urgent care provider로서, 그리고 플로리다 주 보건부에 의료 및 법률 자문관으로서 시간제로 일했다. 2003년에 Saint Petersburg에 있는 Bay Pines 보훈병원에서 시간제 응급의학 의사로 일했다. 2003년에 ambulatory medicine 전문의 자격을, 2004년에 응급의학 전문의 자격을 취득하였다. Consultant와 Patient Care 저널에 많은 논문을 게재하였다. 2004년에 플로리다 주립대학의 의과대학 임상조교수가 되었다.

취미는 독서, 여행, 영화, 무술이다. 태권도 2단으로 FSU 태권도 클럽의 assistant instructor이다.

Dr Dung Nguyen은 A Nguyen의 형으로 베트남의 사이공에서 태어나 플로리다 탬파에서 같이 자랐다. 남플로리다 대학에 National Merit Scholar로 입학하였으며 공과대학을 magna cum laude로 졸업하였다. 그 후 남플로리다 의과대학을 1994년에 졸업하였다. 1997년에는 플로리다의 Tallahassee에 있는 Tallahassee Memorial 병원에서 전공의 과정을 마치고 가정의학과 전문의가 되었다. 그 후 Tallahassee에서 가정의학과 urgent care medicine으로 개업을 하였다. 2003년에 ambulatory medicine 전문의 자격을 취득하였다. 1999년부터 2001년까지 남플로리다 대학의 Office of Research and Practice에 의료 자문관으로 일했다. 2002년부터 플로리다 주립대학의 의과대학 임상강사가 되었다. Patient Care 저널에 논문을 게재하였다.

취미는 스포츠카, 음악, 여행, 영화, 무술이다. 태권도 3단으로 FSU 태권도 클럽의 assistant instructor이다.

*수마쿰라우데. with highest praise를 뜻하는 라틴어로 '최우등'을 말한다. 절대평가로서, 아랫등급인 '우등'은 '마그나쿰라우데'라고 한다.

헌사 | Dedication

자식들의 교육과 행복을 위해 끝없이 헌신하신 부모님 Lan T 그리고 Nham T Nguyen, 그리고 학교에서 배울 수 없었던 것들을 가르쳐주신 할머니 Ca T Nguyen에게 이 책을 바칩니다.

감사의 글 | In appreciation of

Frank J Edwards MD와 Steven M Selbst MD에게 감사드리고 싶다. 그 분들은 우리를 격려하고 자신들의 증례를 사용하도록 허락해 주셨다. 또 이 책을 검토해 준 Jennifer Steimle MD와 Shirley Swanson RN에게 특히 감사드린다.

목차 | Contents

서론

Introduction

임상적 오류에 관한 책을 쓰는 이유

오늘날 미국에서는 신문을 펼치거나 TV를 켜기만 하면 의료사고를 걱정하는 광고를 보게 된다. 정말로 의료사고는 의사나 변호사들만의 관심사가 아닌 모든 국민들의 걱정거리가 되었다. 보험회사들은 의료사고 보험을 중단하거나 법원에서 판결한 막대한 보상금을 메우기 위해 엄청난 보험금을 부과한다. 정치인들은 의료계로부터 피해보상 한도를 제한하는 법률 개정안을 통과시키도록 압력을 받고 있다. 병원 경영진들은 많은 의사들의 응급실 근무를 면제하는 대신 특권을 박탈한다. 또한 병원들은 의료사고 보험을 들지 않도록 규정을 개편하여 의사들을 벌거벗기려 하고 있다. 마지막으로 우리 사회에서 가장 중요한 국민들은 계속해서 의료 접근 특히 전문가들에 대한 접근을 제한받게 될 것이다. 따라서 이런 주제들을 다루는 것이 매우 중요하다는 것을 쉽게 이해할 수 있다.

우리는 "방어진료"를 해야 하는가?

이것은 아주 대답하기 어려운 질문이다. 일반인들과 일부 의료인에게 이 개념은 어떤 진단을 놓치지 않기 위해 가능한 모든 검사나 협진을 동원한다는 의미로 받아들여진다. 즉, 치부를 가린다는 의미로 방어진료를 이해한다. 사실 어떤 사람들은 방어진료가 생각을 제한하는 나쁜 의료행위라고 이야기하며, 이런 견지에서 방어진료는 의료비 부담만 증가시키는 해서는 안 될 행위이다.

그러나 방어진료는 환자를 그가 가진 증상에서 생길 수 있는 위해로부터 방어한다는 의미로도 생각할 수 있다. 이런 위해는 충수돌기염처럼 바로 나타날 수도 있고, 수일 후(흉통이 불안정성 협심증으로 발전) 또는 수년 후(유방암의 진단)에도 나타날 수 있다. 신중한 의사에게 이것은 자세한 병력채취, 철저한 진찰, 세심한 감별진단, 적절한 검사의뢰, 최상의 치료, 주의사항의 설명과 외래 예약을 잘하는 것으로 받아들여진다. 또한 반드시 모든 환자에게 많은 검사와 진료비의 증가를 가져오는 것은 아니다. 우리는 이 책에서 그렇지 않은 많은 사례들을 제시할 것이다. 전문가에 대한 전화 협진, 챠트의 꼼꼼한 검토, 환자의 추적 관찰 등은 비용도 들지 않고 나쁜 의료라고 생각되지도 않는다. 방어진료 또한 의사가 판단과정에서 빠진 것은 없는지, 생각하지 못한 문제가 생기지는 않을지 지속적으로 심사숙고하도록 한다. 이것은 실수에 대한 강박증을 가지고 진료하라는 말이 아니라, 의사결정시 빈틈없고 폭넓은 사고를 하라는 것이다. 이런 개념은 의무기록 작성시에도 마찬가지로 적용된다. 다른 저자들이 많이 하는 조언처럼 의사들은 종종 자신이 법정에서 환자 측 변호사에게 왜 그런 행동을 하거나 하지 않았는지, 또 다른 가능성을 고려하지 않았는지 질문받는 장면을 상상해 보아야 한다. 또한 법정에서 자신의 경과기록지가 포스터만큼 확대되어 걸려있고 설명을 요구받는 장면을 생각해 볼 수도 있다.

우리는 의사들이 법정에 설 수 있다는 불안감을 가지고 진료해야 한다고 주장하는 것도 아니다. 단지 동료들이 자신의 행동과 결정에 대한 결과를 생각해보도록 권할 뿐이다. 이것은 많은 검사와 협진을 필요로 하기 보다는 진찰과 기록을 보다 철저히 하고 폭넓게 사고하기를 요구한다. 이런 방식으로 방어진료는 의사를 법정에서 도와줄 뿐 아니라, 더욱 중요하게는 의사가 히포크라테스 선서의 하나인 "환자에게 해를 끼치지 말라"를 존중하도록 함으로써 환자의 이해를 최대한 보장하도록 한다.

이 책의 목표

지금이야말로 이런 책이 나오기 적당한 시기라고 생각된다. 이 책은 환자에게 위해를 가져올 가능성을 줄이고 의사를 법적으로 도와주기 위한 길잡이를 제공하려는 의도로 씌여졌다. 의사들은 의료분쟁에 기여하는 요인들을 미연에 방지하려는 전략을 가져야 한다. 물론 항상 그래왔고 항상 그래야 하지만 그렇게 함으로써 사소하지 않은, 그리고 특히 사소한 분쟁들을 감소시킬 수 있다고 생각한다. 이것이 일차진료 의사들과 응급의학 의사들이 도달해야 할 목표이다. 왜냐하면 그들의 임상적 시나리오가 우리가 경험한 것과 마찬가지 상황이기 때문이다. 그러나 우리는 또한 실습 과정의 의대학생들과 아랫년차 전공의들 역시 이 책이 도움이 될 것이라고 기대한다. 그들은 실제적인 의료 현장을 초반에 경험함으로써 바람직한 진료 습관을 형성하는데 도움이 될 것이다.

우리의 바램은 독자들이 의료분쟁을 줄이고 철저하고 바람직한 진료를 수행하도록 하는 것이다. 물론 실제 환자에게 이 책에서 제시한 모든 개념을 적용하기는 불가능할 수 있으며, 각각의 환자에게 최선의 방법이 무엇인지 결정하는 것은 독자들의 몫이다. 그러나 나중에 추가적인 조치를 취할 수 있는 기회는 거의 없다는 사실을 기억하라. 우리는 다양한 임상적 환경(예, 개업, 민간 또는 공공병원 응급실, 수련병원, 주보건당국의 법률 자문 등)에서 수년 동안 경험한 방법과 노하우들을 기술하였다. 또 우리는 의료법적 문헌들에 많은 관심을 가지고 있으나 의사들이 이 분야에 대한 책을 쓰는 것은 어렵다. 우리는 그런 책에서 읽었던 흥미롭고 교육적인 증례들을 이 책에 포함시켰다. 또한 수년간 동료들과의 대화에서 나누었던 그들의 경험 중 일부도 수록하였다.

우리는 독자들이 이 책을 읽으면서 우리가 책을 쓰면서 느꼈던 것 이상의 즐거움을 얻기를 바란다. 의료분쟁이라는 주제가 의사들 사이에 선호되는 이야기 거리는 아니지만, 이 책이 의사들 사이에 법적인 부분에 대한 많은 흥미와 토론을 불러일으키기를 바란다. 우리가 이 책에서 소개한 개념에 대한 의견이나 독자들 자신이 진료중 사용하는 좋은 방식이 있으면 우리에게 알려주기 바란다.

이 책은 소송의 위험이 높은 주증상들에 초점을 맞추었다. 진료의 표준적인 흐름에 따라 환자분류에서 시작하여 진단과 치료에 이르는 순서로 내용을 구성하였다. 각 장은 해당 증상과 관련된

"함정"과 "오류 및 흥미있는 증례들"의 순서로 마무리 하였다. 함정은 발견하거나 의심하지 않으면 문제가 될 수 있는 정상의 변형된 형태를 말한다. "오류와 흥미있는 증례들" 부분은 우리가 진료중 경험한 것과 의료분쟁과 관련한 책에서 읽은 임상적 사례들을 요약한 것이다. 비밀 보호와 관련하여 증례의 세세한 부분들은 변형되었을 수 있다.

마지막 장에서 방사선 검사와 관련한 법적 문제들을 다루었다. 진료 시간의 많은 부분이 영상의학과 전문의의 도움을 받을 수 없으며 전화로 도움을 받기도 어렵다. 따라서 불가피한 경우 우리가 영상의학과 의사처럼 행동하고 스스로의 판독 소견에 따라 중요한 치료결정을 하기도 하는데, 여기에는 책임의 문제가 동반된다. 방사선 검사 자체도 부작용이 있을 수 있으므로 위험요인을 고려하여야 한다.

이 책의 후속편인 "Learning from medical error: legal issues"라는 책도 래드클리프 출판사에서 출판되었다. 그 책에서는 의학적 오류와 처치 및 의무기록에 대한 법적인 문제를 다루었다. 이 책과 마찬가지로 증례와 그에 대한 설명 방식으로 구성되었다.

제 1장
복통(Abdominal pain)

- 환자분류(Triage)
- 병력(History)
- 신체검진(Physical exam)
- 감별진단(Differential diagnosis)
- 진단검사(Diagnostic tests)
- 입원/외래 경과(Hospital/office course)
- 함정(Pitfalls)
- 오류와 흥미있는 증례들(Errors and interesting cases)

1996년 응급실을 찾은 환자들의 가장 흔한 단일증상은 복통이었다.[1] 또한 2001년 응급실에서 내려진 진단코드 중 4번째로 흔한 것이다.[2] 복부는 판도라의 상자라고 부를 수 있을 만큼 다양한 장기들이 위치하며 수많은 응급상황을 유발할 수 있다. 노인에서 더 흔하긴 하지만 나이에 관계없이 응급상황이 가능하다. 이에 비해 흉부나 두부에 관련된 응급 상황은 성인에서 더 흔하다.

해부학적으로 예상되듯이 응급실에 내원하는 급성 복통의 원인은 자연히 회복되는 양성질환부터 생명이 위험한 외과적 응급에 이르기까지 다양하다. 가장 흔한 진단명은 "원인불명의 복통"인데, 41% 정도를 차지한다.[3] 그 다음 흔한 것들로는 위장관염, 골반염, 요로감염, 요로결석, 충수염, 담낭염, 장폐쇄 등이다.[3] 그러나 노인에서는 담낭염(26%), 악성질환(13%), 장폐쇄(11%)에 이어 비특이적 복통이 10%를 차지한다.[3] 소아에서는 급성 복통의 원인이 크게 비특이적 복통(62%)과 충수염(32%)으로 대별된다.[3]

환자분류

급성 복통으로 내원한 환자 가운데 최대한 빨리 치료해야할 세 가지 부류가 있다. 첫째, 외과적 질환들(예를 들어 감돈성 탈장, 장폐쇄 등), 둘째, 감염성 질환들(충수염, 담낭염, 게실염 등), 셋째, 혈관성 질환들(허혈성 대장염, 파열된 복부 대동맥류 등)은 초응급으로 진료해야 한다. 요로결석, 췌장염, 요저류 등으로 참을 수 없는 통증을 호소하는 환자들도 빠른 진료가 필요하다. 또한 저혈압, 고열, 빈맥, 낮은 산소포화도 등 활력징후가 비정상인 환자들과 발한, 청색증 등으로 매우 힘들어하는 환자들도 즉시 진료하여야 한다.

병력

복통 환자의 병력을 채취하는 것은 다른 부위의 통증에 대한 병력채취 과정과 유사하다. 복통의 발병시간과 기간, 통증의 위치와 이동 여부, 복통의 세기와 양상 및 동반 증상을 물어본다.[4] 갑자기 발생된 복통은 흔히 장파열 등의 외과적 원인 또는 대동맥류 등의 혈관성 원인과 결부되어 있는 반면, 서서히 발생된 복통의 원인은 충수염과 같은 감염성 질환과 흔히 관련되어 있다. 환자가 기술하는 복통의 위치는 내장신경(visceral), 몸신경(somatic), 연관(referred) 통증의 세 가지 형태를 염두에 두어야 한다.

내장신경 통증은 복부의 장기로부터 발생되는 것으로, 잘 국소화되지 않으며 종종 몸신경 통증보다 먼저 생긴다. 오심, 구토, 발한과 같은 자율신경계 반응을 동반하는 경우가 많다.[5] 내장신경 통증과 특정 장기를 대응시키기는 어렵지만 일반적으로 간, 위, 담낭, 십이지장 원인의 통증은 명치 부위에 나타난다.[5] 소장, 충수, 맹장은 배꼽주위에 연관통을 발생시키는 경향이 있다.[5] 하복부의 통증은 대장, 신장, 요관, 방광, 골반내 장기에 의한 통증이 생기는 부위이다.[5]

몸신경 통증은 벽측 복막과 앞쪽 복벽에서 유발된다. 이것은 통증이 발생되는 해부학적 부위에 대응하는 특정 피부분절(dermatome)을 경유하여 척수로 들어가는 신경섬유로 전도된다.[5] 복부장기의 염증, 허혈, 확장은 복부의 몸신경 부분을 서서히 침범하기 때문에 내장신경 통증보다 늦게 나타나는 경향이 있으며 원인 장기의 부위를 더욱 정확히 반영한다.

연관통은 신경체계가 통증을 느끼는 피부부위에서 중복되기 때문에 발생한다. 복강내 장기의 질환이 복부 이외의 부위에 연관통을 유발할 수 있고, 반대로 복부 이외의 장기가 복통을 유발할 수도 있다. 담낭염과 췌장염에 의한 통증이 등의 중앙에 느껴질 수 있으며, 난관염이나 방광염의 통증이 허리에서 느껴질 수 있다. 요로결석은 종종 사타구니 또는 성기주변의 통증으로, 담석증은 종종 어깨 쪽의 통증으로 기술된다. 심근경색은 명치 부위의 통증으로, 폐렴과 폐색전증은 양측 상복부에 나타날 수 있다.

동반 증상은 복통의 진단과 평가를 돕는다. 복통이 시작된 후에 나타나는 오심과 구토는 종종 외과적 원인과 연관되는 반면 오심, 구토 후에 나타나는 복통은 급성 위장관염의 가능성이 높다.[5]

과거력도 중요한데 소화성 궤양, 담석증, 게실염 등의 복부 질환을 가진 환자들은 종종 유사한 증상을 여러 번 경험하기 때문이다. 과거에 어떤 치료법이 효과가 있었는지, 어떤 합병증이 있었는지(궤양에서의 출혈 등), 어떻게 치료받았는지(입원 또는 수술) 등을 물어본다. 자주 재발되지만 원인을 모르는 환자의 경우 가능하면 어떤 검사를 받았었고 결과는 어땠는지를 물어본다. 복부에 증상을 유발할 수 있는 내과적 질환 예를 들어 당뇨(케톤산증, 위마비), 관상동맥 질환(심근경색), COPD(폐렴) 등을 가지고 있는지를 확인한다. 위염과 아스피린, 항염증약물 및 스테로이드, 포르피리아를 유발하는 약물 등도 종종 복부 불편감을 초래하므로 기록하여야 한다.

마지막으로 복통 환자에게 가장 중요한 과거력은 수술병력이다. 앞에서 과거의 복강내 수술이 소장폐쇄와 연관이 있다는 것을 이야기하였다. 뿐만 아니라 과거에 절제받은 장기가 있다면 감별진단의 폭을 좁힐 수 있다. 과거 수술병력을 참조하여 수술로 인한 장유착, 복부 대동맥류 수술 후의 대동맥장루와 같은 추정진단을 내릴 수도 있다. 또한 골반, 부인과적 수술여부도 확인하도록 한다.

사회적 병력 또한 복통의 평가에서 빼놓을 수 없는 부분이다. 흡연 여부는 비록 그 효과가 만성적이기는 하지만 췌장암, 방광암과 같은 복부의 병변과 연관된다. 반대로 알코올 남용은 급성 질환(위장관 출혈, 췌장염)과 만성 질환(간경화, 복수)에 모두 관련된다. 여행병력 또한 아메바증이나 A형 간염과 같은 특정한 질환이 의심되는 경우에 중요하다.

아랫배가 아픈 여성의 경우에는 부인과적 병력이 포함되어야 한다. 주로 마지막 월경기간(임신 가능성, 골반염), 난소 낭종의 과거력, 자궁내막증, 섬유증(하복부 통증의 원인), 성매개질환의 병력(골반 합병증의 빈도) 등이 해당된다.

복통에 필요한 문진 질문으로는 발열, 오심, 구토, 설사, 배뇨통, 혈뇨, 질출혈, 질분비물, 혈변 등이 포함된다. 악성종양의 증가로 인해 체중감소, 요통, 만성적인 복통 등을 추가하기를 권한다.

신체검진

모든 복통 환자에서 5가지의 핵심적인 활력징후(혈압, 체온, 맥박, 호흡수, 산소포화도)를 평가해야 한다. 학생들은 복통 환자에게 산소포화도와 호흡수가 정말로 필요한지를 종종 묻는다. 앞서 말한 것처럼 복통의 복강외 원인으로 폐렴이 있을 수도 있고, 복강내 병변이 호흡기능에 영향을 줄 수도 있다. 흔한 사례로 복수나 장폐쇄로 인한 복부팽만이 폐용적을 감소시킬 수 있다. 또 체온은 상기도나 호흡기 증상이 있을 때만 중요하다는 잘못된 개념을 가진 사람들은 복통 환자에게 체온을 측정하지 않을 수 있다.

서론에서 신체검진의 전체적인 모습항목이 중요하다고 강조한 바 있다. 복통 환자에 대한 전반적 기술이 종종 심각한 복부 병변을 암시하는 단서가 되기도 한다. 극심한 통증(colicky, screaming) 환자들은 종종 요로결석이나 급성췌장염을 가지고 있다. 반면 가만히 누워 있으면서 찡그리는 환자들은 복막염을 가진 경우가 많다. 그러나 보호자들과 이야기하면서 과자를 먹고 있는 환자는 심각한 복부질환의 가능성이 희박하다.

위장관 계통의 진찰은 가슴에서 허벅지까지 옷을 벗은 상태에서 시행되어야 한다. 진단학 시간에 배운 모든 기본적 술기를 사용하도록 한다. 필요하다면 시진, 청진, 촉진, 타진을 시행한다. 경험에 의하면 추가적인 진단 검사나 관찰 없이 무시할 수 없는 복부 진찰 소견들이 있는데, 가딩(guarding), 반발압통, 복부의 경직, 종괴의 촉지, 복부 팽만, Murphy, 엉덩허리근(iliopsoas), 폐쇄근(obturator), Rovsing, Cullen, Grey-Turner 등의 여러 가지 징후들이다.

하복부 통증을 호소하는 모든 환자들에게는 남자의 경우 비뇨생식 계통의 진찰을, 여자의 경우에는 골반 내진을 시행하여야 한다. 그 이유는 증례 1.8을 참조하기 바란다. 또한 직장 검사도 시행하도록 한다. 비록 그런 진찰 소견이 양성인 경우는 적지만, 가끔씩 탈장이나 골반내 종괴 등의 유용한 정보를 추가로 제공해준다. 특히 추가적인 시간이나 비용이 들지 않고 안전하기 때문에, 나중에 문제가 생겼을 경우 왜 그런 기본적인 검사를 시행하지 않았느냐는 질문을 받고 곤경에 처할 수 있다. 증례 1.2를 참조하기 바란다. 기본적인 검사를 완전하게 시행하지 않고 CT, 초음파, 내시경 등의 비싼 검사를 의뢰한다면 비용효과적이지 않은 돈만 벌려는 의사로 비쳐질 것이다.

감별진단

감별진단은 먼저 국소적인 질환들을 고려하는 것으로 시작하여 다른 부위의 원인들을 고려하는 방향으로 확장해 나가도록 한다. 또한 응급상황을 초래하는 질환에서 좀더 양성 질환으로 확장해 나간다. 이런 방식은 사실 동일한 접근법인데 "병력" 부분에서 질환의 중증도가 높을수록 양상이 더 국소적으로 나타난다고 기술한 것과 같은 맥락이다. 반복되는 이야기 이지만 양성 진단은 놓치더라도 큰 문제가 없지만 응급 질환을 놓치게 되면 심각한 문제를 초래하기 때문에 응급 질환에 대한 감별을 먼저 고려하게 된다.

하복부 통증으로 내원한 여자 환자는 산부인과적 원인을 감별진단에 포함시켜야 한다. 복통의 복부외적인 원인으로는 폐렴, 당뇨성케톤산증, 포르피리아 등이 있다. 관상동맥 질환이나 말초혈관 질환을 가진 환자에서는 혈관성 원인을 염두에 두어야 한다. 그런 원인들로는 대동맥류, 대동맥 박리, 장간막 허혈, 상장간막정맥 혈전증 등이 있다. 특히, 장간막 혈관의 문제들은 종종 복통 환자의 평가시 원인으로 잘 고려되지 않는다.

진단검사

병력이나 진찰 소견, 활력징후에 특별한 이상이 없다면 진단검사나 영상 검사는 필요치 않을 것이다. 그런 경우 대부분은 위염, 장염, 기능성 복통처럼 저절로 호전되는 양성질환이다. 반발 압통, 딱딱한 복부 등 외과적 원인이 의심되거나 저혈압과 같은 불안정한 상태의 환자 또한 추가적인 검사보다는 즉각적인 수술 의뢰가 적절할 것이다. 그러나 많은 경우 복통 환자들은 앞에서 말한 두 가지 범주에 들기보다는 추가적인 검사를 필요로 하게 된다.

일반혈액검사(CBC)는 세균 감염(충수염, 담낭염 등), 혈액 소실(소화성 궤양 등), 또는 혈관 손상(복부 대동맥류 파열 등)이 의심되는 모든 환자들에게 추천된다. 백혈구 수가 정상이라고 해서 심각한 감염을 배제할 수는 없지만, 열이 없고 복부 압통이 없는 등의 다른 정보들을 확인시켜 주는 역할을 한다. 약간 상승된 백혈구 수치(10,000~12,500/㎕)는 의사들을 혼란스럽게 하며, 법적인 문제를 초래하는 원인이 되기도 한다(증례 1.3을 참조하시오). 분명하게 상승된 백혈구 수치(12,500/㎕ 이상)는 경과 관찰, 방사선 검사, 수액 투여 후 반복 검사 등의 추가적인 조치가 필요하다는 경보가 된다. 백혈구의 분획(differential)이 좌측편위(band 형의 비율 증가)된 것은 세균 감염에 더 특이

적이므로 절대적인 백혈구 수치에 관계없이 감염의 가능성을 생각해야 한다.

기본적 화학검사도 구토나 설사가 있거나 전해질 불균형이 의심되는 환자들에게 시행되어야 한다. Dilantin 독성으로 구토가 생기듯이 약물의 독성이 위장관 증상으로 나타날 수 있으므로 약물 농도를 측정할 필요가 있다. 상복부 또는 배꼽주위 통증에서는 간기능 검사와 라이페이즈를 검사해야 한다. 하복부 통증이나 비뇨기계 증상이 있다면 소변검사가 필요하다.

가임연령의 여성에게는 임신반응 검사를 고려해야 한다. 심지어는 난관결찰술을 받았거나 피임을 시행하는 여성도 포함하여야 한다. 이런 방법이 실패할 가능성도 있으며 임신이 가능하지 않다고 생각되는 여성이 임신하게 되는 경우가 있기 때문이다. 잘못된 상식중 하나는 월경 중이기 때문에 임신 가능성이 없다는 생각이다. 일반적으로 임신이 절대적으로 불가능한 경우는 초경전과 폐경후, 그리고 자궁적출술을 받은 환자 뿐이다(비록 예외가 증례 1.6에 소개되어 있지만).

일부 환자들에게는 복강외적인 복통원인을 추가로 검사할 필요가 있다. Tintinalli 교과서에서는 50세 이상이거나 관상동맥질환의 과거력이 있다면 심전도를 검사하도록 권장하고 있다. 증례 1.14를 참조하기 바란다. 호흡기계 증상을 동반하거나 산소포화도가 낮다면 흉부 엑스레이를 촬영을 고려한다. 성적으로 활동적인 여성이 하복부 통증이 있다면 골반 배양이 적절할 것이다.

방사선 검사가 자주 사용되지 않는 흉통과는 달리 복통의 평가에는 방사선 검사가 매우 중요하다. 일반 복부 엑스레이가 도움이 안 된다고 느끼는 사람들도 있지만 적어도 두가지 상황에서는 유용하다: 장폐쇄와 장파열이다. 따라서 복통 환자중 과거에 수술을 받았거나, 탈장이나 종양의 병력이 있거나, 복부 팽만이 있거나, 복막자극 증상이 있으면 복부 엑스레이를 촬영하여야 한다.

CT는 급성 복통의 감별진단에 커다란 공헌을 하고 있다. 충수돌기염, 게실염, 복부 대동맥류, 대장염 등과 같은 특정 질환에는 일차 선택검사가 되었다. 또한 장폐쇄(일반 방사선 검사가 진단적이지 못할 때), 복부외상(장의 혈종이나 열상 가능성이 있는 안정된 환자), 담낭염(비록 초음파가 더 좋지만), 췌장염의 합병증(가성낭종 등)의 진단에도 사용된다. 우리는 위와 같은 경우에(담낭염의 경우 초음파가 가능한 경우는 제외) CT를 고려하기를 권한다. 이런 경우 보통은 복부에 압통이 있거나 백혈구 수치가 증가하므로 그런 경우를 CT 의뢰 기준으로 삼아야 한다.

초음파 역시 급성 복통 환자를 진단하는데 많은 역할을 한다. 세계적으로 응급실에 초음파 장비가 많이 보급되고 있으며 전공의들을 위한 교육과정이 증가하고 있다. 초음파는 응급상황에서 CT에 비해 분명한 몇 가지 장점을 가지고 있다. 빠르고 환자를 이동하지 않아도 되므로 불안정한 환자에게도 안전하게 검사가 가능하다. CT처럼 방사선에 노출되지 않으므로 어린이나 산모에게 특히 유용하다. 마지막으로 담낭염과 골반내 질환의 경우 더 높은 민감도를 갖는다.

우리는 치료에 곧바로 응용하기 전에 초음파의 한계를 분명히 인식해야 한다. 결과가 시행자의 능력에 일정부분 좌우된다. 또 덩치가 큰 환자는 상대적으로 초음파 검사가 어려우며 식사한지 얼마 안된 경우에는 확장된 장 때문에 인공음영(artifact)이 발생된다. 의뢰의사가 초음파 검사로 찾고자 하는 것을 분명하게 전달하지 않으면 그에 합당한 진단을 하기 어렵다. 예를 들어 난소염전을 의심하는데 색 도플러 없이 그냥 초음파 검사를 의뢰하면 결과지에 난소염전 여부에 관한 소견을 볼 수 없게 된다.

입원/외래 경과

복통을 호소하는 많은 환자들은 수액이나 통증 및 오심을 조절하기 위한 약물을 투여받게 된다. 진통제를 주면 증상을 가리므로 안 된다는 전통적인 믿음은 더 이상 외과나 응급의학 의사들에게 유행하지 않는다. 수술 가능성이 있는 환자들은 외과적 질환이 배제될 때까지 금식을 시켜야 한다. 치료적 조치 후에는 환자를 재평가하고 진찰 소견을 기록해야 한다. 앞서 말한 것처럼 복통 환자에게는 반복적인 진찰이 매우 중요하다. 때때로 복통 환자들에 대한 거취 결정은 매우 어렵다. 이는 여러 가지 검사에도 불구하고 "불특정 원인"에 의한 복통의 비율이 높기 때문이다. 복통 환자의 진단이 어려운 것은 모든 연령의 환자들에게 응급 상황이 발생되기 때문이다. 비전형적인 양상을 보여 오진이나 분쟁으로 이어지는 경우는 보통 소아나 노인 환자들이다. 이런 이유로 오래되었지만 현명한 응급의학의 격언이 만들어졌다. "의심되면 보내지 마시오"

경험에 의하면 복통 환자들의 거취에 대해 몇 가지 일반적 원칙을 제시할 수 있다. 당신이 개입한 이후에도 호전되지 않은 복통 환자는 보내지 마시오. 약물 투여 후에도 계속 구토를 하는 환자는 보내지 마시오. 검사들이 정상인데도 복부에 압통이 지속되는 환자를 퇴원시킬 때는 매우 조심하시오. 마지막으로, 진단이 불확실하지만 외과적 질환으로 진행될 것이 염려되는 환자를 해당과에 입원 의뢰하는 것을 주저하지 마시오. 환자에게 어떤 경우에 다시 내원하도록 주의를 주더라도 환자에게 합병증(맹장주위 농양 등)이 발생되면 진단의 지연에 대한 책임을 추궁받게 될 것이다.

함정

앞서 말한대로 복부 이외의 원인에 의한 복통에 주의해야 한다. 급성 심근경색이 상복부 통증으로 내원하는 등의 흔한 사례는 여간해서는 놓치지 않는다. 증례 1.20을 참조하시오. 폐렴과 같이 특이한 경우는 의심하지 않으면 놓치기 쉽다. 우리가 경험한 환자는 우하복부 통증과 압통이 있고 백혈구 수치가 증가되어 있었다. 복부 방사선 사진에는 소장의 팽만이 있었고, 좌측 폐 하부에 침윤이 의심되었다. 흉부 방사선 사진에서 폐렴이 확인되었고 환자의 복통은 폐렴에 이차적으로 발생한 장마비(ileus)에 의한 것이었다.

골반 부위를 복부와 구분하는 사람들이 있다는 것을 기억하라. 골반의 질환이 복통을 나타나는 경우는 드물지 않다. 충수돌기염의 임상양상은 어떤 경우에는 골반염과 유사하다. 증례 1.18을 참조하시오. 따라서 복통의 치료는 종종 많은 전문과목이 관여하게 된다.

급성 복통의 진단명으로 장염과 요로감염이 남용되고 있다. 비록 두가지 질환이 흔하긴 하지만 이것이 적신호가 있을때 추가적인 검사를 방해해서는 안된다. 적신호에 해당하는 것으로는 발열, 저혈압, 대변의 적혈구, 체중감소, 진찰상 의미있는 복부압통 등이 있다. 우리 경험으로는 장염이나 요로감염으로는 복부압통이 거의 생기지 않는다. Rosen 교과서에는 응급의학 의사가 불확실한 원인의 복통 환자에게 무조건 장염이란 진단을 붙이려는 유혹을 이겨내야 한다고 기술하고 있다. 그것은 환자나 다른 의사들의 주의를 더 심각한 외과적 질환에서 멀어지게 한다.[7] 증례 1.7과 1.16을 참조하기 바란다.

비슷한 이야기이지만 충수돌기염처럼 보이거나 냄새가 나면 그럴 가능성이 높은 것이다. 장염이나 요로감염이라고 스스로를 확신시키려 하지 말아라. 이런 흔한 실수가 소송과 커다란 경제적 손실을 가져온다. 증례 1.15를 참조하기 바란다.

또 배뇨통이나 빈뇨 증상이 있다고 해서 모두 요로감염이 있는 것은 아니다. 이들 증상은 때때로 복강 또는 골반 장기의 염증에 의한 비뇨기계통의 자극 때문에 발생된다. 예를 들면, 회장 뒤쪽의 충수돌기는 요관을 자극할 수 있으며 골반부위의 충수돌기는 방광에 자극을 줄 수 있다.[8] 게다가 요로감염의 존재가 다른 심각한 복통의 원인이 없다는 증거가 되지는 않는다. 마지막으로 소변 채취가 대부분 무균상태로 시행되지 않으므로 검체가 상피세포에 오염될 수 있다.

진단 검사에 너무 의존하면 결과가 병력이나 진찰소견과 일치하지 않을 때 환자의 거취를 잘못 결정하게 된다. Selbst와 Korin은 충수돌기염이 의심되는 소아에서 의료분쟁을 피하려면 전형적 병력, 의심되는 진찰소견, 비정상적인 검사소견 가운데 둘 이상이 있을 때 입원이나 외과 협진을 고려하라고 제안하였다.[9] 이 권고는 평가의 한 단면이 아닌 전반적인 면을 관찰하라는 기본에 충실하라는 것이다. 증례 1.1은 이렇게 기본에 충실하는 것의 중요성을 잘 보여준다.

진단검사 부분에서 언급한대로, 의사들은 의뢰하는 검사들의 한계를 잘 알아야 한다. 그렇지 않으면 부적절한 검사의 정상 결과를 보고 잘못된 거취결정을 할 수도 있다. 좋은 사례가 증례 1.4에 소개되어 있다.

소아나 노인에서 복통은 매우 비전형적인 양상을 보일 수 있다. 진찰소견은 종종 전형적이지 않으며 검사소견도 시행하거나 해석하기 어려운 경우가 많다(예를 들어 초음파의 위음성 비율이 높으며, 소아에서는 정맥이나 직장 조영이 어렵다). 충수돌기염은 소아에서 가장 흔히 오진되는 질환이다. 6세 이하의 소아에서 60%가 처음에 진단되지 못한다. 가장 흔한 오진은 장염으로 진단하는 것이다.[10]

노인 환자의 복통은 특별히 주의를 기울여야 한다. 노인들은 복부의 많은 노인성 질환에 더 걸리기 쉽다. 그런 질환들에는 복부 대동맥류, 대동맥 박리, 장간막 허혈, 장간막정맥 혈전증, 담낭염, 게실염, 허혈성 대장염 등이 포함된다. 또한 노인들이 갖고 있는 당뇨, 관상동맥질환, 말초혈관 질환 등의 만성 질환이 복부의 심각하지 않은 질환에도 견디지 못하게 만든다. 따라서 신중한 의사라면 노인 복통 환자에게는 검사나 입원을 위한 기준을 낮추어야 한다. 또한 설명이 안 되는 복통을 가진 노인들에게도 방사선 검사나 입원을 고려하기를 권한다. 반복된 진찰을 받는 것도 거취 결정에 필수적이다. 증례 1.9를 참조하시오.

허혈성 대장염과 장간막 허혈은 복통 환자에서 가장 진단하기 어려운 질환들이다. 두 질환 모두 전반적이고 국소화되지 않는 복통을 호소한다. 종종 진찰소견보다 매우 심한 통증을 호소하는데, 간헐적으로 올 수 있다. 마지막으로, 일반적으로 복통에 가장 좋은 방사선 검사인 CT도 두 질환에는 비교적 민감도가 낮다. 시의적절한 진단을 위해서는 질환의 초기에 혈관 조영술을 시행하여야 한다. 사실 그리 아파보이지 않는 노인들에게 그런 침습적인 검사를 하자고 하기 어려울 정도로 빠른 시기에 검사를 필요로 한다.[11] 허혈성 대장염의 경우 조영 증강 CT의 민감도는 71%이고, 혈관조영술의 민감도는 88%에 불과하다.[12] 이들 질환의 진단의 어려움을 증례 1.5에 기술하였다.

복강이나 골반에 이물질(탐폰, 자궁내 장치, 박동기 등)을 가지고 있는 환자가 발열과 복통을 호소한다면 다른 원인이 밝혀지기 전까지는 패혈증으로 간주하여야 한다. 질이나 자궁내 장치는 흔하며 적절한 환경에서는(잘못 위치하거나 너무 오래 유지하면) 세균이나 감염의 좋은 피난처가 된다. 독성쇼크 증후군과 골반염은 골반내 이물의 잘 알려진 합병증이다. 이런 환자들은 입원과 정맥내 항생제 투여의 기준을 낮추어 적용해야 한다. 증례 1.3을 참조하기 바란다.

내원하는 양상이 항상 교과서 같지는 않고 병력이 항상 전통적이지는 않다. "환자는 항상 책대로는 아니다" 라는 유명한 말도 있다. 그러므로 열린 마음으로 비전형적인 증상으로 내원하는 환자를 대비하여라. 특정 환자 집단에 흔한 질환들은 양상이 기대와 다르거나 검사결과가 불확실하더라도 감별진단에 포함시켜야 한다. 증례 1.10을 참조하시오.

Mallett은 "Emergency care of the woman" 에서 "골반통이나 질출혈로 내원한 모든 가임기 여성에게는 자궁외 임신을 감별하여야 한다" 라는 심오한 말을 남겼다.[13] 많은 응급의학 또는 영상의학과 의사들이 "복통이나 질출혈이 없으므로 자궁외 임신일 리가 없다" 라고 말한다. 그런데 문제는 그 두가지 증상이 파열된 자궁외 임신의 특징일 뿐이라는 것이다. 다음과 같은 Brennen의 언급은 이런 잘못된 생각을 확인해 준다. "현재와 같은 진단방법을 가지고도 자궁외 임신은 처음 외래방문 때 50%가, 처음 응급실 방문 때 36%가 진단되지 못한다.[13] 또한 Mallett에 의하면, 조기 진단으로 난관 파열을 보존하는 것이 목적이라면 통증이 없다는 것이 진단에 유용하지는 않다." 라고 한다.[14] 증례 1.11을 참조하시오.

우하복부 통증이 항상 충수돌기염은 아니다. 대부분의 의사들은 이 사실과 상당수의 위음성 진단이 이루어지고 있음을 알고 있다. 크론병, 골반염, 난소낭종 등을 비롯한 다른 흔하지 않은 진단들도 우하복부 통증을 유발할 수 있다. 증례 1.12를 참조하시오.

급성 담낭염은 거의 모든 교과서에 발열, 오심, 구토, 우상복부 통증을 유발한다고 기록되어 있다. 이런 기술은 대부분의 경우에 정확하지만, 우리는 상복부 통증으로 내원한 환자를 많이 보았다. 우리 생각에는 뚱뚱하고 40대의 가임여성(4F)이 상복부 통증이 있다면 일단은 담낭염으로 생각하라는 것이다. 증례 1.13을 참조하기 바란다.

소아에서 복통은 종종 비전형적이므로 주의해야 한다. 소아는 통증을 국소화하는 능력이 떨어져 평가하기 어렵다. 또한 소아들은 고환의 문제를 복통으로 표현하기도 한다. 고환의 질환은 10대에서 흔한데, 두려움 때문에 스스로 고환의 통증이나 부종을 알리려하지 않는다. 그러므로 우리는 Selbst의 "복통으로 내원한 소년을 진찰할 때는 성기 주변을 자세히 관찰해야 한다"라는 말에 동의한다.[15] 증례 1.17과 1.19를 참조하시오.

오류와 흥미있는 증례들

[증례 1.1] 임상적 의심의 중요성

- 첫 번째 증례는 위에 언급한 것들을 되새겨 준다. 30세 여자가 4일간의 우하복부 통증으로 응급실에 왔다. 동반 증상은 없었고, 성접촉이나 산부인과적 병력도 없었다. 열은 없었으며, 우하복부에 가딩(guarding)을 동반한 압통이 있었으나 반발압통은 없었다. 백혈구 수치는 약간 상승되어 있었다. 임신검사는 음성이었고 충수부위의 CT는 정상으로 판독되었다. 응급실에서 4시간 동안 관찰하였으나 증상의 호전이나 진찰 소견의 변화는 없었다. 백혈구의 증가와 진찰소견의 가딩(guarding)을 이유로 외과에 입원하여 관찰하기로 하였다. 또 그녀의 나이든 어머니가 2일전 심장에 스텐트를 시술받아서 운전을 하면 안 되기 때문에 퇴원 후 상태가 나빠졌을 때 곧바로 병원에 오기가 힘들다는 이유도 있었다.
- 우리는 자주 응급실 근무를 하지는 않지만 그날 다른 의사와 근무 교대를 한, 나이 많은 외과의 당직의사에게 연락했다. 환자의 상태와 처지 등을 설명하니, 외과 당직의사는 그 환자가 외과적 문제를 갖고 있지 않으며 사회적 이유로 환자를 입원시킬 수는 없다고 하였다. 그는 CT가 정상이므로 환자를 퇴원시켜야 한다고 주장하였다. 우리가 CT가 정상이면서 충수염을 가진 환자들을 본적이 있다고 대답하니, 외과의는 "내가 당신보다 2배나 더 오래 환자를 보아왔지만 이 환자는 아무 문제가 없다" 고 말했다. 우리가 다시 한 번 부탁하자 마지못해 입원시키기로 하였다. 3일후 그 환자의 보호자가 와서 환자가 입원한 지 24시간 만에 회장 뒤쪽의 충수돌기 파열로 수술을 받았다고 말했다.
- 충수염 환자는 종종 검사가 거의 정상에 가까운 경우가 있으며, CT에서도 충수돌기가 일반적인 위치에 있지 않으면 진단율이 떨어진다. 이런 경우 의사의 임상적인 판단이 중요하다. 모든 환자를 입원시켜 관찰할 수도 없고 모든 환자를 증상이 악화되면 다시 오라고 설명하고 보내는 것도 현명하지 않다. 의사는 환자의 사회적 상황이 적절한 시기에 병원에 올 수 있는 여건인지를 따져보아야 한다. 경우에 따라 외과의에게 환자를 와서 진찰하도록 주장해야 할 필요가 있다. "함정" 부분에서 언급했듯이 백혈구 수치의 상승과 인상적인 복부 진찰 소견이 이 환자를 입원시키도록 했다.

[증례 1.2] 확인하려고 했나요?

- 이번 증례는 하복부 통증으로 응급실에 내원한 여환에서 골반내진의 중요성을 보여주고 있다. 수년 동안 자궁의 섬유종 병력을 가진 40세 여자가 점점 심해지는 하복부 통증으로 응급실에 왔다. 그녀는 그동안 아이를 원했기 때문에 자궁절제술을 거부해왔다. 그러나 이번에는 너무 통증이 심해서 수술을 하고 싶다고 했다. 담당 의사는 진통제를 처방하고 산부인과 외래로 내원하도록 하였다. 이미 알고 있는 만성 질환에 대해 자세한 추가 검사의 필요를 느끼지 않았던 것이다.
- 환자는 2일후 집에서 심정지가 발생하여 병원으로 이송하던 중 구급차에서 사망하였다. 부검 결과는 골반감염에 의한 패혈증이 사인이었다. 진료 의사는 내진과 혈액검사를 시행하지 않은 잘못이 있었다. 이 검사들이 다른 치료 방침으로 연결되었을 지는 의문이지만, 처음에 간단한 검사를 시행하지 않은 것을 나중에 비난하기는 쉽다. 반대로 만성적인 문제로 내원한 환자를 검사하려고 하는 의사를 비판하는 것 또한 쉬운 일이다.

[증례 1.3] 얼룩말[1]까지 찾아야 하는가?

- 29세 여자가 좌하복부 통증으로 외래에 내원하였다. 통증은 10시간 전부터 발생되었고, 과거력상 8개월 전부터 자궁내 피임장치를 삽입하고 있었다. 오심은 있었으나 구토, 설사, 발열은 없었다. 혈압이 90/60 mmHg인 것을 제외하면 활력징후는 정상이었다. 진찰상 좌하복부에 압통이 있었으나 가딩(guarding)이나 반발압통은 없었다. 좌측 부속기에도 압통이 있었다. 혈액검사상 백혈구는 11,500/μl였고, 소변검사나 임신검사는 음성이었다.
- 외래 의사는 복부와 골반 CT를 의뢰하였고, 판독 결과는 정상이었다. 일단 게실염에 준해서 항생제를 처방하였고, 다음날 외래로 오도록 하였다. 환자는 그 다음날 외래로 가지 않은 대신 3일후 응급실로 내원하였고 당시 39.6℃의 열이 있었고 패혈증이 의심되었다. 재촬영한 CT상 난소정맥에 혈전이 관찰되었으며 오랜 기간 동안의 입원치료가 이어졌다.
- 보호자들은 외래 의사와 방사선 판독의사를 상대로 소송을 제기하였다. 소송이 진행중이긴 하지만 외래 의사의 진료는 크게 문제가 없는 것 같다. 그의 판단은 불완전한 CT 판독을 근거로 하였으며, 검토 결과 처음 CT에서도 혈전은 존재하였다. 혈압이 조금 낮았지만 패혈증을 의심할만한 소견은 없었다. 복부 소견도 외과적 원인을 시사하지는 않았다. 환자에게 다시 내원하도록 권유하였으나 지켜지지 않았다. 패혈성 혈전정맥염(septic thrombophlebitis)은 자궁내 장치의 드물고 불행한 합병증이다.

1) 말 울음소리가 들리면 일반적으로 말(horse)이라고 생각하게 되는데 드물게는 얼룩말(zebra)일 수 있다는 뜻으로 임상에서 일단은 흔한 진단명을 생각하지만 실제로는 비슷하지만 드문 질환일 수 있다는 뜻임.

[증례 1.4] 가장 좋은 검사는?

- 이번 증례는 진단 검사의 한계를 깨닫는 것의 중요성을 보여주기 위한 것이다. 응급의학 전공의가 뚱뚱하고 젊은 여자 환자를 보고 있다. 그녀는 우상복부 압통과 미열을 동반하고 백혈구 수치가 증가되어 있었다. 급성 담낭염을 의심하였으나, 그 병원에서는 새벽 3시에 초음파 검사를 할 수 없었기 때문에 복부 CT를 검사하도록 하였다. CT 판독은 정상이었고 그 환자는 퇴원하였다. 그러나 2일이 지나서 다시 더 심해진 통증으로 내원하였으며 초음파 결과 급성 담낭염으로 진단되었다. 수술 도중 담낭 파열이 발견되었는데, 이것은 처음 내원시 초음파를 시행하였더라면 예방할 수도 있었을 것이다. Tintinalli 교과서[16]에 의하면 담낭 질환을 진단하기 위한 경우 CT의 민감도는 50% 이하로 불충분하기 때문에 초음파 검사를 대체할 수 없다고 기술되어 있다.

[증례 1.5] 까다로운 진단

- 5년전에 한 할머니가 한달 동안의 전반적인 복통을 주소로 내원하였다. 발열, 오심, 구토, 체중감소 등은 없었다. 심장 질환의 위험인자나, 과거 수술병력도 없었다. 진찰상 복부 전반에 미약한 압통이 있었으나 가딩(guarding)이나 반발압통은 없었다. 대변 잠혈 검사는 음성이었다. 검사상 백혈수 수치는 16,000/㎕으로 증가되었고, 소변 검사에서 세균이 3+였다. 정맥, 경구, 직장 조영을 실시한 복부 CT는 정상으로 판독되었다. 진찰 소견은 응급실에 있는 동안 변하지 않아 잠정적으로 "불확실한 원인의 복통"이라는 진단을 내렸다. 입원을 권유하였으나 환자는 고민후 귀가하기로 하였다. 요로감염에 대한 처방과 함께 증상의 악화가 있으면 곧바로 내원하도록 하였다. 우리는 요로감염에 의해서 한달 동안 전반적인 복통이 있을 것 같지는 않았으므로 요로감염에 의한 복통으로 진단하지는 않았다. 환자는 2일후 증상 악화로 재내원하여 수술을 받았으며 장의 일부가 괴사되어 있었다. 이 증례는 CT 검사의 한계와 노인들의 비전형적인 질병 양상을 잘 보여주고 있다.

[증례 1.6] 이미 만들어졌다

- 다음 증례는 아주 희귀한 것으로 동료의사인 Ted Koutouzis가 제공해준 것이다. 한 여자 환자가 3개월 전부터 생긴 하복부 통증으로 내원하였다. 환자는 3개월전에 자궁절제술을 받았는데 그 이후에는 병원에 다니지 않았다고 한다. 열은 없었고 하복부에 가벼운 압통이 있었다. 자궁절제술을 받았으므로 임신검사는 시행하지 않았다. 복부 방사선 사진상 장폐쇄를 시사하는 소견은 보이지 않았다. 혈액 검사상 백혈구 수치도 정상이었다. 환자는 장 유착에 의

한 만성 복통을 진단명으로 퇴원하였다. 2일후 환자는 다시 내원하여 파열된 자궁외 임신으로 응급 수술을 받았다. 이번 임신은 자궁 수술 전에 시작된 것이었으며 그 당시 산부인과에서는 임신 검사를 하지 않았다. 이 증례는 복통이 있는 모든 여성에게 임신의 가능성을 고려하도록 상기시켜 준다.

[증례 1.7] 퍼즐이 안 맞는다

- 이번 증례는 Edwards의 "M & M files" 에 나오는 비전형적인 증상을 가진 경우에 요로감염을 진단한 사례이다.[17] 임신 22주인 29세 여자가 상복부, 등의 통증과 오심으로 응급실에 왔다. 환자는 힘들어 보이지 않았으며 활력징후도 정상이었다. 상복부에 압통이 약간 있었으나 늑골척추각 압통은 없었다.
- 환자의 백혈구 수치는 약간 상승되어 있었다. 다른 검사는 임신상태를 감안하면 정상 범위였다. 깨끗하게 채취한 소변으로 시행한 검사는 백혈구 15~20, 약간의 적혈구, 상피세포 5~10, 세균 1+였다. 환자는 담당의사로부터 신우신염 초기일 가능성이 있다며 cephalexin을 처방받고 퇴원하였다.
- 밤새도록 환자는 상복부에 간헐적인 작열통을 호소했고 아침 일찍 응급실로 재방문하였다. 다른 의사가 그녀에게 Mylanta를 주었는데 복용후 통증이 가라앉아 "임신에 의한 식도역류" 라는 진단하에 퇴원하였다. 다른 검사는 없었으며 요로감염에 대하여 항생제를 계속 복용하도록 설명하였다.
- 9일후 상복부 통증이 점점 심해져 그녀는 산부인과 주치의를 찾아갔다. 그녀는 2일간의 설사와 미열을 동반하고 있었다. 산부인과 의사는 그녀를 입원시켰고, 초음파에서는 담석이 보였고 대변 배양검사에서 Clostridium difficile 양성이 나왔다. 환자는 위막성 대장염의 치료를 일주일간 받았고, 산부인과 의사는 소변배양 검사가 음성임을 알고는 응급실 관계자에게 오진과 불필요한 치료에 대해 항의하였다. 환자는 임신기간 동안 별다른 합병증이 없었으며 분만 7개월후 담낭절제술을 시행받았다.
- 첫 번째 응급실 의사는 임상적 의사결정에 몇가지 문제점이 있었다. 상복부 통증으로 내원한 점과 비뇨기계 증상이 없다는 점은 요로감염과 일치하지 않는 소견이었다. 산모에서 상복부 통증은 오히려 담낭 질환이나 위식도 역류의 가능성이 시사하며 두 질환 모두 임신으로 악화된다. 진찰 소견에서도 상복부에 압통이 있었는데 요로감염에는 맞지 않는다. 우리 경험으로는 요로감염이 복부에 압통을 유발하는 경우는 거의 없다. 압통이 있더라도 치골상부나(신우신염의 경우) 옆구리 쪽에 위치할 것이다. 마지막으로, 채취시 오염된 소변 검사의 위양성 결과에 따라 항생제를 처방함으로써 의인성 합병증을 초래하였다. 이 오류는 소변을 무균적으

로 채취함으로써 쉽게 예방할 수 있었던 것이다.

- 두 번째 응급실 의사도 오류를 범하였다. 그는 임신시 담석증의 빈도가 증가한다는 것을 인식하지 못하였다. 또한 첫 방문시의 기록을 꼼꼼히 살펴보지 않고 항생제를 계속 복용하도록 하였다. 처음 진단을 그대로 수용함으로써 잘못된 길로 접어들게 된 것이다.

[증례 1.8] 사타구니를 검사하라

- Edwards의 "M & M files"에는 복통 환자에서 비뇨생식기계의 진찰을 시행하지 않아서 문제가 발생된 증례를 소개하고 있다.[18] 22세 남자가 갑자기 오른쪽 치골 상부에 심한 통증이 생기고 사타구니 쪽으로 퍼져 내원하였다. 환자의 통증은 산통(colicky)이었고 빈맥이 있었다.
- 의사는 진찰후 수액과 진통제를 처방하고 요로결석에 대한 검사를 의뢰하였다. 소변에서는 적혈구가 1~2개 나왔으며 통증은 진통제 투여후 많이 감소하였다. 이 시점에서 시행된 IVP에서는 결석이 없었으며 요관의 팽창(hydroureter) 소견도 없었다. 환자는 요로결석이 있다가 빠져나갔다고 설명들었고, 일주일 후에 외래 예약후 진통제와 함께 퇴원하였다.
- 환자는 계속 통증이 있어서 일주일 후 외래로 내원하였다. 사타구니 쪽의 통증은 이제 우측 고환으로 더욱 국소화되었으며 고환이 붓고 색깔의 변화가 있었다. 고환 염전이 의심되어 초음파를 시행되었다. 우측 고환은 살릴 수 없었고 좌측 고환의 활성도 불확실하였다. 생식력의 상실로 상당한 액수의 소송이 제기되었다.
- 이 증례가 주는 교훈은 복통 환자의 원인이 복부 이외의 부분에 있을 수 있다는 것과 복부 진찰만 필요한 것이 아니라는 것이다. 요로 결석의 통증이 고환으로 전이될 수는 있지만, 고환이나 사타구니의 통증을 호소하는 환자들은 비뇨생식기의 진찰이 필요하다. 이 증례에서 의사는 환자의 통증이 결석에 의한 것이라고 속단하였고 비뇨생식기의 진찰을 시행하지 않았다. M & M files에서는 응급의학 의사는 정확한 진단을 내릴 두 번째 기회가 있었다. 일반적으로 결석이 빠져나간 다음에도 몇 시간동안 어느 정도의 수신증이나 요관의 팽창이 남아있다.[19] 그러므로 그 시점에서 결석 이외의 다른 원인을 찾아보았어야 했다.

[증례 1.9] 분명한 것부터 생각하라

- "M & M files"에 나오는 이 증례는 복통으로 내원한 노인 환자를 진료할 때 보수적인 입장을 취하지 않으면 얼마나 많은 문제가 발생되는지를 잘 보여준다.[20] 당뇨를 가진 75세 남자가 등 뒤로 방사되는 상복부 통증으로 내원하였다. 그는 한차례 검은색의 구토를 했으며 변비약을 복용함에도 최근 며칠동안 변을 보지 못했다. 과거에 고혈압과 소화성 궤양을 앓은 적이

있고 현재 glipizide, hydrochlorthiazide, aspirin을 복용하고 있고, 관절통이 있을 때 가끔씩 ibuprofen을 복용한다고 한다.

- 환자는 불편해보였고 혈압은 175/95 mmHg, 맥박은 110회였다. 담당의사는 비특이적 상복부 통증과 압통이 있고 직장검사상 혈액은 음성이었다고 기록하였다. L-튜브를 삽입하였으나 위장관 출혈의 증거는 없었다. CBC와 전해질 검사는 정상이었고 혈당은 190 mg/dL로 증가되었다. 심전도는 과거와 차이가 없었고, 복부 방사선 검사상 많은 변이외에 특이 소견은 관찰되지 않았다. 환자에게는 ranitidine을 정맥 투여하였고, 마그네슘을 처방하고 "변비와 장염"이라는 진단과 함께 퇴원 조치하였다.
- 환자의 증상은 호전되지 않았고 2일 후 응급실에 다시 내원하여 다른 의사에게 진료를 받았다. 비록 변은 잘 보았지만 식사후 복통이 심해지고 구토 횟수도 더 늘었다. 기침과 숨이 찬 증상이 새로 생겼다. 활력징후는 정상이었고 진찰상 마찬가지로 가딩(guarding) 이나 반발압통 없이 비특이적인 상복부 압통만 관찰되었다. 2일전과 같은 검사를 하고 비슷한 약물이 투여되었다. 백혈구 수치는 8,700에서 11,700/㎕로 증가되었고 좌측편위가 있었다. 다른 검사 소견은 이전과 같았다. 두 번째 담당의사는 호흡기 증상이 새로 생겼기 때문에 흉부 방사선 촬영을 했고 우측 폐하부에 작은 침윤이 관찰되었다. 환자가 한결 편안해졌고 식사도 할 수 있었으므로 "폐렴" 진단하에 퇴원 조치하였다. 그는 복통의 원인도 폐렴 때문으로 생각했고 azithromycin을 처방하였다.
- 다음날 환자가 내원했을 때 증상은 훨씬 악화되어 있었다. 복통과 구토가 더 심해졌으며 오한이 나기 시작하였다. 상태가 안 좋아 보였고 혈압은 110/54 mmHg, 맥박은 115회였다. 체온은 정상이었으나 세 번째 담당의사는 환자가 열이 있다고 느껴 직장 체온을 측정하였고 39℃였다.
- 이전 기록을 살펴보니 흉부 방사선 판독 소견이 정상으로 되어 있었다. 환자는 이제 우상복부에 압통이 있었으나 여전히 가딩(guarding)이나 반발압통은 없었다. Murphy 징후도 음성이었다. 초음파 검사에서 담석과 급성 담낭염이 확인되었다. 환자는 바로 입원하여 항생제를 정맥 투여하기 시작하였다. 수술 결과 환자의 담낭은 고름과 괴사물로 가득했다. 수술 후에는 ARDS가 합병되었고, 보호자들은 이전의 두 차례 내원에 대하여 오진으로 민원을 제기하였다.
- 이제 앞의 두 차례 내원을 검토해보고 정확한 진단을 놓치게 된 이유를 생각해보자. 사후 과잉확신(hindsight bias)[2]에 대한 비판도 많지만 여전히 교훈을 얻을 수 있는 좋은 기회이기도 하다. 환자는 상복부 통증으로 내원하였다. 노인에서 가장 많은 외과적 복통의 원인은 급성 담낭염이다.[21] 따라서 처음의 두 응급의학 의사는 체온과 백혈구가 정상이더라도 감별해야

2) 바루치 피쇼프 교수가 1975년에 발표한 개념으로 예측하기 까다로운 일이라도 결과를 알고 나면 처음부터 알았던 것처럼 착각하는 심리현상이다. Behind와 sight가 결합한 용어이다.

할 진단으로 이를 생각했어야 했다. Tintinalli 교과서에 의하면 급성 담낭염의 절반이 열을 동반하지 않고 내원하며 30~40%는 정상 백혈구 수치를 갖는다.[21]

- 두 의사는 환자의 증상으로 유추할 수 있는 더 심각한 진단 즉, 복부대동맥류, 장간막 허혈, 급성 담낭염 등을 무시한 듯하다. 대신 그들은 가벼운 질환들 변비, 장염, 잘 들어맞지 않는 폐렴들에 초점을 맞추었다. 두 번째 의사는 백혈구 수치의 증가, 특히 좌측편위에 관심을 가졌어야 했다. 게다가 같은 증상으로 재방문한 경우에는 더욱 세심한 주의, 이 증례의 경우 입원이나 다른 방사선 검사를 요한다.

[증례 1.10] 교과서와 달라요

- 이번 증례는 교과서와 일치하지 않는 복통 환자에 대한 것이다. 54세 남자가 일주일간의 전반적인 복통을 주소로 왔다. 환자는 별다른 병력이 없었으며 수술을 받은 적도 없었다. 발열, 오심, 구토, 설사, 배뇨통, 혈뇨, 대변의 변화, 체중감소 등의 동반 증상도 없었다. 통증도 더 심해지지는 않았지만 원인을 알아보려고 병원에 왔다고 한다. 약간 구부리고 걸을 수 있을 정도였다. 활력징후와 체온도 정상이었다. 진찰상 하복부에 경미한 압통이 있을 뿐 가딩(guarding)이나 반발압통도 없었다. 전립선에도 압통이 없었고 대변 잠혈검사도 음성이며 탈장도 없었다.
- 복부 방사선 사진상 장폐쇄나 자유공기의 증거도 없었다. 심전도, 소변검사, 혈액검사 등은 모두 정상범위였으나 백혈구 수치는 21,000/㎕으로 높았다. 게실염을 감별하기 위해 복부 CT가 시행되었는데, 게실염의 파열과 복강내 자유공기가 관찰되었다. 환자는 곧바로 수술을 받았고 복막염이 매우 진행된 상태였다. 환자는 수술 후 잘 회복되었다.
- 이 환자는 장파열의 특징적인 양상을 보이지 않았다. 활력징후의 이상도 없었고 심하게 아파 보이지도 않았으며 복막염에서 보이는 딱딱한 복벽도 관찰되지 않았다. 단 한가지 이상은 백혈구의 상승뿐이었다. 그러나 가장 가능성이 높은 진단을 고려하고 그것을 확인하기 위해 적절한 검사를 시작해야 한다. 이 증례의 경우는 게실염을 의심하여 CT를 시행하였다.

[증례 1.11] 필요한 검사를 시행하라

- 19세 여자가 3일 동안의 간헐적인 하복부 통증으로 응급실에 왔다. 집에서 시행한 임신 검사에 양성이었으며 마지막 월경 주기는 6주전이었다. 질출혈이 있었으나 현재는 멈춘 상태이다. 이번이 첫 번째 임신이었으며 보험 때문에 그동안 산전 진찰은 받지 않았다.
- 급성 병색은 없었고 활력징후도 정상이었다. 복부 압통이나 질출혈의 소견은 없었다. 혈액검사는 정상이었고 hCG는 7,200 mIU/mL였다. 응급실 의사는 프로토콜에 따라 방사선과에 자궁

외 임신을 검사하기 위한 초음파를 의뢰하였다. 방사선과 의사는 환자가 현재 복통이나 질출혈이 있는지를 물었고 둘 다 없음을 확인한 다음, 외래에서 초음파 검사를 시행할 수 있으므로 응급 초음파를 승인할 수 없다고 하였다. 환자는 며칠 후에 초음파를 예약하고 퇴원하였다.

- 환자는 2일후 복통의 증가와 저혈압을 주소로 구급차로 응급실에 재내원하였다. 초음파에서는 파열된 자궁외 임신이 관찰되었고, 환자는 우측 난관절제술을 시행받았다. 환자와 남편은 진단의 지연에 대하여 응급실 의사와 방사선과 의사를 고소하였다. 방사선과 의사는 유죄로 결정되었으나 응급실 의사는 초음파 검사를 곧바로 의뢰한 점을 참작하여 고소가 취하되었다.

[증례 1.12] 항상 충수돌기염은 아니다

- 이번 증례는 Perri Klass가 "Diversion"에서 소개한 것으로 우하복부 통증의 드문 원인을 다루고 있다.[22] 그녀의 8살된 아들이 어느날 밤에 복통을 호소하였다. 어느 부분이 아프냐는 질문에 아들은 McBurney 지점을 가리켰다. 그녀는 충수돌기염이 의심되어 응급실로 내원하였다.
- 병원에 가는 도중 환아는 통증이 좋아졌다고 말했고 그녀는 충수돌기염이 파열된 것이 아닐까 걱정되었다. 응급실 의사도 그녀와 같은 생각이었고 외과의사에게 연락한 다음 복부 CT를 촬영하기로 하였다. 검사하러 가는 도중 통증은 다시 증가되기 시작하였다.
- 검사를 마치고 응급실로 왔을 때는 다른 응급실 의사가 근무중이었다. 그는 백혈구, 소변검사, CT 결과가 모두 정상임을 설명하고 증상도 다시 좋아졌으므로 "장염" 진단하에 퇴원하게 되었다.
- 오후 늦게 통증은 다시 시작되었고 매우 심해졌다. 그녀는 소아과 생활에서 장염이 이런 양상을 보이는 것을 보지 못했기 때문에 매우 혼란스러워졌다. 그녀는 다시 응급실로 가서 원로 외과의사에게 도움을 청했다. 외과의는 몇 명의 방사선과 의사들과 CT 판독을 다시 하였고 그들은 통증의 원인은 "장간막 염전"이라는 결론에 이르렀다.
- 환자의 증상은 수술없이 며칠 이내에 호전되었으나, 대부분의 경우에는 장간막의 수술적 제거가 필요하다. CT가 도입되기 전에는 충수돌기염의 수술도중 정상인 충수돌기가 관찰될 때 장간막 염전이 진단되는 경우가 많았다. 사실 외과 교과서에도 "개복시 충수돌기, 담낭, 골반장기의 이상이 없이 장액혈액성(serosanguinous) 액체가 관찰되면 장간막 염전의 가능성을 시사한다"라고 기술되어 있다.[23]
- 이 증례를 통해 몇 가지 주요한 결론을 얻을 수 있다. 우하복부 통증이 항상 충수돌기염은 아니라는 것이다. 다른 외과적 원인으로는 고환 염전, 난관-난소 농양 등이 있다. 외과적 복통도 증상의 호전과 악화를 반복할 수 있다. 그리고 CT 검사의 한계를 명확히 인식해야 한다.

[증례 1.13] 위험인자(F들)을 기억하라

- 급성 담낭염도 항상 우상복부 통증으로 나타나는 것은 아니다. 뚱뚱한 41세 여자가 3일간의 상복부 통증으로 응급실에 왔다. 몇 차례의 오심, 구토가 있었다고 하며 식사후 통증이 심해지며 미열이 있었다. 과거에 그러한 증상은 없었다고 한다.
- 응급실 의사의 진찰상 상복부에 압통이 있으나 가딩(guarding)이나 반발압통은 없었다. 간기능 검사, amylase, lipase를 검사하였는데 모두 정상이었다. 백혈구 수치는 12,000/㎕이었다. GI cocktail 주사후 증상은 조금 호전되었다. 의사는 위식도역류로 생각하고 환자를 퇴원시켰다.
- 환자는 2일후 증상이 악화되어 재내원하였다. 체온은 이제 38.3℃ 였고 상복부에 분명한 압통과 가딩(guarding)이 있었다. 혈액 검사들은 마찬가지로 정상이었으나, 백혈구 수치는 19,000/㎕으로 상승하였다. 복부 CT에서는 급성 담낭염이 관찰되었고 파열이 의심되었다. 수술로 괴사된 담낭을 절제하였으나 수술 후 여러 합병증으로 고생하였다.
- 소화성 궤양이나 위식도역류와 같은 경험적 진단은 조심해서 붙여야 한다. 특히 복통에 대한 적신호를 가진 환자에게는 특히 그렇다. 발열, 백혈구 상승, 복부 압통, 간기능 검사나 lipase의 비정상들은 모두 다른 질환들의 존재를 암시한다. 그러므로 이런 진단은 혈액검사, 활력징후, 복부 진찰소견 등이 모두 정상인 경우에만 내려져야 한다.

[증례 1.14] 장기들의 상호연관

- 앞서 말했듯이 우리는 가능한 원칙을 지켜야 한다. 특히, 복통 환자 중 50세 이상이거나 심장질환의 과거력이 있는 모든 환자들은 심전도를 검사해야 한다. 교과서에도 하벽 심근경색은 뚜렷하지 않은 복통을 유발할 수 있다고 기술되어 있다. 최근에 이런 원칙을 확인시켜주는 증례가 있어 소개한다. 다행히 오류가 있었던 증례는 아니지만 함께 공유하고자 한다.
- 관상동맥 질환이 있는 44세 남자가 24시간 동안의 배꼽주위 통증으로 왔다. 환자는 5주전 심근경색으로 관상동맥 우회수술을 시행받았다고 한다. 발열, 오심, 구토, 설사 등은 없었으며 활력징후는 모두 정상이었다. 복부 진찰상 압통이나 가딩(guarding), 반발압통은 없었다.
- 간기능 검사, amylase, lipase, 방사선 검사, 소변 검사 등을 시행하였는데 모두 정상 범위였다. 심전도에서는 하부 유도에 과거에 없었던 T파의 역위가 발견되었다. 심장효소 검사에서는 CK-MB는 정상, troponin I는 2.7 ng/ml (정상 0~1.4)였다. 심근경색 후 주가 지났으므로 troponin이 정상화되어야 한다고 생각하여 심장내과에 연락하였다. 심장내과로 입원한 후에도 2일 동안 troponin과 CK-MB가 계속 상승되었고, 또 다른 심근경색이 발생한 것으로 확인되었다.
- 50세 이상의 모든 복통 환자들은 심전도 검사가 추천된다고 "검사" 부분에서 이야기 했지만 이것은 대부분의 경우에 잘 지켜지지 않는다. 물론 이 원칙이 비용 효과적이라는 논문을 본

적은 없다. 또 환자들은 복통인데 왜 심전도 검사를 하느냐고 항의하기도 한다. 그러나 심전도는 빠르고 저렴한 검사이므로 이것을 시행하지 말자고 하기는 어렵다. 더구나 심전도는 다른 질환을 동반한 복통에서도 도움이 된다. 심방세동은 장간막 허혈의 원인으로 작용할 수도 있으며, 방실 차단이 digoxin 독성에 의한 복통의 단서가 될 수도 있다.

[증례 1.15] 정답은 코앞에 있다

- 이 증례는 "소아 응급과 의료소송 예방"이라는 책에 소개된 것으로, 전형적인 충수돌기염으로 내원하여 다른 진단을 받은 13세 남아에 대한 증례이다.[24] 환아는 하루 동안의 하복부 특히 우하복부의 통증으로 왔다. 식욕부진과 오심, 구토를 동반하였고 2일간 대변은 보지 못했고 배뇨시의 증상은 없었다.
- 진찰상 체온은 39.9℃였다. 양측 하복부에 압통과 중등도의 가딩(guarding)이 있었다. 검사상 백혈구 수치는 9,760/㎕이었고, 밴드형 호중구가 14%였다. 소변검사는 정상이었다. 응급의학 의사는 복부 방사선 사진에 대해 충수돌기돌(appendicolith)의 가능성이 있다고 판독하였다.
- 환자에게 Tylenol과 수액을 투여하고 응급실에서 관찰하는 도중 통증은 호전되었고 물을 마시고 안 아플 정도가 되었다. 환아는 "요로결석 또는 급성 장염" 진단 하에 퇴원하였다.[25] 환아의 통증은 더 심해져 3일후 응급실로 다시 내원하였다. 초음파 검사에서는 충수돌기염이 확인되었다. 환아의 가족들은 진단의 지연을 이유로 응급실 의사에 대해 소송을 제기하였고 합의로 마무리하였다.
- 이 증례의 안타까운 결말은 담당의사가 진찰소견과 검사결과를 따랐다면 피할 수 있었다. 급성 장염이라고 하기에는 설사가 없었고, 요로결석이라고 하기에는 소변에 적혈구가 없었다. 그 대신 우하복부 통증, 압통과 가딩(guarding), 식욕부진, 오심, 구토, 백혈구의 좌측편위, 발열, 충수돌기돌(appendicolith)의 가능성과 같은 전형적인 소견들이 있었다. 이런 단서들을 무시하는 것은 오진에 이르는 첩경이며 책임을 피할 수 없다.

[증례 1.16] 글자 그대로 경계(guarding)하라

- 앞에서 언급한 것처럼, 드문 예외를 제외하고는 가딩(guarding)을 동반한 복통 환자는 철저하게 검사하여야 한다. 가딩(guarding)이라는 말에는 두 가지의 의미가 들어있다. 전통적으로 의사의 복부 진찰에 대한 환자의 반응을 표현하는 말로 사용되어 왔으며 또 다른 하나는 의사들을 심각한 복통의 원인으로부터 경계시키는 의미이다. 경험상 진찰에서 가딩(guarding)이나 반발압통이 있으면 추가 검사가 필요하며 요로감염이나 장염으로 간주되어

서는 안 된다. 이번 증례는 이 점을 잘 보여준다.

- "소아 응급과 의료소송 예방" 에서 나오는 증례로 11세 여아가 소아과 의사와 함께 응급실로 왔다.[26] 환아는 5일간의 하복부 통증과 구토, 설사가 있었으며 소변 볼 때 통증이 있고 열과 질출혈이 있었다. 진찰상 체온은 37.5℃였고 복부에는 전반적인 압통과 함께 약간의 가딩(guarding)이 있었다. 응급실 의사는 골반내진, 직장 검사를 포함하여 매우 철처하게 진찰을 시행하였다. 그러나 별다른 검사는 시행하지 않은 상태로 장염 의심하에 퇴원시켰다.
- 환아는 며칠간 잘 지내다가 다시 통증이 심해졌다. 첫 내원 5일 후에 담즙성 구토를 하며 응급실로 다시 내원하였다. 복부는 팽창되었고 전반적으로 가딩(guarding)과 딱딱한 복벽이 의심되었다. 검사상 백혈구는 20,000/㎕로 좌측편위를 동반하였다. 방사선 사진상 소장 폐쇄가 의심되었다. 내원 8시간 후 환아는 충수돌기염의 파열과 복막염이 있는 것으로 확인되었으며 수술후 3주간 여러 합병증을 겪게 되었다. 진단의 지연과 수술후 합병증에 의한 과도한 체중감소, 장래의 불임 가능성에 대해 소송이 제기되었고, 전문가들은 엑스레이, 혈액검사, 외과적 협진을 처음에 시행하지 않은 것에 대해 응급실 의사를 비난하였다. 사건은 결국 처음 내원시 충수돌기염을 진단하기 어려웠다는 식으로 종결되었지만 처음 내원 후 1~2일 만에 재내원하였다면 다른 결론을 맺었을 것이다.

[증례 1.17] 밑바닥까지 파헤쳐라

- "소아 응급과 의료소송 예방" 에서 나오는 또다른 증례는 소아 복통 환자에서 비뇨생식계 진찰의 중요성을 보여주고 있다.[27] 허벅지에 야구공을 맞은 15세 환아가 상복부 통증으로 응급실에 왔다. 진찰상 탈장은 없었는데, 환아와 보호자는 팬티는 절대로 벗지 않겠다고 주장하였다. 진찰후 증상이 호전되지 않으면 다시 내원하도록 하고 퇴원시켰다.
- 4일 후 환아는 증상의 악화로 주치의에게 가서 고환 염전을 진단받았다. 그는 바로 수술을 받았으나 고환을 보존할 수는 없었다. 가족들은 응급실 의사를 오진과 성기의 진찰을 하지 않은 책임이 있다며 고소하였으나, 피고측은 고환 염전이 응급실 퇴원 후에 발생되었다고 변론하였다. 마침 환아가 주치의에게 고환의 통증이 응급실 퇴원 후 3~4까지는 없었다고 말한 사실이 드러나면서 피고측의 승리로 판결이 내려졌다.
- 이번 증례에서 응급실 의사는 환자의 내원시간이 고환 통증의 시작 시간보다 빨라서 승리할 수 있었지만 환자가 주치의에게 가지 않았다면 승리할 수 있었을까? 대답하기 어렵지만 피고측은 처음 내원시 진찰을 하지 않았기 때문에 고환의 증상이 없었다는 것을 증명하는데 어려움을 겪었을 것이다. 따라서 철저한 진찰은 약간의 시간을 낭비하지만 재판에 소요되는 많은 시간을 절약할 수 있다.

[증례 1.18] 항상 위장관 원인은 아니다

- 40세 여자가 심한 복통을 주소로 내원하였다. 복통은 8시간 전부터 우측에서 시작되었다. 발열과 오심이 동반되었다. 통증은 우하복부에서 시작되어 지금은 우상복부와 어깨까지 아프다고 했다. 비뇨생식계 증상은 없었다. 지난 3일간 친구들과 40번째 생일을 기념하는 파티를 했다고 한다.
- 특별한 과거병력은 없었고, 진찰상 체온은 38.8℃였고 복부에 심한 압통과 우측에 전반적인 불수의적 가딩(guarding)이 관찰되었다. 우상복부에 가장 압통이 심했다.
- 즉시 CBC와 혈액배양 검사를 하고 항생제를 정맥투여하였다. 그런 다음 담낭 초음파를 시행하였으나 특이 소견은 없었다. 골반 내진을 시행한 결과 우측 부속기에 압통이 있었다. 환자의 협조가 제대로 되지 않아 종괴가 만져지는지는 알기 어려웠다. 자궁경부를 움직일 때 압통은 없었다(이 당시 진통제가 투여되었다). 직장에 출혈이나 압통은 없었다.
- 당직 외과의가 도착하였다. 환자의 백혈구 수치는 20,000/μl였다. 외과의사는 방사선과에서 충수돌기 CT를 찍고 있는 환자를 만났다. CT상 충수돌기는 보이지 않았으나 염증이 의심되는 소견은 없었다. 간 주위에 부종이 있었고, 골반내에 중등도의 저류액이 관찰되었다. 이 소견은 골반염과 Fitz-Hugh-Curtis 증후군을 시사하는 것이었다. 환자는 외과 및 산부인과에서 수술을 시행하였으며 수술 도중 난관난소 농양(TOA)이 발견되었다. 이 증례는 골반내 질환이 상복부 장기의 질환(담낭염)과 유사한 증상으로 내원할 수 있다는 좋은 보기이다. 또한 어떤 경우에는 여러 가지 가능한 외과적 응급을 감별하기 위해 단계별 접근법이 필요하다는 것을 보여주고 있다. 환자의 임신반응 검사는 음성이었고 소변에서는 코카인이 검출되었다.

[증례 1.19] 일부 정보는 스스로 획득해야 한다

- 동료가 제공한 이번 증례는 1.17과 비슷한데 결과가 달랐던 경우이다. 16세 남아가 4시간 동안의 우하복부 통증으로 내원하였다. 환아는 간호사에게 고환에 불편감이 있다고 말했지만 이것이 의사에게 전달되지는 않았다. 응급실 의사는 의무기록에 4시간 전부터의 복통, 오심을 동반하지만 발열, 구토, 설사, 혈뇨, 배뇨통은 없었다고 기록하였다.
- 활력징후는 모두 정상이었고 복부를 진찰한 결과 우하복부에 약간의 가딩(guarding)을 동반한 압통이 있었으나 반발압통은 없었다. 성기와 항문의 진찰은 시행하지 않았다. 백혈구 수치와 소변 검사는 정상이었고 CT 판독결과 충수돌기는 정상이었다. 환자는 장염 진단 하에 대증요법 후 퇴원하였다.
- 4시간 후 환아는 우측 고환에 심한 통증과 부종으로 다시 내원하였다. 첫번째 의사가 다시 보고 고환의 칼라 도플러 검사를 시행하였다. 우측 고환에 혈류가 보이지 않아 고환 염전에 합당

하였다. 수술을 받았으나 고환을 살리지는 못했다. 소송이 제기되었고 그 결과는 알 수 없다.

- 소아나 청소년은 서로 다른 의료진에게 다른 진술을 하는 경우가 있다. 그들은 의사에게는 검사의 두려움 때문에 은밀한 부위의 증상을 알리지 않는다. 반대로 이런 정보를 간호사나 기사들에게는 감추려하지 않는다. 일부 의사들은 소아에게 성기나 항문의 진찰을 시행하는 것을 꺼린다. 그러나 의사는 정확한 진단을 위해서 필요한 진찰을 철저하게 시행하여야 한다.

[증례 1.20] 복통 유사증상

- 86세 남자가 3시간 동안의 상복부 통증으로 왔다. 과거에 관상동맥 질환의 병력이 있었지만 통증이 그 때와는 다르다고 하였다. 이번에는 체한듯이 아프고, 위식도 역류의 과거력도 있었다. 동반 증상으로 오심이 있었으나 흉통, 발한, 구토는 없었다.
- 활력징후와 진찰상 특이소견은 없었다. 특히 복부는 부드럽고 압통도 없었다. 심전도는 동성리듬에 심실조기수축(PVC)이 간간히 보였으나 ST절의 변화는 없었다. 심근효소 검사, 간기능 검사, amylase, lipase 등은 모두 정상 범위였다. 소화기칵테일(GI cocktail)을 투여한 후 증상은 조금 호전되었다. 응급실 의사는 위식도 역류 추정 하에 lansoprazole을 처방하고 환자를 퇴원시켰다.
- 환자는 4일후 더욱 심해진 상복부 통증으로 내원하였다. 이제는 흉통이 동반되어 있었고, 심전도에서 V2~V4까지 2mm의 ST절 상승이 있고 하부 유도에 T파의 역전이 보였다. 환자는 혈관 조영술과 스텐트 시술을 받았다. Troponin이 정상보다 3배 정도 증가되어 심근경색이 확진되었다.
- 첫 번째 응급실 의사는 이 증례에서 몇 가지 예방 가능한 실수를 범하였다. 환자의 과거력을 발견하고 심장에 대한 검사를 진행하긴 했지만, 복부의 진찰소견이 정상이므로 심장쪽 원인을 좀 더 의심했어야 한다. 또한 환자 심전도의 미세한 변화를 발견해내지 못했다(처음 심전도에는 PVC가 없었다). 마지막으로 심전도와 심근효소를 한번만 검사한 경우 심근경색을 배제하는데 한계가 있음을 고려하지 못하였다.

References

1 Tintinalli JE, Kelen GD and Stapczynski JS (2000) *Emergency Medicine: a comprehensive study guide* (5e). McGraw-Hill, New York, New York, 497.
2 (2003) *ACEP, Reference+Resource Guide*. American College of Emergency Physicians, Dallas, Texas, 19.
3 Rosen P, Barkin R *et al.* (1998) *Emergency Medicine: concepts and clinical practice* (4e). Mosby, St. Louis, Missouri, 1888.
4 Rosen P, Barkin R *et al.* (1998) *Emergency Medicine: concepts and clinical practice* (4e). Mosby, St. Louis, Missouri, 1890–91.
5 Rosen P, Barkin R *et al.* (1998) *Emergency Medicine: concepts and clinical practice* (4e). Mosby, St. Louis, Missouri, 1890.
6 Tintinalli JE, Kelen GD and Stapczynski JS (2000) *Emergency Medicine: a comprehensive study guide* (5e). McGraw-Hill, New York, New York, 343.
7 Rosen P, Barkin R *et al.* (1998) *Emergency Medicine: concepts and clinical practice* (4e). Mosby, St. Louis, Missouri, 1892.
8 Rosen P, Barkin R *et al.* (1998) *Emergency Medicine: concepts and clinical practice* (4e). Mosby, St. Louis, Missouri, 2006.
9 Selbst SM and Korin JB (1999) *Preventing Malpractice Lawsuits in Pediatric Emergency Medicine*. American College of Emergency Physicians, Dallas, Texas, 67.
10 Hamilton GC, Sanders AB, Strange GR *et al.* (2003) *Emergency Medicine: an approach to clinical problem solving* (2e). Saunders, Philadelphia, Pennsylvania, 92.
11 Tintinalli JE, Kelen GD and Stapczynski JS (2000) *Emergency Medicine: a comprehensive study guide* (5e). McGraw-Hill, New York, New York, 508.
12 Tintinalli JE, Kelen GD and Stapczynski JS (2000) *Emergency Medicine: a comprehensive study guide* (5e). McGraw-Hill, New York, New York, 571.
13 Pearlman MD and Tintinalli JE (1998) *Emergency Care of the Woman*. McGraw-Hill, New York, New York, 22.
14 Pearlman MD and Tintinalli JE (1998) *Emergency Care of the Woman*. McGraw-Hill, New York, New York, 23.
15 Selbst SM and Korin JB (1999) *Preventing Malpractice Lawsuits in Pediatric Emergency Medicine*. American College of Emergency Physicians, Dallas, Texas, 83.
16 Tintinalli JE, Kelen GD and Stapczynski JS (2000) *Emergency Medicine: a comprehensive study guide* (5e). McGraw-Hill, New York, New York, 578.
17 Edwards FJ (2002) *The M & M Files: morbidity and mortality rounds in emergency medicine*. Hanley & Belfus Inc., Philadelphia, Pennsylvania, 102–4.
18 Edwards FJ (2002) *The M & M Files: morbidity and mortality rounds in emergency medicine*. Hanley & Belfus Inc., Philadelphia, Pennsylvania, 111–12.
19 Edwards FJ (2002) *The M & M Files: morbidity and mortality rounds in emergency medicine*. Hanley & Belfus Inc., Philadelphia, Pennsylvania, 112.
20 Edwards FJ (2002) *The M & M Files: morbidity and mortality rounds in emergency medicine*. Hanley & Belfus Inc., Philadelphia, Pennsylvania, 124–7.
21 Tintinalli JE, Kelen GD and Stapczynski JS (2000) *Emergency Medicine: a comprehensive study guide* (5e). McGraw-Hill, New York, New York, 517.
22 Klass P (2004) A Doctor's Life, Physician as Parent, When your own child is mysteriously ill. *Diversion*. **32**(4): 31–3.
23 Schwartz SI, Shires GT, Spencer FC *et al.* (1999) *Principles of Surgery* (7e). McGraw-Hill, New York, New York.
24 Selbst SM and Korin JB (1999) *Preventing Malpractice Lawsuits in Pediatric Emergency Medicine*. American College of Emergency Physicians, Dallas, Texas, 64–5.
25 Selbst SM and Korin JB (1999) *Preventing Malpractice Lawsuits in Pediatric Emergency Medicine*. American College of Emergency Physicians, Dallas, Texas, 65.

26 Selbst SM and Korin JB (1999) *Preventing Malpractice Lawsuits in Pediatric Emergency Medicine*. American College of Emergency Physicians, Dallas, Texas, 65–6.
27 Selbst SM and Korin JB (1999) *Preventing Malpractice Lawsuits in Pediatric Emergency Medicine*. American College of Emergency Physicians, Dallas, Texas, 81–2.

제 2장
흉통(Chest pain)

- 환자분류(Triage)
- 병력(History)
- 신체검진(Physical exam)
- 감별진단(Differential diagnosis)
- 진단검사(Diagnostic tests)
- 입원/외래 경과(Hospital/office course)
- 함정(Pitfalls)
- 오류와 흥미있는 증례들(Errors and interesting cases)

흉통은 2001년 미국의 응급실에 내원한 환자중 5번째로 흔한 증상이었다.[1] 그것은 모든 응급실 방문 환자의 5%에 해당한다.[2] 흉통의 원인은 여러 장기와 관련될 수 있는데, 심혈관계(관상동맥질환, 심낭염), 호흡계(폐렴, 기흉, 흉막염), 위장관계(담석증, 식도염), 근골격계(늑연골염, 늑골골절), 피부계(대상포진) 등이다. 이들 원인은 심근경색처럼 위급한 질환부터 늑연골염처럼 비교적 가벼운 질환들까지 다양하다.

흉통 환자들은 또한 상당부분 의료소송과 연관되기도 한다. 특히 심근경색 환자들은 매우 큰 법적 위험을 동반하는데, 높은 초기 사망률과 회복후 합병증의 증가 때문이다. 실제로 심근경색은 응급실 의사들을 상대로 한 의료소송 가운데 가장 흔하고 비용이 비싼 질환이다.[3] 또한 가정의학과와 내과에서도 소송과 연관된 가장 흔한 질환이기도 하다.[3] 따라서 흉통 환자를 본다면 막중한 책임감을 가져야 한다는 결론에 이르게 된다.

환자분류

가장 큰 원칙은 흉통을 호소하는 환자는 가능한 빨리 의사의 진료를 받아야 한다는 것이다. 이는 즉시 치료가 필요한 위험한 상황의 가능성이 있기 때문이다. 우리는 응급실에 흉통을 호소하는 성인 환자는 즉시 심전도를 찍고 의사에게 연락한다는 확립된 지침을 가지고 있다. 교과서에도 성인 환자는 응급실에 도착한지 10분 이내에 12유도 심전도를 찍으라고 권장하고 있다.[4] 대부분의 응급실은 비슷한 지침을 갖고 있다. 환자분류(triage) 간호사는 이 지침을 확고히 고수하지 않으면 큰 곤경에 처할 수 있다. 증례 2.15를 참조하시오.

우리의 응급실 지침을 소개하기 전에 그것이 실제적인 것 보다는 이상적인 원칙임을 언급하고자 한다. 바쁜 응급실에 여러 환자가 동시에 내원하면 한정된 의료진이 불가피하게 응급환자를 기다리게 하는 경우도 있다. 가장 급한 환자를 먼저 보고 안정화되면 다음 환자로 넘어간다는 원칙 말고 뾰족한 해결책은 없다. 비록 우리가 모든 흉통 환자를 내원 즉시 보려고 하지만, 가능하지 않은 경우에 환자분류 간호사는 임의로 먼저 진료할 환자를 선택할 수밖에 없다. 심혈관계 병력이 있거나, 관상동맥질환의 위험인자를 가지거나, 과거에 흉통의 심각한 원인(기흉, 대동맥류 등)을 가졌던 환자들은 즉시 진료가 필요하다. 또한 활력징후가 비정상이거나 힘겨워하는 환자는 즉시 진료해야 한다. 반대로 30세 미만이거나, 활력징후가 정상이고 특별한 과거력이 없는 멀쩡해 보이는 환자는 다른 급한 환자를 본 다음에 진료하면 될 것이다.

물론 드물게는 심근경색이나 기흉 환자가 별로 힘들어하지 않고 대기실에 앉아있는 경우도 생길 것이다. 이런 환자들이 반드시 환자분류의 실패를 의미하지는 않지만, 치료지연의 책임을 묻게 될 가능성은 증가한다. 우리는 이에 대해 흉통을 호소하는 환자는 가능한 빨리 보려고 해야 한다는 것을 다시 한번 강조하는 것 이외에 어떤 비법도 제공할 수 없다.

외래로 내원하는 흉통 환자에게도 같은 분류 원칙이 적용된다. 하지만 외래에서는 환자분류가 익숙하지 않고 10분 이내에 심전도 검사가 어렵다. 일부 개인 병원에서는 흉통 환자를 의료진의 평가를 거치지 않고 모두 큰 병원 응급실로 보내기도 한다. 이것은 좋은 방법이 아니며 법적인 위험도 크다고 생각된다. 관상동맥질환의 가능성이 있는 환자는 환자 스스로 다른 곳을 찾아가게 해서는 안 된다. 관상동맥 질환은 응급질환이며 가장 경험이 많은 의료진에 의해 일단 안정화되어야 한다. 개인 병원의 경우라면 의사가 보고 구조사가 모니터하는 상황에서 이송을 하여야 한다. 마지막으로, 심전도를 찍고 이를 응급실 의사나 심장내과에 전송하는 것이 혈관조영술 등의 처치까지 걸리는 시간을 단축하게 된다.

병력

흉통으로 내원한 환자에 대한 병력 채취는 다른 증상에서와 같은 내용(예, 통증의 양상, 세기, 발생, 유발 또는 변경요인 등)을 이끌어내야 한다. 또한 특정한 원인을 생각할 수 있는 전형적인 증상을 확인하여야 한다. 예를 들면, 허혈성 흉통이 의심되는 환자에게는 통증이 턱이나 팔로 전이되는지, 발한, 오심, 구토와 동반되었는지 등을 확인한다. 심낭염이 의심된다면 자세와 관련한 통증의 변화를 물어본다. 마지막으로, 대동맥 박리가 의심된다면 통증이 등쪽을 향해서 아픈지를 물어본다.

성인에게 가장 중요한 것은 관상동맥 질환의 위험인자를 가지고 있는가 하는 것이다. 위험인자에는 40세 이상의 남자, 폐경 여성, 고혈압, 흡연, 고콜레스테롤 혈증, 당뇨, 복부 비만, 가족력, 앉아서 하는 직업 등이다.[5] 젊은 사람에게는 심근경색과 연관이 있으므로 코카인 사용에 대하여 물어보아야 한다.

관상동맥 질환이 의심되는 환자에 대한 다른 중요한 평가는 이전에 혈관 조영술이나 스트레스 검사 등의 심장에 대한 검사를 받은 적이 있는가 하는 것이다. 그렇다면 그 결과를 물어보고 판독 결과지를 구해본다. 그 결과는 응급의학 의사 뿐 아니라 심장내과 의사에게도 매우 중요하며, 반복 검사에 따르는 귀중한 시간과 비용을 절약할 수 있다. 주변에서 이전의 검사를 확인하지 않고 진료에 임하는 경우를 많이 보게 되는데, 경우에 따라서는 결과를 알았다면 다른 결정을 했을 법한 경우도 있다. 과거의 의무기록을 요구하는 것도 바람직한데, 설사 그것을 얻을 수 없다 하더라도(법정에서 당신을 도와주게 될) 당신이 철저하고 꼼꼼한 의사라는 인상을 주게 될 것이다.

신체검진

흉통 환자에서 모든 활력징후를 측정하는 것은 매우 중요하다. 심장 원인의 흉통에서 혈압이 중요하다는 것은 분명한 사실이다. 대동맥 박리가 의심되는 경우에는 양쪽 팔에서 혈압을 측정하여야 한다. 이를 통해 모든 경우는 아니지만 일부 환자는 골라낼 수 있다. 불행히 대동맥 박리를 놓치는 경우에도 당신은 법정에서 "그것을 의심은 했지만 양쪽 팔의 혈압에 차이가 없었기 때문에 가능성이 낮다고 판단했다" 고 변호할 수 있다.

처음에 언급한 것처럼 흉통은 다양한 원인을 가진다. 따라서 진찰은 가능한 원인이 되는 장기를 모두 포함해야 한다. 옷을 모두 벗게 하고 약물에 대한 반응이나 임상적 악화 등을 반복적으로 평가해야 한다. 특히 관상동맥 질환이 의심되면 증상의 악화, 활력징후의 변화, 혈전용해제 등의 치료중재 후에 반복적인 심전도 검사가 필요하다.

관상동맥 질환 환자는 빠른 치료 개입이 필요하므로 집중적이고 빠르게 진행되어야 한다. 치료로 항응고 또는 항혈소판 요법이 자주 사용되므로 출혈성 합병증의 가능성에 대한 평가(예, 조절되지 않는 고혈압, 최근의 수술, 대변의 적혈구 등)가 초기평가에 포함되어야 한다. 심낭삼출이 의심되거나 최근에 흉부외상을 입은 경우에는 헤파린의 사용이 금기임을 기억하라.

감별진단

앞서 말했듯이 흉통의 원인은 매우 다양하지만 성인에서 가장 중요한 원인은 관상동맥 증후군(심근경색, 불안정성 협심증)이다. 소아에서는 기흉이나 천식의 악화 같은 호흡기계 응급상황이 가장 흔한 원인이다. 그렇지만 항상 흉통으로 나타날 수 있는 긴급한 치료를 요하는 질환들을 염두에 두어야 한다. 그런 원인들로는 폐색전증, 심낭염, 폐렴, 대동맥 박리, 소화성 궤양의 천공, 식도파열 등이 있다.[6]

이런 심각한 질환들과 관상동맥 증후군의 가능성이 배제되면, 덜 심각한 원인들을 생각해 볼 수 있다. 여기에는 담석, 위식도역류, 늑연골염, 흉막염, 불안, 승모판 탈출증 등이 포함된다. 여러 차례 강조한대로 이런 양성 질환들은 오진을 하더라도 법적으로 크게 문제가 되지는 않는다. 그러나 위에서 언급한 심각한 질환들은 오진에 대한 법적인 책임이 커지며 특히 이들을 양성 질환으로 진단하는 경우에는 더욱 그렇다. 차라리 "원인불명의 흉통" 이라는 진단명이 훨씬 낫다.

진단검사

흉통을 호소하는 모든 환자에게는 심전도와 흉부 엑스레이를 촬영해야 한다. 우리가 이렇게 주장하는 이유에 대해서는 증례 2.1을 참조하기 바란다. 이 두 가지 검사는 즉시 치료가 필요한지를 결정하는 데(예, 급성 심근경색에 혈전용해제 또는 기흉에 흉관 삽입 등)에 민감도가 매우 높은 검사들이다. 사실 우리는 환자를 먼저 보지 않고 검사를 의뢰하는 것을 싫어하지만, 환자를 바로 볼 수 없는 경우에는 이 두 검사를 먼저 의뢰하기도 한다. 이들 검사는 빠르고 간단하며 앞에서 말한 응급질환들에 대한 단서를 제공해 준다. 환자가 흉통으로 다시 내원한 경우 많은 의사들은 흉부 엑스레이를 반복 검사하지 않는다. 그렇지만 증례 2.20에서도 볼 수 있듯이 이는 신중한 처신이 아니다.

의심되는 질환에 대한 추가 검사에 대해서는 다른 책들을 참고하기 권한다. 다만 급성 관상동맥 증후군이 의심되는 성인 환자의 경우 위험인자가 하나라도 있다면 심장효소검사를 시행해야 한다. 그 이유는 응급실로 내원한 급성 심근경색 환자 가운데 초기 심전도에 변화를 보이는 경우는 절반 정도에 불과하기 때문이다.[4] 불안정성 협심증 환자들도 마찬가지로 초기 심전도에서 정상 소견을 보일 수 있다. 기흉, 대상포진, 늑골 골절과 같이 흉통의 다른 원인이 확실한 경우에는 예외일 것이다. 외래에서 혈액 검사가 바로 가능하지 않은데 흉통 환자가 위험인자를 가지고 있는 경우에는 환자의 심전도가 정상 또는 과거와 차이가 없고 최근에 시행한 심장 검사(심도자 또는 스트레스 검사)에 이상이 없었다면 혈액 검사 없이 진료할 수 있다. 심장 도자술은 가장 선호되는 검사인데 관상동맥에 대한 가장 확실한 검사이며 최근 2년 이내에 정상으로 판독된 경우에는 현재의 상태를 정확히 반영한다고 알려져있다.[5]

흉통의 원인으로 폐색전증이 의심되는 환자는 보통 다음의 세가지 검사 중 두가지를 시행받게 된다. 기술의 발전으로 흉부 CT의 사용이 증가하고 있다. 비록 CT가 말단부의 작은 색전을 놓칠 수는 있지만 심각한 색전을 발견하는 민감도는 매우 뛰어나다. 따라서 전통적인 황금 표준이었던 폐혈관조영술은 검사의 침습성과 합병증 때문에 임상에서 거의 사용되지 않는다. 다른 비침습적이고 민감한 검사법으로는 폐 환기관류 검사(V/Q scan)가 있다. 이 검사는 흉부 엑스레이가 정상에 가까운 경우에는 도움이 되지만, 위양성률이 높아서 CT가 더 좋은 선택검사법이다.

폐색전증이 의심되는 경우에 우리는 동맥혈 가스검사(ABG)와 d-dimer 검사를 우선 시행한다. 그것들은 빠르고 비교적 저렴한 선별검사이다. 숨이 가쁘거나 흉막성 통증이 있는 모든 환자들에게 폐색전증에 대한 영상 검사를 시행하는 것은 비용이나 방사선, 시간적인 면에서(위양성 환자에 대한 치료는 차치하고) 실용적이지 않다. 환자가 폐색전증의 가능성이 낮고 ABG상 산소분압이 80mmHg 이상이면서 d-dimer와 ABG의 동맥-폐포 산소분압차가 정상이라면 더 이상 폐색전증을 확인하는 검사가 필요없게 된다. 이 경우 제한점은 보상성 과환기에 의해서 산소분압이 상승될 수 있으므로 환자의 분당 호흡수가 20회 미만이어야 한다는 것과 폐질환이 없는 정상인의 동맥-폐포 산소분압차가 5~20mmHg라는 것이다.[7] Hamilton의 책에는 "D-dimer 음성, pO_2 80mmHg 이상, 분당 호흡수 20회 미만인 경우 폐색전증을 배제하는 데 도움이 된다" 라고 기술되어 있다.[7] 하지만 검사 결과가 비정상이거나 호흡수가 분당 20회 이상, pO_2가 80 mmHg 미만이거나 환자가 폐색전증의 고위험군이라면 영상학적 검사가 시행되어야 한다. 우리는 CT나 V/Q scan이 정상인데도 계속 의심이 되는 환자들은 다른 추가 검사를 시행한다. 다른 검사들이 정상인데도 폐색전증이 계속 의심되면 그 때 폐동맥 혈관조영술을 고려한다.

입원/외래 경과

이 부분에서는 기록이 매우 중요하다. 특히 급성 관상동맥 증후군이 의심되는 흉통 환자의 경우에는 세심함 기록이 더욱 중요하다. 의사의 행위에 따라 시시각각 심근이 괴사될 수도 살아날 수도 있다. 따라서 모든 투약은 반드시 의무기록에 시간과 함께 적어야 한다. 투약의 대한 환자의 반응(예, 니트로글리세린 투여 후 통증이 감소됨)이 기록되어 있다면 법적으로 커다란 의미를 가질 수 있다. 환자의 상태가 악화된다면 환자측 변호사는 의사의 즉각적인 반응이 어땠는지를 의무기록에서 면밀히 살펴보게 된다. 따라서 환자 상태의 모든 변화는 의사의 대처(예, NTG 투여 후 상태가 호전되었으나 다시 악화되었음 → 심전도를 다시 찍고 심장내과에 연락하였음)와 함께 빠짐없이 챠트에 기록되어야 한다. 급성 관상동맥 증후군은 매우 빠르게 변화하는 질환이므로 반복적인 평가가 수시로 필요하다는 사실을 기억하라. 급성 관상동맥 증후군과 같은 응급 상황이 의심되거나 진단되면 가능한 빨리 전문의에게 연락되어야 한다. 마지막으로 우리는 Diercks의 책에 나오는 "최근의 다기관 연구에 의하면 심근경색 환자의 2%, 그리고 불안정성 협심증 환자의 2% 정도가 응급실에서 실수로 퇴원하고 있음을 보여준다" 라는 말을 기억하는 것은 항상 도움이 된다고 생각한다.[8]

외래의 경우 치료가 즉각적으로 이루어질 수 있도록 간호사나 보조사들을 교육하고 감독하는 것이 중요하다. 그들은 필요한 환자를 먼저 불러서 심전도를 찍고 의사를 부르는 것이 익숙하지 않을 수도 있다. 물론 외래에서는 치료 수단이 매우 제한적이지만 최소한의 것들은 - 심근경색 환자에게 아스피린을 주고(금기가 없다면) 구급차로 이송하는 것 - 시행되어야 한다. 응급의료체계가 아닌 수단을 통해 환자를 이송하는 것이 훨씬 위험하다. 증례 2.2를 참조하기 바란다. 마지막으로, 심전도 사본을 환자 이송시 동봉하는 것은 바람직하다.

함정

급성 관상동맥 증후군에서 초기 심전도의 한계에 대해서는 벌써 언급하였다. 허혈성 흉통의 가능성이 높은 환자에서 초기 심전도가 정상이라고 마음을 놓아서는 안 된다.[9] 다음에 나오는 증례 2.9

를 참조하기 바란다. 또한 흉통이 비전형적으로 나타나는 경우도 흔하다. Tintinalli 교과서에는 심근경색 환자의 22% 정도가 자신의 흉통을 예리하고 찌르는 듯 하다고 표현하며, 6% 정도는 흉막성 통증과 유사하게 표현한다.[5] 심근경색 환자의 15%는 흉벽에 압통을 호소하기도 한다.[4] 또한 심근경색 환자의 33%는 증상이 없을 수도 있음을 기억하라.[5] 특히 당뇨 환자나 노인들에서 무증상인 경우가 많다. 특별한 경우로 심장 이식 환자를 들 수 있는데, 이 경우는 심장이 신경의 지배를 받지 않으므로 심장 허혈이 허혈성 흉통으로 나타나기 보다는 심부전이나 심인성 급사의 형태로 나타나기 쉽다.[10] 비전형적 흉통은 주로 갱년기 여성, 당뇨, 노인 환자에서 흔하다.

마찬가지로 심장효소 검사인 CK나 troponin I 역시 한계를 가지고 있다. CK는 관상동맥이 막힌 후 4~8시간까지는 올라가지 않으며, troponin I도 6시간까지는 상승하지 않기 때문에 이 시간 전에 내원한 환자들은 이들 검사에서 정상 소견을 보일 수 있다. 게다가 일부 병원에서는 CK 값만 제공하고 CK-MB 분율을 검사하지 않는다. CK-MB는 심근에서 주로 발견되는 형태로서, 뇌, 골격근, 심근 모두에 분포하는 CK보다 심장의 손상에 더욱 특이적이다. 따라서 CK는 외상이나 근육염 등의 다른 상황에서도 증가될 수 있다. 이런 병원에서는 CK-MB 없이 증가된 CK와 정상 troponin을 가지고 임상의가 어떤 해석을 해야 하는가? 이에 대해서는 71세 당뇨환자에 대한 증례 2.9를 참조하기 바란다.

어떤 환자에서는 흉통의 원인이 동시에 여러 가지 존재할 수 있다. 우리가 경험한 한 환자는 오토바이를 타고가다 우측으로 넘어져 우측 흉통을 호소하며 내원하였는데 그 부위에 늑골골절이 발견되었다. 환자는 엑스레이 촬영 후 구토를 시작하였고 심전도에서 급성 전벽 심근경색 소견이 관찰되어 혈관 조영술을 시행한 결과 좌전하(LAD) 관상동맥의 폐쇄가 발견되었다.

우리는 임상의들에게 다음과 같은 "흉통에 준하는 증상"이 관상동맥 질환의 위험인자를 가진 환자에게 나타나는 경우 조심하기를 경고한다. 그런 증상들에는 숨가쁨(shortness of breath), 운동과 관계없는 발한, 실신, 근력약화 등이 있다. 우리는 이런 환자들에게 위험인자를 가진 환자가 흉통을 호소할 때와 유사하게 진단 절차를 진행한다. 여러개의 위험인자를 가진 환자가 흉통을 호소하는데도 심장에 대한 검사를 하지 않는 경우는 매우 드물다. 비전형적인 흉통으로 내원한 49세 여자에 대한 증례 2.6을 참조하기 바란다.

좌측 어깨나 팔의 통증도 종종 볼 수 있는 흉통에 준하는 증상이다. 위험인자를 가진 환자의 경우에는 외상의 병력이 있는지, 진찰상 재현되는 통증이 있는지를 확인한다. 그런 병력이 없다면 급성 관상동맥 증후군에 대한 검사가 필요하다. 심지어 환자(또는 간호사)가 필요를 느끼지 못하는 경우에도 검사를 권유하여야 한다. 증례 2.21을 참조하기 바란다.

심근염 환자를 진단하는 것은 악몽에 가깝다. 그들이 내원하는 증상은 근골격계 증상에서부터 심근경색이나 늑막염과 유사한 증상까지 대단히 다양하다. 유발 요인도 매우 다양하다. 원인은 바이러스, 외상, 약물, 자가면역 등이 가능하나 특별한 원인을 모르는 경우도 있다. 어떤 연령에서도 올 수 있으며, 관상동맥 질환의 위험인자를 갖지 않는 경우도 있다. 마지막으로, 진단을 위한 특별한 검사도 없으며 심근염 환자의 거취결정에 대한 어떤 합의도 없다. Tintinalli 교과서에는 "대부분의 환자들이 빠르게 진행되는 심부전을 보이기 때문에 입원이 필요하다" 라고 권하고 있다. 증례 2.3에 심근염 환자를 다루었다.

심근염에 대해 언급한 많은 부분이 심낭염의 경우에도 적용된다. 예외가 있다면 심전도와 ESR의 상승이 심낭염의 진단에 도움이 된다는 것이다. 그렇지만 입원여부의 결정과 심낭삼출의 평가를 위한 응급 심초음파의 시행에 있어서는 의사들마다 입장이 다양하다. 심낭염에 대한 것은 증례 2.4를 참조하기 바란다.

젊은 사람이 흉통이 있는 경우 관상동맥 질환의 가능성은 낮다. 그렇지만 심각한 심장질환의 요인을 가지고 있는지 주의하여야 한다. 주의할 상황들로는 Kawasaki 병의 병력(심근경색의 가능성), Marfan 증후군의 병력(대동맥 박리나 기흉의 가능성), 코카인 남용의 병력(허혈성 심질환의 위험) 등이 있다.

흉통으로 내원한 젊은 환자에서 또 주의할 질환으로 횡문근용해증이 있다. 이 질환은 환자가 격렬한 운동을 한 다음이나 특정 약물 복용 또는 코카인 사용과 연관되어 있다. 환자가 흉통 이외에 다른 근육의 통증도 같이 호소하는 경우에는 의심해 보아야 한다. 증례 2.26을 참조하기 바란다.

흉막성 흉통이 심부 정맥 혈전증(DVT)의 위험인자(예, 피임약 복용, 과응고 상태, 최근에 장기간 움직이지 못함, 종양 등)를 가진 사람에게 있다면 다른 질환이 확진되기 전까지는 폐색전증을 의심하여야 한다. 확진이라고 말할 때 보통 임상에서는 세 가지 검사를 통하여 폐색전증의 가능성을 구분한다(위의 "진단 검사" 부분을 볼 것). 증례 2.5를 참조하기 바란다.

소화기 칵테일(GI cocktail)은 응급실에서 치료 목적으로 흔히 사용된다. 그러나 진단을 위한 목적으로 사용되면 위험할 수 있다. 응급실에서 가끔 흉통으로 내원한 환자를 소화기 칵테일 투여 후 호전되었다는 이유로 퇴원시키는 경우가 있다. 우리 생각에 이것이 적절한 경우는 하나밖에 없다. 35세 이하의 젊은 환자가 심장질환의 위험인자가 없는 경우이다. 많은 저널과 교과서들에 허혈성 흉통 환자들의 상당수가 소화기 칵테일을 투여받은 후에 증상이 호전된다고 기술하고 있다. 게다가 환자 중에는 관상동맥 질환과 위식도역류를 동시에 가지고 있을 수도 있다. Rosen 최신판에서도 마찬가지로 제산제 투여 후 호전되는 듯이 보이는 흉통 환자들에 대해 경고하고 있다. 이것을 주된 이유로 급성 관상동맥 질환을 배제하는 것은 권장되지 않는다고 한다.[12] 흉통으로 내원한 42세 남자에 대한 증례 2.7을 참조하기 바란다.

임상에서 "얼룩말"[1]도 가끔 출현할 수 있음을 명심하라. 여기서 말하는 얼룩말은 대부분의 의사들(모두는 아님)이 생각하지 못할 정도로 비전형적인 증례를 말한다. 이런 경우는 저널에서 읽고

1) 말 울음소리가 들리면 일반적으로 말(horse)이라고 생각하게 되는데 드물게는 얼룩말(zebra)일 수 있다는 뜻으로 임상에서 일단은 흔한 진단명을 생각하지만 실제로는 비슷하지만 드문 질환일 수 있다는 뜻임.

그런 경우도 있을 수 있다는 것을 아는 것 이외에는 자신을 방어하기가 힘들다. 증례 2.8에 나오는 치통으로 내원한 72세 여자의 이상한 경우를 참조하기 바란다.

급성 관상동맥 질환의 가능성이 있는 환자에게는 반복적인 심전도 검사의 역치를 낮게 유지하는 것이 좋다. 심전도는 단지 검사 순간의 전기적 현상을 기록한 정적인 것이다. 그렇지만 관상동맥 질환은 동적인 과정이며 중재 과정에서 심전도 소견이 변화될 수도 있다. 증례 2.10을 참조하기 바란다. 따라서 한번의 심전도 결과를 가지고 관상동맥 질환이 의심되는 환자를 진료하는 것은 부적절한 것이다. 주기적으로 반복적인 심전도를 검사하는 것은 치료의 지연 가능성을 최소화하며, 증례 2.22에서 보듯이 소송 과정에서도 커다란 도움이 된다.

흉통의 정도를 축소 표현하는 환자를 조심하기 바란다. 우리는 흉통을 과장되게 표현하는 경우는 흔하지 않지만, 과소평가하는 환자들은 자주 경험하였다. 이유는 모르겠지만 이것은 복통의 경우와는 반대이다. 복통 환자들은 심각하지 않은 원인인 경우에도 매우 심한 통증을 호소하는 경우가 많다. 복통은 축소하여 호소하는 환자들은 거의 없었다. 아마도 복통 보다는 심장 질환에 대한 공포 때문에 심한 흉통을 방어적으로 부정하는 것일 수도 있다. 대부분의 의사들이 그리 중하지 않아 보이는 심근경색 환자를 입원시킨 경험은 있으나, 통증이 없는 충수돌기염 환자를 본 적은 없을 것이다. 그러므로 당신의 환자가 통증을 잘 참는 타입인지를 구별하는 감각을 길러라. 환자에게 통증이 있는지를 묻고, 다른 방식으로 또 물어라. 간호사나 다른 직원들이 돌아가면서 환자의 통증을 평가하는 것도 도움이 된다. 증례 2.10을 참조하기 바란다.

흉통과 신경학적 증상이 함께 있으면 다른 원인이 밝혀질 때까지 대동맥 박리를 생각해야 한다. 박리(tear)와 그로인한 혈류 장애는 특정 부위의 혈관이상으로 나타나서 뇌혈관 질환과 유사한 증상을 유발한다. 그런 환자는 동시에 두 가지 질환을 가질 수도 있으므로 관상동맥 질환과 뇌혈관 질환에 대한 검사를 모두 정상적으로 시행하여야 한다. 또한 대동맥 박리에 대한 검사도 고려해야 한다. 증례 2.11을 참조하기 바란다. 또한 증례 2.19에서 보여주듯이 대동맥 박리에 대한 간과는 항응고요법처럼 금기인 치료를 시작하도록 한다.

흉통도 흉부 이외의 원인에서 생길 수 있음을 기억하여야 한다. 흔하지는 않지만 두 가지 흔한 원인으로는 담도계 질환과 위식도 역류가 있다. 오심이나 구토와 같은 위장관 증상이 동반되는 경우에는 항상 조심하여야 한다(두 증상 모두 관상동맥 질환에서도 올 수 있다). 증례 2.12를 참조하기 바란다. 흉통과 복통이 같이 있는 경우에는 흉부와 복부 두 부위에 대한 원인을 모두 찾아보아야 한다. 증례 2.13을 참조하기 바란다.

최근에 관상동맥 조영술을 시행하여 "의미없는 병변"이 관찰된 환자들도 조심하여야 한다. 의미없는 병변이란 말은 환자나 의사들 사이에 혈관이 20% 좁아진 것부터 상당히 좁아졌으나 스텐트 시술이 필요없는 경우까지 매우 다양한 의미로 사용된다. 또한 그 병변이 시술을 하기에는 작지만 심근경색의 위험이 없다는 뜻은 아니다. 우리가 저년차일때 30% 협착을 가진 환자를 퇴원시키려고 했었는데 다행히 심장내과의가 심근경색의 가능성을 발견하고 조언해준 경우가 있었다. 한 문헌에 의하면 관상동맥 질환으로 진단된 환자의 3분의 2정도에서 수 주에서 수 개월 전에 시행된 관상동맥 조영술에서 70% (보통 50%) 이하의 관상동맥 협착이 발견되었다고 한다.[13] 또 다른 문헌에서도 관상동맥 협착은 종종 10~40% 정도의 기저 협착이 있는 동맥에서 발생된다고 한다.[14]

심장 이외의 원인 때문에도 모든 성인 흉통 환자는 심전도와 흉부 엑스레이 검사가 필요하다. 이들 검사는 흉부의 응급상황을 빠르게 선별할 수 있는 검사들이며 대부분의 기관에서 가능하다. 따라서 증례 2.1이나 2.16과 같은 실수를 하지 않으려면 루틴으로 두 가지 검사를 시행하는 습관을 갖는 것이 좋다.

흉통을 평가할 때는 다른 증상들보다 병력에 더 많이 의존하게 된다고 생각한다. 왜냐하면 급성 관상동맥 증후군, 폐색전증, 대동맥 박리, 심낭염 등의 많은 원인이 진찰상 정상소견을 보이기 때문이다. 흉통의 경우에는 복통에서 압통이 심각한 원인을 의미하는 것처럼 특징적인 진찰소견이 없다. 그러므로 병력을 청취할 수 없는 환자들은 한층 주의를 기울여야 한다. 증례 2.17을 참조하기 바란다.

재현 가능한 흉부 압통은 심각한 심장 또는 폐질환을 배제할 수 없다. 급성 관상동맥 증후군 환자의 상당수에서 재현 가능한 흉부 압통이 관찰되었다는 보고도 있다. 덧붙여, 증례 2.18처럼 폐쪽의 병변도 흉부 압통과 함께 나타날 수 있다.

최근 급성 심근경색의 처치에 대한 많은 논문들이 발표되었다. 이들 논문의 목표는 급성 심근경색에서 프로토콜을 준수하도록 강조하는 것인데, 이 때 각 환자들의 상태에 맞추어 적용해야 한다. 예를 들어, 저혈압 환자의 경우 베타차단제와 니트로글리세린을, 서맥 환자에서는 베타차단제를 피하고 하벽 심근경색 환자에서는 이들 약제를 신중하게 투여해야 한다. 증례 2.23을 참조하기 바란다.

외래에서는 흉통 환자들의 진단적 평가가 어렵다. 심장효소 검사는 바로 결과를 알 수 없으며 심장내과 협진이 바로 가능하지 않을 수 있다. 이런 경우 환자에 대한 접근은 더욱 보수적이어야 한다. 흉통 환자가 심전도가 비정상인(과거의 병변이 아닌) 경우 응급실에서 추가적인 검사가 필요하다. 또한 심전도가 비정상인 당뇨 환자는 흉통을 호소하지 않더라도 추가 검사가 필요하다. 증례 2.24와 2.25를 참조하시오.

관상동맥 스텐트는 특히 시술한지 처음 몇 달 내에 다시 협착될 수 있다. 따라서 최근에 스텐트를 시술받은 환자가 흉통으로 내원하면 응고를 방지하는 약물(Plavix: clopidogrel 등)을 복용하고 있는지를 물어보는 것이 중요하다. 복용하지 않는다면 환자는 재협착의 위험이 매우 높다. 증례 2.27에서 우리는 Plavix를 복용하고 있는 환자에서 관상동맥의 재협착이 발생된 드문 경우를 기술하였다.

마지막 포인트는 급성 관상동맥 증후군의 평가에서 가족력의 중요성을 무시하지 말라는 것이다. 관상동맥 질환은 매우 강한 가족력을 보인다. 우리는 가족력이 유일한 위험인자인 많은 급성 관상동맥 증후군 환자를 경험하였다. 불행한 증례 2.28을 참조하기 바란다.

오류와 흥미있는 증례들

[증례 2.1] 기본을 잊지 말자

- 한 의사가 소규모 응급실에서 흉통이 있는 환자를 치료하였던 적이 있다. 그는 연속적인 심전도 검사와 심장효소 검사를 하면서 그 환자를 12시간동안 응급실에서 지켜보았다. 환자의 통증은 몰핀을 주사하자 경감되었다. 모든 검사 결과가 정상이었기 때문에 의사는 급성 심근경색의 가능성을 배제하고, 환자를 퇴원시켰다. 그러나 환자는 2일 후에 대동맥 박리로 사망하였다. 환자를 퇴원시킨 의사는 종격동의 확장 여부를 확인할 수 있는 흉부 방사선 검사를 시행하지 않는 실수를 하였다.
- 비록 대동맥 박리를 진단하기위한 흉부 방사선 검사의 민감도가 아주 낮기는 하지만, 때때로 도움이 될 수도 있다. 흉부 방사선 검사는 환자의 흉통을 평가하는데 간단하고, 일반적이며, 적절한 표준검사 항목이다. 그러므로 진단을 놓친다면, 대동맥 박리에 대한 검사로서의 민감도는 이차적인 문제가 된다. 이제 법정에서 피고가 된 의사는 흉부방사선 검사를 시행하지 않은 이유와 대동맥 박리가 방사선 검사에서 보이지 않았을 것이라는 증거를 설명해야하는 거의 불가능한 임무를 떠안게 되었다.

[증례 2.2] 시간은 근육이다

- 다음은 외래에서 급성흉통을 잘못 조치한 증례이다. 관상동맥질환의 가족력이 있는 48세의 남자 환자가 24시간 동안 지속된 흉골아래의 흉통을 주소로 오후 8시에 진료소에 내원하였다. 진료 기록에 따르면, 그 환자는 급성 관상동맥 증후군과 심전도 검사에 대한 고려 없이 전문간호사(nurse practitioner)에 의해 위식도역류에 대한 치료만 받았다. 그 환자는 다음날 아침에 제산제를 복용해도 증상의 호전이 없음을 주소로 다시 진료소에 내원하였다. 진료소의 의사는 심전도 검사를 하였고, 심전도 검사 결과 하부 유도 ST분절의 2mm 상승과 함께 그에 상응되는 변화가 보였다(급성심근경색의 표준적인 양상). 의사는 그제서야 환자에게 응급실로 가야함을 설명하였다. 아스피린은 투여되지 않았고, 구급차 또한 호출하지 않았다. 심인성 쇼크, 부정맥, 실신의 가능성이 높기 때문에, 그 의사는 심근경색의 가능성이 있는 환자가 직접 운전을 하도록 함으로써 환자 개인뿐만 아니라 공공의 안전까지 위협하는 결과를 초래하였다. 그 의사는 또한 아스피린 투여를 통한 항응고치료의 시작도 지연시켰다. 응급실에 도착했을 때 환자의 심전도 소견은 하부 유도에서 3mm의 ST 분절 상승을 보였고, 트로포닌 I 는 극도로 상승되어 있었다. 환자는 바로 심장도관 삽입술을 받았고, 경피적 관상동맥 중재술을 받았다. 심장에 위험 요인이 있는 위와 같은 환자가 처음 방문했을 때 급성 관상동

맥 증후군의 가능성이나 심전도 검사를 고려하였다면, 환자의 심장 손상의 상당 부분은 예방이 가능했을 지도 모른다. 기억하라. '시간은 근육이다!'

[증례 2.3] 환자의 나이에 속지마라

- 다음에 소개하는 증례는 심낭염이나 심근염 환자가 응급의학과 의사를 방문했을 때의 어려움을 잘 보여준다. Selbst와 Korin은 그들의 저서에서 15세 소년의 증례를 서술하였다.[15] 환자는 조금만 활동해도 악화되는, 칼로 찌르는 듯한 흉통을 주소로 응급실에 내원하였다. 그는 1주일 전의 축구경기에서 우측 늑골을 부딪힌 적이 있었다. 환자는 일어서면 어지럽고, 가끔 발한, 오심, 구토, 숨참 등의 증상이 있었다고 말하였다. 환자의 활력징후는 안정되어 있었지만, 발열이 있었다. 기립성 저혈압은 경계부위에서 검사되었다. 가슴부위 촉진 시에는 압통을 호소하였지만, 심장과 폐의 이학적 검사 소견은 정상이었다. 환자의 흉부 방사선 검사 소견은 정상 상한 범위의 심장크기를 보여 주였고, 심전도 소견은 하외측 유도에서 ST 분절 상승을 보였다. 정맥으로 수액 주입을 시작하였으나, 환자의 기립성 저혈압을 교정하지는 못했다. 환자는 당직 심장내과 의사에게 보고되었지만, 그는 흉부 근골격통으로 진단하고 퇴원시킬 것을 권유하였다.
- 환자는 6시간 후에 심정지가 발생하여 다른 병원으로 내원하였고, 거기서 사망하였다. 부검 결과 심근염으로 진단되었다. 환자의 가족들은 심근염의 진단에 실패하였고, 불안정한 상태의 환자를 퇴원시켰다고 주장하며 초진을 한 병원과 응급의학과 의사를 고소하였다. 사건은 법정 밖에서의 합의를 통해서 해결되었다. 심장내과 의사는 자신은 환자를 본적이 없다고 주장하여 고소 사건에 포함되지 않았다.
- 나이는 흉통을 평가하는데, 매우 중요한 요소이다. 심장, 폐, 대동맥에 관련된 질병은 나이가 증가함에 따라서 유병률도 함께 증가하는 경향이 있다. 또한 그런 질환들은 30세 이하의 환자에서는 거의 발병하지 않는다. 불행하게도 이러한 원칙의 예외가 발생하였고, 담당의사는 이런 질환들과 동반될 수 있는 위험신호에 경계를 게을리 해서는 안 되었다. 이 환자는 정상이 아닌 흉부 방사선 검사 소견과 심전도 소견을 보였으며, 외상에 의한 흉통이 동반되어 있었다. 게다가, 혈역학적 조절기능에 장애를 보이는 증상(어지러움, 오심, 구토, 숨참)과 징후(기립성 저혈압, 발열)가 있었다. 위험신호를 인지하지 못함으로써 두 명의 의사 모두 환자를 퇴원시키는 치명적인 실수를 저지르고 말았다.

[증례 2.4] 진단은 했는데 어떻게 된 일인가?

- 우리의 심낭염 증례는 방사통, 발한, 오심, 구토 등의 증상없이 2일간의 흉골아래 가슴부위의 흉통을 주소로 내원한 38세 남자 환자에 관한 것이다. 그는 관상동맥 질환의 과거력도 없었고, 심한 흡연자인 것을 제외하면 다른 위험 인자도 없었다. 환자의 통증은 누우면 악화되었고, 앞으로 숙여서 앉아 있으면 호전이 된다고 진술하였다. 환자의 활력 징후는 빈맥이 있는 것을 제외하면 안정 되어 있었다. 심전도는 전반적인 ST 분절의 상승 소견을 보였고, 심장 효소검사 결과는 정상이었다. 환자의 증상은 토라돌(Toradol)을 정맥주사한 후에 완화되었고, 급성 심낭염 진단 하에 이부프로펜(ibuprofen)을 처방받아 퇴원하였다.
- 환자는 2일 후에 흉통이 악화되어 응급실로 다시 내원하였다. 응급의학과 의사를 보기위해 기다리고 있는 동안 그 환자는 갑자기 저혈압에 빠졌고, 바로 심정지가 발생하였다. 응급 심낭천자술과 소생술을 시행하였으나 실패하였다. 환자는 증가된 심낭삼출때문에 발생한 심장눌림증의 합병증으로 사망하였다.
- 이 증례는 응급의학과와 심장내과 의사들 간의 급성심낭염의 병원 내 진료지침의 토론을 시작하게 하였다. 그렇다면 모든 심낭염 환자들에게 심낭 삼출을 보기위하여 심초음파 검사를 하여야 하는 것일까? 이 검사는 저혈압, 호흡곤란, 실신이나 혈역학적인 장애를 보이는 증상이 있는 환자들에게는 반드시 시행하여야 한다. 그러나 혈역학적 소견이 정상인 환자들에게 시행하는 것이 실용적이고, 비용 효과적으로 이익이 되는지에 대해서는 아직 동의에 이르지 못하고 있다. 이유는 심낭염이 있는 환자의 대부분에서 이런 합병증이 발생하지 않기 때문에 심초음파의 유용성이 떨어지기 때문이다.

[증례 2.5] 항상 폐색전증을 감별하라

- Edwards의 M & M Files[16] 의 증례가운데 흡연과 프레마린(premarin, conjugated estrogen) 복용의 과거력이 있고, 전신 쇠약감과 흉막통증을 주소로 응급실로 내원한 49세의 비만한 여성 환자가 있었다. 내원시의 생체징후는 산소를 주지 않은 상태에서 산소포화도가 97%의 소견을 보였고, 100회의 분당 맥박수를 보였으며, 호흡수는 분당 20회였다. 진찰을 하는 동안 환자는 편안해 보였으며, 심하게 고통스런 모습은 보이지 않았다. 응급실 의사는 심전도 검사를 하였고, 그 결과 약간의 빈맥과 비특이적인 ST분절의 변화 소견을 보였다. 혈액검사 소견 또한 칼륨이 약간 낮은 것 외에 다른 소견은 정상이었고, 흉부 방사선 검사도 특이 소견을 보이지 않았다. 환자는 저칼륨혈증과 상기도 바이러스 감염의 가능성을 진단 받고 퇴원하였다.
- 환자는 다음날 심정지 상태로 응급실로 다시 내원하였고, 소생에 실패하였다. 부검 결과 그녀의 사망원인은 다량의 폐동맥 색전으로 밝혀졌다. 응급의학과 의사는 폐동맥 색전이 없는

동일한 증상의 수많은 환자들을 진료한 경험이 있었다. 흉막통증은 너무도 흔한 증상이었고, 환자의 산소포화도는 상대적으로 정상이었다. 그러나 이 특별한 환자는 심부 정맥 혈전증과 폐동맥 색전과 동반된 흉막통증이었다. 말하자면, 그녀는 호르몬제를 복용하는 비만한 흡연자였다. 더욱이 이환자 같은 경우에 산소포화도는 때때로 잘못 해석될 수도 있다. 사람들은 자신의 호흡수를 늘려서 높은 산소 농도를 유지할 수 있다. 우리가 전에 논의했던 것처럼 이 환자의 호흡수는 20회 미만이어야 했고, 그러므로 폐색전증을 감별할 수 있는 검사를 시행하여야 했다. 마지막으로 중요한 것은 이 환자는 숨차다고 호소하지 않았다는 점이다. 이점이 응급의학과 의사가 환자의 폐에 문제가 있음을 고려하지 못하도록 혼란스럽게 만들었다.

[증례 2.6] 한번 심장병은 영원한 심장병

- 다음 증례는 비전형적인 흉통을 주소로 응급실로 내원한 49세 여자 환자에 관한 내용이다.[17] 환자는 몇 주간의 계속되는 기침과 오한을 주소로 내원하였다. 환자는 응급의학과 의사의 진료를 받기 전에 간호사에게 그녀의 우측 흉부에 작열감(burning)이 있다고 말하였다. 또한 관상동맥성형술을 받았지만, 여전히 흡연을 하고 있었다.
- 응급실에서 측정한 환자의 활력징후는 정상이었고, 이학적 검사상 폐렴이나 심부전을 의심할 만한 소견은 없었기 때문에, 응급의학과 의사는 다른 검사는 시행하지 않기로 결정하였다. 환자는 급성 기관지염을 진단받고, 항생제를 처방받아 퇴원하였다.
- 3일 후 환자는 전형적인 급성심근경색증의 증상을 보이며 구급차를 타고 응급실로 다시 내원하였다. 오심과 발한을 동반한 흉골아래 부위에 통증을 주소로 내원하였고, 심전도 소견상 전벽에 심근경색 소견을 보였다. 혈전 용해제 치료를 즉시 시작하였지만, 환자의 좌심실 기능은 심하게 손상되었다. 환자는 초진을 한 응급의학과 의사가 오진을 한 것은 아닌지 변호사에게 자문을 구하였다.
- 이 환자가 흉통을 호소하지 않고, 비전형적인 증상을 호소했기 때문에 응급의학과 의사가 심장에 대한 검사를 하지 않고 일반적인 처치만 시행 했던 것일까? 그러나 우리는 그 환자의 관상동맥질환 병력 때문에, 그에 관한 표준적인 처치를 시행하는 것이 맞다고 말하고 싶을 것이다. 더욱이 여성의 경우에는 비전형적인 증상과 징후를 가지고 내원할 수 있다는 내용이 교과서에도 잘 나와 있다. Edwards는 '한 가지는 분명하다' 고 지적하였다. 환자의 중요한 호소를 놓치거나 진단을 잘못내리면, 그 부담은 결국 환자가 아니라 의사에게 지워진다는 것이다.[18]

[증례 2.7] 칵테일은 심장질환에 좋지 않다

- M & M Files 의 다음 증례는 흉통을 주소로 내원한 42세의 남자 환자에 관한 내용이다.[19] 이 증례는 심장에 위험 요인이 있는 환자에게 소화기 칵테일 요법(GI cocktail)을 처방하는 것이 의사를 얼마나 혼란시킬 수 있는지를 잘 보여 준다. 환자는 왼쪽 어깨로 방사되는 흉골 아래 부위 가슴의 통증과 상복부 통증을 주소로 구급차를 타고 응급실로 내원하였다. 흉통은 점심을 먹고 난 직후에 시작되었고, 구급대원이 현장에서 투여한 NTG에 반응하지 않았다. 환자는 또한 위식도역류의 병력을 가지고 있었다. 여기까지 보면 이 환자는 진단적 목적으로 소화기 칵테일 요법을 투여하는 것이 적절한 것처럼 보인다. 그러나 먼저 이 환자는 42세라는 점과, 심각한 병력을 가지고 있었다는 것을 고려해야 했다.
- 자세한 병력을 들어보니 환자는 고혈압과 관상동맥질환(그는 2년 전에 관상동맥성형술을 받았다)이 있었다. 환자는 관상동맥질환의 가족력이 있었으며, 하루에 1갑 또는 1갑 반 정도를 흡연하는 애연가였다. 그러므로 이 환자에서 소화기 칵테일 요법은 응급실에서 진단 목적이 아닌 치료를 목적으로 사용되는 경우에만 도움이 될 수 있다.
- 환자는 심각한 증상을 보이지 않았고, 활력징후도 안정되어 있었으며, 이학적 검사상 상복부의 압통을 제외하고는 정상 소견을 보였다. 과거의 심전도 소견 또한 현재의 것과 별다른 차이가 없었다. 응급실 의사는 환자에 대해 의논하기 위해 주치의에게 연락하였다. 두 의사는 통증의 원인이 아마도 소화기 계통의 질환 때문일 것이라는데 동의하였고, 환자는 응급실에 도착한지 3시간 만에 퇴원하였다.
- 환자는 운전을 하며 집으로 돌아가다 다시 통증이 재발하였다. 이번 통증은 더욱 심하였고, 발한과 구토를 동반하고 있었다. 환자의 가족들은 의사의 퇴원 조치에 당황하였고, 20마일 떨어진 다른 병원에 가보라고 하였다. 환자는 그 병원에서 불안정성 협심증을 진단받아 입원하였고, 며칠 후에 관상동맥 우회수술을 받았다.
- Edwards는 응급실에서 소화기 각테일 요법의 사용에 대한 추가적인 의견을 제시하였다.[20] 소화기 칵테일 요법을 시행한 후에 주관적인 통증의 경감은 민감도도 떨어지고, 특이도도 떨어지는 진부한 방법이다. 그는 또한 흉통을 평가하는 도구로 소화기 칵테일 요법을 이용해서는 안 된다고 덧붙였다. 이 증례에서는 환자의 위험요인과 심장병력 때문에 급성관상동맥증후군을 먼저 감별해야 했다. 소화기 칵테일 요법을 시행하기 전에 NTG를 투여하는 것이 더욱 적절했을 것이다. 또한 심장내과 의사에게 입원과 추가 검사를 위한 협진을 의뢰했어야 했는데 그러지 못하였다.

[증례 2.8] 한 입 가득한 문제들

- M & M Files 중에서 의사들의 관심을 끌만한 신기한 증례가 하나 있다.[21] 이 증례와 같은 환자를 보게 된다면, 우리는 난처한 상황에 직면하게 될 것이다. 게다가 이렇게 특이한 환자 하나 때문에 우리가 환자를 보는 진료 방식을 바꿀 수는 없으므로, 결국 우리는 이런 환자를 볼 때마다 상당히 난처한 상황에 빠지게 될 것이다.
- 72세 여자 환자가 점점 악화되는 2일간의 간헐적인 치통을 주소로 내원하였다. 환자는 다음 주까지 다니던 치과의원을 갈 수 없는 상황이었다. 환자는 고혈압과 당뇨병의 병력이 있었다. 환자는 응급실의 패스트 트랙(fast tract)으로 내원하였다. 이학적 검사상 턱관절에 심한 압통이 있었고, 통증은 입을 벌리고 닫을 때 악화되는 것처럼 보였다. 환자는 충치의 초기 단계이거나 턱관절증후군으로 진단되어 이부프로펜을 처방받고 퇴원하였다.
- 환자는 3시간 후에 심정지 상태로 다시 응급실로 내원하였고, 소생에 실패하였다. 부검 결과 심장의 좌전하 동맥(left anterior descending artery)이 막혀 있었고, 최근에 심근경색이 있었던 소견을 보였다. 환자의 가족들은 변호사를 찾아갔고, 결국 합의금을 받을 수 있었다.
- 위에 언급한 것처럼 만약에 환자에게 심근경색과 관련된 다른 증상이 있어서, 자세한 문진으로 알 수 있지 않았을까 하는 예외적인 경우를 제외한다면, 이런 증례를 읽었다고 해서 현재의 진단 과정을 바꿀 필요는 없다. 심장에 위험요인을 가졌거나 치통이 있는 모든 환자에게 심전도나 혈액검사를 시행하는 것은 현실적이지 않다. 더욱이 의사 쪽 변호사가 있었다면, 환자가 당뇨병으로 인한 무증상 심근경색증이었거나 단순히 턱관절의 문제였다고 주장할 수도 있었다. 의사 쪽 변호사는 또한 환자의 턱관절증후군 여부를 알아보기 위해 치과의사를 따로 고용하고, 부검을 다시 시행하여 이를 확진할 수도 있었다. 법정으로 갔다면, 결국 치통을 주소로 한 급성관상동맥증후군의 오진은 표준적인 진료절차 안에서 발생한 불가피한 경우였다는 판결을 받을 수도 있었을 것이다. 비록 한 두 권의 의학교과서의 목록에 급성관상동맥증후군의 증상 가운데 하나로 치통이 나오기는 하지만, 대부분의 교과서에는 나오지 않는다.

[증례 2.9] 한 번으론 충분하지 않다

- M & M Files 중에서 며칠간의 감기 증상으로 응급실에 내원한 71세 당뇨환자에 관한 증례가 있다.[22] 환자는 노란 가래를 동반한 기침, 인후통, 식욕부진과 간헐적인 위쪽 가슴의 흉통을 호소하였다. 흉통은 내원하기 몇시간 전에 시작되었고, 왼쪽 어깨로 방사되었으며, 1시간 후에 사라졌다. 또한 고혈압의 병력, 협심증, 당뇨와 같은 위험요인을 가지고 있었다.
- 응급실 의사는 흉부방사선 검사, 심전도, 심장효소(트로포닌)검사를 시행하였다. 세 가지 검사 결과는 모두 정상이었다. 환자는 기관지염과 감기를 진단 받고, 항생제를 처방받아

퇴원하였다. 환자의 흉통은 다음날 재발하였고, 주치의의 진료를 받았다. 이제 심전도 검사는 명확한 심장 하벽의 심근경색 소견을 보였다. 환자의 주치의는 그 환자를 입원시켰고, 응급실 의사에게 전화를 걸어 왜 단 한 번의 심장효소 검사 결과를 보고 환자를 퇴원시켰는지를 물어 보았다. 한 번의 심장효소검사(트로포닌) 결과 만으로 흉통을 평가하는것의 한계점과 환자의 위험요인 등을 고려해 보면, 응급의학과 의사의 행동을 정당화 하는 것은 쉽지 않다.

[증례 2.10] 보이는 것만 믿으면 속을 수 있다

- 3~4주 동안 가끔 발생하는 왼쪽 위가슴 부위의 흉통을 주소로 내원한 48세 남자 환자가 있었다. 통증은 왼쪽 어깨에서 느껴졌지만 발한, 숨참, 오심, 구토는 동반되지 않았다. 환자의 현재 통증은 2시간 동안 지속되었지만, 통증의 빈도가 증가하거나 더 심해지지는 않는다고 말하였다. 환자는 흉통 때문에 진료를 받은 적은 없었다. 그는 며칠 동안 충혈이 되어있었고, 통증은 움직일 때마다 악화된다고 말하였다.
- 환자는 우리가 진료할 때는 심각해 보이지 않았다. 환자는 심한 흡연자이고 관상동맥질환의 가족력이 있었다. 심전도 검사를 시행하였고, 결과는 정상 동성리듬과 약간의 ST분절의 하강(0.5mm)의 소견이 V_2-V_4 유도에서 보였다. 이러한 소견에 무게를 두지는 않았지만, 심장효소검사를 시행하였고, 간호사에게 아스피린과 NTG를 투여하도록 지시하였다.
- 심장효소검사 결과가 정상으로 나온 다음, 환자에게 NTG 투여가 효과가 있었는지를 물어보았다. 그러나 환자는 아무것도 투여 받지 않았다고 대답하였다. 어떻게 된 일인지 간호사에게 물어보니 환자가 통증이 없기 때문에 NTG를 투여하지 않았다고 말하였다. 여기서 우리는 환자가 자신의 통증반응에 대해 다소 둔감하여 주관적인 증상만으로 평가하기는 어렵다고 생각하게 되었다. 다시 한 번 환자에게 통증에 대해 물어보자 환자는 통증이 아니고 '약간의 답답함' 이 느껴진다고 대답하였다. NTG를 투여한 후에 심전도 검사를 다시 해보니 ST분절은 정상화되어 있었다. 이로 인해서 우리는 환자의 비특이적인 증상에도 불구하고 심장내과 협진이 필요함을 확신할 수 있었다. 심장내과에서 환자의 첫 번째 심전도 결과를 보았을 때도 약간의 ST분절 하강에 관심을 두지는 않았다. 그러나 두 번째 심전도 소견과 비교해보더니 환자의 ST분절 하강 소견이 심각함에 동의하였고, 즉시 심장혈관조영술을 실시하였다. 검사 결과 관상동맥의 3개의 분지가 모두 막힌 소견을 보였고, 다음날 관상동맥우회술을 시행받았다. 이번 증례는 흉통의 평가에서 연속적인 심전도 검사의 중요성을 강조하는 것이다. 단지 첫 번째 심전도 소견 자체만으로는 급성심근경색을 확신할 수 없었다. 그러나 첫 번째와 두 번째 심전도 소견을 비교해보고 임상양상과 조합해보니 급성관상동맥증후군을 좀 더

명확하게 진단할 수 있었다. 이 증례는 또한 흉부의 불편감이나 통증을 다른 방식으로 표현하는 둔감한 환자의 흉통을 평가하기가 얼마나 어려운지를 보여준다.

[증례 2.11] 심장질환과 자주 동반되는 신경계 질환

- 관상동맥질환의 병력과 심장혈관우회술의 과거력이 있는 70세 남자환자가 6시간의 왼쪽 가슴의 통증과 저린감, 그리고 왼쪽 편마비를 주소로 응급실로 내원하였다. 이학적 검사 결과 말이 어눌해지거나 안면신경마비의 소견은 보이지 않았지만, 왼쪽 팔과 다리는 오른쪽과 비교했을 때 약해 보였다. 왼쪽과 오른쪽 팔에서 측정한 혈압은 큰 차이가 없었다. 심전도 소견은 급성의 변화를 보이지 않았고, 환자는 NTG를 투여해도 통증을 완화시키는데 도움이 되지 않는다고 말하였다. 환자는 몰핀만이 자신의 통증을 완화시킬 수 있는 유일한 약이라며 계속해서 투여를 요구하였다.
- 환자의 심장효소검사는 정상이었고, 연속적인 심전도 검사에서도 변화가 없었다. 그러나 환자의 뇌 CT 소견상 오른쪽 부위에 언제 생겼는지 알 수 없는 뇌경색 소견이 보였다. 대동맥 박리의 가능성을 고려하였지만, 환자의 크레아티닌 수치가 2.2mg/dL 였기 때문에 조영제를 사용한 흉부 CT 촬영은 연기하였고, 일단 입원시켜서 관찰하기로 결정하였다. 비록 대동맥 박리의 진단을 위한 검사를 시행하지 않는 위험성이 있었지만, 거기에는 세가지 이유가 있었다. 첫 번째 이유는 환자의 크레아티닌 수치였다. 병원의 방사선과 의사가 정한 조영제를 사용한 CT 촬영의 크레아티닌 수치 한계값은 2.0mg/dL 였다. 크레아티닌 수치가 2.0mg/dL 이상인 환자는 누구나 일단 입원해서 수액치료를 한 후에 CT촬영을 하도록 권장되었다. 이는 인위적인 신부전의 발생을 예방하기 위한 조치였다. 또한 경식도 초음파 검사는 야간에는 전문 인력이 없어 시행하기 어려웠다. 마지막으로 환자에게서는 흉부방사선 검사상 확장된 종격동의 소견은 보이지 않았고, 양쪽 팔에서 측정한 혈압도 차이가 나지 않았다. 게다가 그 환자는 몸의 왼쪽에 신경학적 이상을 유발할 수 있는 뇌 CT 소견을 보이고 있었다.
- 그러나 병동의 담당 주치의는 응급실에서 시행한 검사에 만족하지 못하였다. 그래서 조영제를 사용한 흉부 CT 촬영을 주장하였다. CT 촬영을 주저하는 두 명의 방사선과 의사와의 오랜 시간의 논의 끝에, 주치의는 조영제를 사용한 CT 촬영의 필요성을 설득시킬 수 있었다. 흉부 CT 소견 상 대동맥궁에 전반적인 부종의 소견을 보였지만, 명확한 내막판(intimal flap)은 관찰할 수 없었다. 그 후에는 환자를 추적 관찰 할 수 없었기 때문에 대동맥 박리가 맞는지는 확인할 수 없었다.

[증례 2.12] 심장질환과 자주 동반되는 소화기계 질환

- 관상동맥질환의 과거력이 있는 88세 여자 환자가 1시간 전에 시작된 흉골아래 부위의 흉통을 주소로 새벽 3시에 응급실로 내원하였다. 방사되는 통증은 없었지만, 통증은 2번의 오심 및 구토와 동반되었다. 심장도자술을 받은지 1년이 안되는 환자였고, 검사 결과 심한 관상동맥질환이 있었지만 경피적 관상동맥 중재술은 어려운 상태였다. 환자는 또한 담석의 과거력도 있었다. 심전도 검사결과 외측 유도에서 이전의 검사에서보다 더욱 명확해진 만성적인 심방세동과 T파의 역전 소견이 보였다.
- 급성관상동맥증후군을 의심하여 환자에게 NTG와 아스피린을 투여하였다. NTG 투여 직후에 환자는 심한 오심과 구토를 호소하였다. 흉통에 대한 몰핀의 정주는 오심과 구토에 대한 Ondansetron (serotonin antagonist)의 투여와 동시에 이루어졌다. 이러한 조치는 통증을 더욱 악화시킨 것처럼 보였고, 환자는 다시 구토를 하였다. 환자의 두 번째 심전도 검사 결과가 처음과 별다른 차이를 보이지 않자, 혹시 다른 원인에 의한 것은 아닌지 의심이 되었다.
- 혈청 아밀레이즈와 라이페이즈 검사와 함께 간기능 검사를 시행하였다. 동시에 NTG와 함께 동반된 환자의 증상 치료를 계속하여, 오심에 대해 Phenergan (Phenothiazine)을 정맥으로 투여하였다. 또한 통증에 대해 데메롤을 정주하였고, 이는 환자에게 가장 도움이 되는 것처럼 보였다. 지속적인 구토, 몰핀에 대한 과민반응, 데메롤의 투여 후 증상 호전 등을 고려하여, 우리는 급성 담도질환을 의심하게 되었다. 비록 몰핀이 심장허혈의 통증에는 아주 좋지만, 급성 췌장염이 있는 환자에게는 최악의 진통제가 될 수도 있다. 이는 몰핀이 오디조임근의 수축을 유발한다는 믿음 때문이다.[23] 그래서 우리는 검사실에 환자의 혈액검사에서 혈청 아밀레이즈와 라이페이즈 검사와 함께 간기능 검사를 추가해달라고 하였다.
- 환자의 심장효소검사는 정상이었지만, 간 트랜스아미네이즈(transaminase) 결과는 약간 상승되어 있었다. 우리의 임상적 의심대로 혈청 아밀레이즈와 라이페이즈 수치는 모두 1,000 unit/L 이상으로 측정되었다. 환자는 입원하였고, 급성심근경색을 감별하기위하여 연속적인 심장효소검사를 실시하였다. 그 후에 담석 췌장염에 대한 치료를 시작하였다.
- 비록 이번 증례에서는 정확한 진단을 내릴 수 있었지만, 이런 행운이 따르지 않은 경우도 종종 있다. 우리는 급성관상동맥증후군 의심하에 심장내과에 입원시켰지만, 나중에 흉통의 원인이 담도질환으로 밝혀진 증례를 3개 가지고 있다. 세 명의 환자는 모두 발한, 오심, 구토와 동반된 쥐어짜는 듯한 흉통을 주소로 내원하였다. 아무도 복통은 호소하지 않았다. 또한 3명 모두 관상동맥질환의 위험요인을 여러 개 가지고 있었다. 황당하게도 3명 중 2명은 같은 날 밤에 온 환자였다. 그러나 더 심각한 질환을 감별해야 했기 때문에 결국 3명의 환자 모두 적절한 진료를 받았다는 것을 강조하고 싶다. 이는 급성관상동맥질환 환자를 담석으로 진단하고 퇴원시키는 것보다는 훨씬 나은 상황이다.

[증례 2.13] 병력 청취로 알 수 없는 경우

- 40세 남자 환자가 오전 10시부터 발생한 왼쪽 복부, 왼쪽 가슴, 왼쪽 어깨의 통증을 주소로 응급실에 내원하였다. 그는 발열, 오심, 구토 등은 없다고 하였지만, 통증때문에 다소 심각해 보였고, 약간 식은땀을 흘리는 듯 했다. 환자는 누으면 통증이 더 심해진다고 하여 바로 눕지 못하였다. 환자는 최근에 외상이 있었거나 만성적인 의학적 문제는 없다고 하였다. 그러나 심하게 담배를 피우고, 음주를 하며, 대마초를 흡연하고 있었다.
- 이학적 검사는 환자가 바로 누울 수 없었기 때문에 다소 제한적이었다. 바로 눕지 않고 시행한 이학적 검사에서는 좌상복부의 비특이적인 압통외에 특이 소견은 없었다. 심장질환관련 검사(심전도, 흉부방사선 검사, 심장효소 검사, 일반혈액 검사)에서도 14,900 cells/μL로 약간 증가된 백혈구 수치외에는 특이 소견이 없었다. 간기능 검사와 혈청아밀레이즈, 라이페이즈 수치 또한 특이 소견이 없었다. 그러나 약물 반응 검사에서 대마초와 코카인이 양성으로 나왔다. 복부방사선검사에서도 자유공기나 장폐쇄소견은 보이지 않았다.
- 환자의 복부를 자세히 검사하기 위해 CT 촬영을 시행하였다. 검사 결과 비장에 다수의 열상이 있었고, 비장 주위에 혈액이 있었으며, 골반내에 자유 삼출액이 있었다. 환자는 다시 최근에 복부에 외상을 받았던 적이 있는지 질문 받았고, 이후에 외과의사에게서도 같은 질문을 받았지만, 그런 일은 없었다고 주장하였다. 환자는 계속해서 외상의 가능성을 부정하였고, 입원하여 별다른 합병증 없이 보존적인 치료를 받았다.
- 비록 급성관상동맥증후군의 진단을 위한 평가는 보통 한가지에만 집중하는 것이지만, 의사는 흉통이 다른 장기에 의해서도 발생할 수 있음을 잊어서는 안된다. 이 특별한 환자의 경우에 그의 왼쪽 가슴과 어깨의 통증은 비장을 둘러싼 혈액에 의해 자극받은 횡격막 때문인 것으로 생각된다. 만약 좌상복부의 압통을 알아내지 못했다면, 정확한 진단을 놓쳤을지도 모른다.

[증례 2.14] 하나의 응급질환에서 다른 응급질환까지

- 응급실로 내원한 흥미있는 증례가 있었다. 별다른 의학적 문제가 없었던 42세 여자환자가 12시간 동안 지속된 심한 흉통과 숨참을 주소로 응급실로 내원하였다. 환자는 흡연도 음주도 하지 않았지만, 관상동맥증후군의 가족력이 있었다. 환자는 이전에 심전도를 찍거나 심장을 검사한 적이 없었다.
- 환자의 맥박은 130회/분 이었다. 나머지 활력 징후는 정상이었다. 환자는 재발하는 상복부의 압통을 가지고 있었다. 그럴 때 아버지의 NTG를 복용하면 증상이 호전된다고 말하였다. 심전도 소견은 왼쪽 각차단 소견을 보였다. 그래서 심장질환 관련 검사를 지시하였고, 복부의 압통 때문에 간기능검사와 아밀레이즈, 라이페이즈 수치도 검사하였다.

- 환자의 심전도 때문에 우리는 급성심근경색을 의심하였고, 심장내과 당직을 호출하였다. 환자에게는 아스피린, NTG, 헤파린, lopressor(베타 차단제)를 투여하였다. 심장내과 당직은 환자를 보고 소화기계 원인이라고 판단하여 심장약을 모두 끊고 환자를 퇴원시켰다. 환자는 즉시 집에 갈 준비를 하면서, 피검사 결과는 알려고 하지 않았다. 그러나 우리는 환자에게 검사를 확인하고 퇴원하게 하였다.
- 환자의 백혈구 수치는 23,000cells/μL (23% bands)이었다. 그러나 간기능검사와 혈청 아밀레이즈, 라이페이즈 수치는 정상이었다. 담낭에 대한 초음파 검사를 시행하였고, 그 결과 여러 개의 담석과 다소 담낭벽이 두꺼워진 소견, 그리고 담낭주위의 삼출액 소견이 보였다. 환자는 외과에 입원하여 다음날 담낭절제술을 받았다. 또한 환자는 외래에서 비정상 심전도 소견에 대한 추적관찰을 받을 예정이었다. 우리는 어떻게 한 장기의 잠재적인 응급상황(급성심근경색)이 다른 장기의 응급상황으로 전환되었는지 흥미롭다고 생각하였다.
- 환자를 퇴원시키기 전에 진행된 모든 검사 결과를 확인하는 것은 매우 중요하다. CPK 수치를 확인한 후 트로포닌 검사가 진행중임에도 환자를 퇴원시키는 경우가 종종 있다. 또한 심장효소 검사가 정상임을 확인한 후 퇴원시킨 환자의 흉통의 원인이 빈혈때문이었음이 나중에 밝혀지기도 한다. 때로는 의사가 환자의 혈액검사는 확인하였지만, 흉부방사선검사는 확인하지 않는 실수를 저지르는 경우도 있다. 이 환자가 다시 내원하여 보니 첫 번째 방문해서 찍은 흉부방사선검사에서 기흉이 보였다. 이 증례의 환자의 경우를 보면 극도로 상승한 백혈구 수치로부터 감염질환의 가능성을 생각해 볼 수 있었다.

[증례 2.15] 심전도 먼저, 질문은 나중에

- 편견을 가지지 말고, 흉통으로 내원하는 성인 환자는 항상 심전도 검사를 하여야 한다. Selbst와 Korin의 책에 환자의 예전 병력만 생각하고 심전도 검사가 지연되었던 증례가 있다.[24] 65세 여자 환자가 흉통, 그리고 팔의 저림, 발한과 동반된 상복부 통증으로 2주 동안 2번 응급실을 방문하였다. 심전도 검사가 시행되었고, 두 번 다 '역류성 식도염' 진단하에 퇴원하였다. 3일 후 세 번째 응급실을 방문하였을 때는 오심과 동반되고, 팔로 방사되는 흉통이 있었다. 그러나 환자를 분류했던 간호사는 예전의 2번의 방문을 떠올리며 환자를 대기시켰다. 환자는 3시간을 대기하다 그냥 귀가 하였다.
- 다음날 환자는 똑같은 증상이 나타났고, 심전도 검사 결과 전벽에 심근경색 소견이 나왔다. 지연된 치료는 환자의 심근에 회복될 수 없는 손상과 함께 그녀의 기대 수명을 낮추었다. 환자는 해당 응급실을 고소하였고, 10만달러의 합의금을 받았다.
- 중증도를 분류하는 간호사는 환자의 예전 병력을 고려하여 자신의 의견을 제시할 수 있다.

이러한 편견은 환자가 적절한 진료를 받는 것을 방해할 수 있다. 용서할 수 없는 실수를 저지르는 것을 피하기위해 흉통환자는 언제나 주의깊게 다루어져야 한다. 우리 응급실의 대기실에는 흉통이 있으면 즉시 간호사에게 말해야 한다고 적힌 표지판이 붙어있다. 중증도 분류 간호사가 가끔 빠른 진료를 위해 흉통이 있다고 거짓말을 하는 환자가 있다고 불평하지만, 우리는 몇가지 예외적인 경우를 제외하고 항상 간호사에게 표준절차를 지키라고 말한다.

[증례 2.16] 폐에 무슨 문제가 있는 것인가?

- '관상동맥질환' 이 있는 것처럼 보이는 45세 남자 환자가 흉통을 주소로 구급차를 타고 응급실로 내원하였다. 하루에 3갑의 담배를 피우는 사람으로 하루 종일 담배를 물고 있었다. 그는 비쩍 마른 기종성 가슴과 쉰 목소리, 연장된 호기시간 등을 가지고 있었다. 다른 위험요인으로는 고혈압의 가족력을 가지고 있었다. 비록 그의 흉통은 구급대원이 NTG를 투여하고 좋아졌지만, 통증에 대한 환자의 진술은 매우 이상했다.
- 환자는 2시간 전에 오른쪽 흉골아래의 가슴부위에 통증이 시작되었고, 오른쪽 상복부와 등으로 방사되었다고 말했다. NTG를 투여한 후 통증은 흉골아래 부위로 국한되었다. 통증은 심한 발한, 오심과 동반되었다. 환자는 이전에 심장검사를 시행한 적이 없었다.
- 이학적 검사 결과 심장잡음이나 폐부종을 의심할 만한 소견은 보이지 않았다. 그러나 전반적인 호기시 천명음(쌕쌕거림)을 들을 수 있었다. 심전도상 정상 리듬을 보였고 ST분절의 변화는 보이지 않았다. 흉부방사선 검사에서 긴장성 기흉은 아니었지만 50% 정도의 기흉의 소견이 오른쪽 흉강에서 보였다.
- 만약에 의과대학생이 이 증례를 읽는다면, 기흉의 임상소견을 잡아내지 못한 이유가 궁금할 것이다. 그러나 실제 응급실에서는 기흉보다는 급성관상동맥증후군이 더 흔한 질병이다. 그러므로 초기의 병력청취는 종종 관상동맥질환에 중점을 두고 하는 경우가 많이 있다. 다시 병력을 조사해보니 환자는 흉통이 생기기 전에 심한 기침을 했었다고 말하였다. 어떻게 기흉부위에 호흡음이 없는 것을 놓칠 수 있었을까? 응급실에서는 비명, 울음소리, 신음이나 각종 기계들의 소음이 그칠 날이 없다. 그러므로 적절한 환경에서 청진을 하기란 쉽지가 않다.
- 병력을 청취할 수 있는 충분한 시간과 완벽한 환경이었다면, 이 정도의 기흉을 진단하는데 흉부방사선검사는 필요없었을지도 모른다. 그러나 대부분은 상당히 작은 양인 경우가 많아서 임상적으로 발견해 내기는 쉽지가 않다. 그러므로 간단히 흉부방사선검사를 하는 것은 매우 효과적인 방법이다.

[증례 2.17] 나에게 말해라

- 미국의 의료시설에는 영어를 못하는 환자들을 위해 통역을 제공해야하는 법적인 의무가 있다. 그러나 이 경우는 통역을 부를 수 없는 증례였다. 46세의 이주노동자가 흉통을 주소로 응급실로 내원하였다. 환자는 영어를 한 마디도 못했고, 혼자서 내원하였다. 병원에는 스페인어를 할 수 있는 통역을 고용하고 있지만, 새벽 3시에는 일하지 않고 있었다. 우리는 전화를 통한 24시간 통역서비스를 이용하려고 하였다. 그러나 스페인어 통역은 병이나서 이용할 수 없었다.
- 우리는 환자의 통증의 기간, 특성, 동반 증상 등을 알 수가 없었다. 환자에게 고혈압, 당뇨, 고질혈증, 관상동맥질환의 가족력 등을 질문했지만, 전혀 이해하지 못했다. 우리가 얻을 수 있는 유일한 정보는 환자가 하루 한 갑의 담배를 피운다는 것(환자의 셔츠 앞주머니에 담배가 한 갑 있었다)과 다른 병원 응급실에 내원한 적이 있었다는 것(환자가 그 병원의 영수증을 보여주었다) 단 두 가지가 전부였다. 또한 NTG 투여 후에 통증이 경감되었는지를 알기조차 어려웠다.
- 우리는 심장에 대한 검사를 시작하였고, 다른 병원으로부터 환자에 대한 의학정보를 얻고자 하였다. 환자의 심전도와 혈액검사는 특별한 것이 없었다. 의무기록을 얻고자 했던 노력은 결국 실패하였다. 비록 심장내과의 동의를 얻는 것은 어려웠지만, 우리는 일단 더 많은 정보를 얻거나 다른 검사 결과를 얻을 때까지 환자를 입원시키기로 하였다.
- 병력을 청취할 수 없는 환자를 진료하는 것에 대한 딜레마는 다른 상황에서도 종종 발생한다. 치매나 정신병력이 있거나 술을 마신 사람의 경우가 한 예가 될 수 있다. 이런 경우 의사는 실수를 하지 않도록 더욱 주의를 기울여야 한다. 또한 다른 곳(의무기록, 가족 등)에서 정보를 얻고자 하는 노력을 지속해야한다. 만약 환자를 퇴원시키기에 불충분한 정보를 가지고 있다면, 차라리 입원을 시켜야한다.

[증례 2.18] 폐색전을 잊지 말아라.

- Wilderson과 Wagner는 임상양상이 의사가 자세한 검사를 하는 것을 방해한 증례를 'Foresight' 에 서술하였다.[25] 23세 환자가 2일간의 오른쪽 가슴부위에 칼로 찌르는 듯한 흉통을 주소로 응급실로 내원하였다. 통증은 움직임에 따라서 악화되었고, 숨을 깊이 들이마시기 어렵게 만들었다. 그러나 환자는 외상이 있었거나, 숨차지는 않다고 하였다. 환자는 하지마비로 휠체어에 앉아 생활하는 장애인이었다. 하지마비는 교통사고 후에 발생한 척수의 저산소성 손상으로 생긴 것이었다.
- 차트에 기록된 활력징후는 혈압 135/89mmHg, 맥박 105회/분, 호흡수 26회/분, 체온 36.5℃,

산소포화도는 95% 이었다. 응급실 의사는 우측 전흉근에 국한된 압통을 발견했다. 통증은 오른쪽 어깨와 상체를 움직일때마다 발생하였다. 심장과 폐의 이학적 검사에서는 특이소견이 없었다. 하지는 위축되었고, 부종은 관찰되지 않았다. 흉부방사선검사도 정상으로 판독되었다. 환자는 가슴근육통을 진단받았고, 이부프로펜을 처방받아 퇴원하였다.

- 환자는 다음날 악화된 통증과 어지러움을 호소하며 응급실로 다시 내원하였다. 통증은 호흡시에 특히 악화되었다. 혈압과 호흡수는 이전과 큰 차이를 보이지 않았지만, 맥박수는 120회/분, 체온은 38℃로 상승되어 있었다. 게다가 산소포화도는 92%로 떨어져 있었다. 이학적 검사 도중에 산소포화도는 87%까지 떨어졌다. 호흡이 점점 힘들어져 결국 기관삽관을 실시하였다. 흉부 CT소견상 여러 개의 커다란 폐동맥 색전이 발견되었다. 환자는 오랫동안 힘든 병원생활을 하여야했다. 결국 진단이 지연된 점에 대해서 응급실 의사와 병원은 고소를 당했다.
- 이 증례에서 응급실 의사는 이학적 검사에서 발견된 근골격계 증상만 믿고 방심하였다. 이 증례를 서술한 저자는 '흉벽의 통증은 비특이적인 증상이지만, 폐동맥 색전증이 있는 환자에서는 상당한 부분을 차지한다.' 고 지적하고 있다.[26] 이러한 방심은 의사가 폐동맥 색전의 위험신호를 인식할 수 없게 만든다. 위험신호에는 고정된 자세, 빠른 맥박과 호흡수, 낮은 산소포화도 등이 포함된다. 이런 위험신호를 인식하지 못하면 더 자세한 검사를 시작할 수 없다. 이러한 요소들로 인해 의사측 변호사들은 재판에서 이기기 어렵다고 결론을 내렸다. 결국 병원과 의사는 합의금을 지급하는데 동의하였다.

[증례 2.19] 동시에 발생한 두 가지 사건

- Wilderson과 Wagner의 두 번째 증례는 지연된 대동맥 박리의 진단에 관한 내용이다.[27] 42세의 남자가 어지러움과 오른쪽 머리의 두통을 주소로 응급실로 내원하였다. 환자는 중증도 분류 구역의 조명을 견딜 수 없고, 자신의 팔의 느낌이 이상하다고 말하였다. 또한 1시간 전부터 등에 통증이 있었고, 15분 전부터는 흉통이 생겼다고 덧붙였다.
- 이학적 검사에서 환자는 왼쪽 팔의 마비와 함께 약간 혈압이 높게 측정되었다. 심전도는 특이소견이 없었고, 흉부방사선 검사에서도 정상의 종격동 간격을 보였다. 뇌 CT의 임시 판독에서도 특이 사항은 없었다. 응급실 의사는 뇌경색을 의심하였고, 당직 신경과에 협진을 요청하였다. 환자는 신경과에 입원하였고, 헤파린 치료를 시작하였다. 8시간 후에 환자의 좌측 마비가 더 심해지면서 심정지가 발생하여 사망하였다. 부검결과 사망의 원인은 우측 경동맥까지 침범한 대동맥궁의 박리였다. 공식적인 뇌 CT 판독의 소견은 우측 뇌에 허혈성 변화가 관찰 된다는 것이었다.

- 몇 달후에 응급실 의사와 신경과 의사는 의료사고에 의한 사망으로 고소되었다. 병원의 변호사는 헤파린 투여로 질환이 악화된 점과 처음 임시 판독에서 뇌 CT의 판독이 부정확했던 점이 걱정되었다. 변호사는 재판에서 이기기 어렵다고 판단하였고, 결국 유족들에게 합의금을 지급하기로 하였다.
- 대동맥 박리의 유병률은 뇌졸중이나 급성관상동맥질환보다 적은게 사실이다. 그러나 조기 진단을 위한 주의가 반드시 필요하다. 적절한 시간에 치료를 받으면 병의 합병증을 상당히 감소시킬 수 있다. 대동맥 박리 환자에서 뇌졸중이나 급성관상동맥증후군의 표준적인 치료는 대부분 금기인 경우가 많다(예: 헤파린 치료).

[증례 2.20] 다시 한 번 확인하라

- Wilderson과 Wagner의 다음 증례는 흉통을 호소하는 환자의 흉부방사선검사의 재촬영의 효과에 관한 내용이다.[28] 이것은 또한 능력있는 임상의사가 두 개의 간단한 검사로 어떻게 진단하기 어려운 질환을 잡아내는 지를 보여주는 좋은 예가 된다. 38세 여자 환자가 5주 동안 2번이나 응급실을 방문하게 한 흉통을 주소로 내원하였다. 환자는 통증이 또다시 악화되어 3번째로 응급실을 방문하였다. 통증은 칼로 찌르는 것 같다고 하였고, 숨찬 증상이 동반되었다. 그리고 왼쪽 어깨에도 통증이 있었다.
- 응급실에서 측정한 환자의 활력징후와 이학적 검사는 특이 소견이 없었다. 응급실 의사는 환자의 예전 의무기록을 검토하였다. 환자는 두 번 모두 근골격계의 흉벽 통증을 진단받았고, 진통제를 처방받았다. 두 번째 내원했을 때의 응급실 의사는 환자의 주치의를 방문하라는 지시를 따르지 않아 진통제를 다시 처방했다고 기록하고 있었다. 아무도 환자에게 심전도검사는 시행하지 않았다.
- 세 번째 응급실 의사는 심전도 검사를 시행하였고, 심전도 R파의 모양이 박동시마다 다른 것을 알 수 있었다. 이는 소위 전기적 교대맥(electrical alternans)의 전형적인 소견이었다. 그 의사는 흉부방사선 검사를 시행하였고, 심장이 다소 확장된 소견을 볼 수 있었다. 그러나 한 달 전의 검사와 비교했을 때는 상당히 커져 있는 것을 확인할 수 있었다. 그래서 흉부 CT 촬영을 시행하였다. CT 소견상 폐의 종양과 상당량의 심낭삼출을 볼 수 있었다. 환자는 입원하였고, 나중에 폐암을 진단받았다.
- 우리는 심전도검사와 흉부방사선검사가 흉통의 진단에서 얼마나 중요한지를 잘 알고 있다. 또한 환자가 다시 내원한 경우나 진단이 명확하지 않은 경우에도 두가지 모두 별로 어렵지 않게 다시 시행할 수 있는 검사이다. 이 두가지 검사는 풍부한 정보를 제공해줄 뿐만 아니라 예전의 결과와 비교를 하면 환자를 진단하는데 많은 도움을 받을 수 있다.

[증례 2.21] 전형적이지 않는 경우

- Joseph은 'Foresight' 에서 전형적이지 않은 급성관상동맥증후군의 증상을 보이는 증례를 서술하고 있다.[29] 37세의 여자가 최근에 헬스클럽에 가입하였다. 각각의 수업이 끝날 때 마다 그녀는 왼쪽 어깨에 통증이 느껴졌다. 네 번째 수업에서 통증은 왼쪽 팔로 방사되기 시작했고, 오심이 동반되었다. 결국 그녀는 이 때문에 응급실로 내원하게 되었다.
- 환자의 주호소 증상은 에어로빅 후에 발생된 왼쪽 어깨의 통증이었다. 환자는 응급실의 중증도 분류구역에서 방사선검사를 받도록 분류되었다. 인턴이 처음 환자를 보았고 응급의학 전문의에게 보고하였다. 두 의사는 모두 환자의 어깨에 대해 이학적 검사를 시행하고, 방사선 검사 결과를 보았다. 검사상 특이 소견을 발견할 수 없어 운동시작 전에 충분히 준비 운동을 하고, 통증이 있으면, 이부프로펜을 복용하도록 지시한 후에 환자를 퇴원시켰다.
- 다음 날 아침 환자의 딸이 환자가 소화불량이 너무 심하다고 구급대에 신고를 하였다. 구급대가 도착해보니 환자는 흉통을 호소하였다. 현장에서 심전도를 시행해보니 I 유도와 aVL, 그리고 전흉부 유도에서 5mm의 ST분절 상승이 관찰되었고, 하부 유도에서는 상대적인 변화가 관찰되었다. 병원으로 이송중 심실세동이 발생하였고, 결국 심정지가 발생하였다. 소생노력은 실패했고, 환자는 응급실에서 사망이 선언되었다. 구급대원에 의해 환자가 당뇨의 병력이 있음이 밝혀졌다.
- 환자의 가족들은 6개월 후에 응급실 의사를 주의태만과 의료과오에 대한 책임을 물어 고소하였다. 유족들의 주장은 환자의 부적절한 중증도 분류, 응급실 의사의 불충분한 병력청취, 환자의 증상에 대한 불충분한 평가가 있었다는 것이었다. 응급실 의사는 위와 같은 주장을 방어하기 어렵다고 판단하고, 상당한 합의금을 지급하는데 동의하였다.
- 이 증례에서 위험관리에 대한 문제는 응급실 의사의 진료 범위를 더욱 확장시키는 것이다. 응급실 의사는 비전형적인 급성관상동맥증후군의 증상을 인지해야하는 책임이 있다. 그러나 폐경기 전의 여성에서는 이런 질환이 흔하지는 않다. 의사는 또한 환자로부터 전체 병력을 항상 완전하게 파악해야 한다. 병력이나 이학적 검사 결과가 환자와 맞지 않으면 항상 의심하여야 한다(증례의 경우 외상이 없었고, 통증을 유발시키는 요인이 불명확했다). 더욱이 응급의학 전문의는 끝까지 방심하지 말아야할 책임이 있다. 만약에 인턴이 부적절한 검사를 시행하거나, 간호사가 환자를 잘못 분류하면, 응급의학 전문의는 잘못된 부분을 적극적으로 수정해야 한다.

[증례 2.22] 계속 다른 사람이 보도록 해라

- Joseph의 다음 증례는 연속적인 심전도 검사가 적절한 시간에 올바른 치료를 하는데 얼마나 유용한지를 보여준다.[30] 58세 여자가 아침에 일어나면서 흉통과 숨참의 증상이 생겼다. 환자가 응급실에 도착했을 때는 흉통은 사라지고, 심전도 검사도 정상이었다. 환자의 남편은 아내가 혹시 심근경색은 아닌지 무척 걱정하였다. 응급실 의사는 남편에게 환자를 잘 보고 있을테니 커피나 한 잔 하고 오라고 말하였다. 약간 주저하기는 했지만, 남편은 의사의 말을 따랐다.
- 그러고 나서 의사는 환자가 흡연중이며, 환자의 어머니가 심근경색으로 사망했다는 사실을 알게 되었다. 환자의 통증은 30분 정도 지속되었고, 구급대원이 산소를 투여하자 사라졌다. 환자가 혹시 관상동맥질환은 아닌지 걱정이 되어, 응급실 의사는 몇 가지 검사를 더 시행하고, 입원 여부를 주치의와 상의해보는 것이 좋을 것 같다고 제안하였다. 남편이 다시 돌아오자, 환자의 흉통이 다시 시작되었다. 의사는 즉시 심전도검사를 시행하였고, 30분마다 세 번의 심전도 검사와 통증이 있을 때는 즉시 심전도검사를 시행하도록 지시하였다. 의사는 또한 심장효소검사를 지시하고, 아스피린을 투여했으며, 환자의 입원을 상의하기위해 환자의 주치의에게 전화를 걸었다.
- 두 번째 심전도는 응급실 의사가 근무교대하기 직전인 15분 후에 검사가 이루어졌다. 3 번째 심전도검사를 시행할 시간이 되자 근무를 교대한 의사는 환자의 통증이 더욱 악화된다는 보고를 받았다. 교대 의사는 두 번째 심전도검사에서 I 유도와 aVL에서의 1mm의 ST분절 상승과 하부유도의 대응되는 변화를 볼 수 있었다. 그 의사가 환자에게 가보니 3번째 심전도 검사가 진행되고 있었고, 환자의 남편도 거기에 같이 있었다. 환자의 남편은 무슨 일이 있는 건지, 또 다른 의사와 간호사들은 어디로 간 것인지를 물어보았다.[31] 의사가 설명을 하려고 하는데 심전도상에서 I 유도와 aVL에서의 4mm 이상의 ST분절 상승과 하부유도의 대응되는 변화가 있는 것이 보였다.
- 그 의사는 환자가 급성심근경색인 것으로 생각되어 즉시 심장내과 의사를 불렀다. 환자는 심장도자술과 혈관성형술을 시행 받았다. 시술은 환자의 저혈압과 부정맥으로 인해 쉽지않게 진행되었다. 결국 환자는 처음 응급실에 내원한 지 3시간 30분 만에 사망하였다.
- 구급대원을 제외한 환자와 관련된 모든 의료인들이 고소를 당했다. 첫 번째 응급실 의사는 환자에 대한 '무성의한 자세' 와 '환자를 방치' 한 혐의로 고소를 당했다. 구급대원들은 사건이 일어난 날 응급실은 평온했었다고 진술하였다. 그들은 또한 간호사가 그 환자는 '가짜 경보' 를 하는 환자라고 말했다고 진술하였다. 유족 측의 변호사는 의사가 환자가 사망하는 동안 밖으로 내보낸 점도 지적하였다.[31]
- 의사 측 변호사의 주장은 환자가 적절한 시간에 적절한 치료를 받았다는 것이었다. 심근경색이 환자에 대한 평가 도중에 조기에 발견되도록 적절한 조치가 있었다. 의사측 변호사는 첫

번째 의사가 적절하게 아스피린을 투여하였으며, 환자의 주치의에게 전화를 하였고, 연속적인 심전도 검사를 시행한 점을 강력히 주장하였다. 두 번째 의사와 심장내과 의사도 환자의 상태 변화에 따라 신속하게 대응하였다고 주장하였다. 의사측 변호사는 환자의 사망은 예방할 수 없는 어쩔 수 없는 심근경색의 특성이었다고 주장하였다. 결국 판사는 의사 측에 유리한 판결을 하였다.

- 비록 첫 번째 응급실 의사가 환자를 진료하는 데는 정확하게 처리를 하였지만, 남편이 의료사고라는 판단을 하지 않게 할 수 있었던 몇 가지 단계가 있었다. 환자는 첫 번째 의사가 근무교대하기 30분 전에 흉통을 주소로 내원하였다. 근무 교대 전 후 5~10분 정도는 회진을 돌게 되기 때문에 첫 번째 의사는 퇴근하기 전에 두 번째 심전도를 확인했어야 했다. 위험관리의 측면에서 보면, 상태가 악화될 수 있는 환자를 인계하는 것은 위험할 수 있다. 두 번째 심전도의 미약하지만 분명한 변화를 알았더라면, 첫 번째 의사는 급성관상동맥증후군을 보다 빨리 알아내고, 보다 빨리 심장내과 의사를 불러낼 수 있었을 것이다. 또한 의사가 위험한 환자를 인계할 때는 환자에게도 퇴근 전에 알려주는 것이 필수적이다. 이는 환자가 방치되고 있다는 느낌을 갖지 않도록 해준다.

[증례 2.23] 다르게 치료하라

- Joseph의 마지막 증례는 급성 하부 심근경색의 치료가 얼마나 어려운지를 강조하는 내용이다.[32] 하부심근경색은 때때로 저혈압, 서맥과 함께 동반된다. 그러므로 NTG나 베타차단제 같은 표준적인 치료약은 환자의 상태를 악화시킬 수 있기 때문에 주의 깊게 사용되어야 한다. 또한 치료 중에는 혈압과 맥박수를 자주 감시해야한다.
- 저녁식사를 하던 중에 상복부 통증이 시작된 여자 환자가 있었다. 환자는 담석증 때문으로 생각하고 호텔로 돌아갔다. 몇 시간 후에 통증은 오심이 동반되면서 더욱 악화되었다. 환자는 남편에게 전화를 걸었고, 남편은 그들의 가족 주치의와 상의를 하였다. 주치의는 응급실로 가던지 아니면 통증이 완화되기를 기다려 보던지 하라고 권유하였다. 환자는 몇 시간을 더 기다려 보았고, 구토가 시작되자 결국 택시를 불렀다.
- 환자가 응급실에 도착했을 때는 너무 기진맥진해서 택시에서 나올 수도 없었다. 초기 활력징후는 혈압 110/62mmHg, 맥박 52회/분, 호흡수 16회/분, 체온 36.8℃였다. 환자는 의자에 앉아 약간 어지럽다고 말하였다. 응급실 의사는 이학적검사에는 특별한 이상소견을 발견할 수 없어서, 심전도와 일반혈액검사, 소변검사, 혈청 아밀레이즈검사, 복부방사선검사와 함께 'GI 칵테일' 처치를 하도록 지시하였다.
- 35분 후에 심전도 검사가 시행되었고, 결과는 분당 52회의 맥박수를 갖는 정상 동방결절 리

듬, 가끔 나타나는 심방 조기수축을 보였고, ST분절의 상승이 II, III, aVF 유도에서 관찰되었다. 심전도 소견에 따라 응급실 의사는 급성하벽심근경색을 진단하였고, 간호사에게 NTG를 지속적으로 정맥주입하도록 지시하였고, 용량은 환자의 통증 정도에 맞추어서 조절하도록 지시하였다. 또한 몰핀을 투여하고, 혈전용해치료를 시작할 것도 지시하였다.

- 이런 약들이 들어간 후에, 환자에게 심정지가 발생하였다. 환자를 소생시키기 위한 노력은 결국 실패하였다. 환자의 남편은 2개월 후에 응급실 의사와 병원을 고소하였다. 소송의 내용은 효과적인 치료를 할 수 없도록 했던 진단의 지연에 대한 책임을 묻는 것이었다.
- 환자측 변호사는 의사와 병원측이 합의를 할 수 밖에 없도록 만드는 예리한 주장을 펼쳐나갔다. 환자측 변호사는 심전도검사까지 35분이나 걸렸다는 것을 강조하였다. 그는 검사 지연의 이유가 의사가 소화기계통의 원인에 초점을 맞추었기 때문이라고 믿었다. GI 칵테일을 처방하고, 복부 검사를 진행했지만, 심장쪽 검사는 시행하지 않은 의사의 지시 사항을 보면 이런 믿음은 타당해 보인다. 또한 환자측 변호사는 영리하게도 몰핀과 NTG를 투여하기 전에 활력징후의 재측정이 없었음도 지적하였다. 그가 찾아낸 치료에서의 다른 미비점은 아스피린 투여의 생략, 심장내과 협진의뢰를 하지 않음, 서서 측정한 활력징후가 없음 등도 포함되어 있었다. 게다가 그는 사건이 일어난 날 아침 당직이었던 심장내과 의사를 소환하여 증언하도록 하였다. 심장내과 의사는 자신이라면 이 환자에 대한 몰핀이나 NTG의 사용을 주저하였을 것이라고 증언하였다.
- 이 번 증례를 통해서 모든 급성심근경색을 똑같이 치료하는 것은 아니라는 것을 알 수 있다. 우리는 환자의 혈역학적 상태를 알고 있어야 하고, 이를 항상 고려하여야 한다. 또한 심장의 특정 부분의 경색으로 인한 잠재적인 합병증의 가능성을 주의 깊게 살필 수 있어야 한다.

[증례 2.24] 기다릴 수는 없다

- Rice는 저서인 '의료 경제학'에서 개원가에서 비정상 심전도가 응급으로 다루어지지 않은 증례를 설명하였다.[33] 이것은 결국 예방할 수 있었던 합병증을 발생시켰다. 50세 남자 환자가 그의 가족 주치의에게 흉통과 동반된 급성심근경색의 다른 증상들을 가지고 있다고 말하였다. 환자는 흡연을 하며, 고혈압의 과거력을 가지고 있었다. 의사는 심전도검사를 시행하였고, 결과는 비정상이었다. 이런 검사 결과와 환자의 병력에 기초해서 의사는 만성폐쇄성폐질환, 관상동맥질환, 만성심부전이나 허혈 등을 진단했다. 그 의사는 환자에게 이뇨제와 ACE 차단제를 처방하였다. 환자의 주치의는 또한 환자를 심장내과 전문의에게 전원할 것이라고 말해 주었다.
- 그러나 그 의사는 이틀이 지날 때까지 심장내과 전문의에게 특별히 급하게 전화해야 할 필요

를 느끼지 못했다.[34] 심장내과 전문의와 통화를 하고, 심전도를 팩스로 보낸 후에 그 의사는 심장내과 전문의 외래에서 그의 환자를 위한 예약을 잡아줄 것이라고 기록하였다. 그 의사는 혈관조영술이 예약될 것이라고 예상하였다. 심장내과 전문의는 나중에 자신은 그날 당장 환자를 보려고 하였지만, 환자의 주치의가 그럴 필요성을 느끼지 못하는 것 같았다고 증언하였다. 결국 심장내과 외래 진료는 전화통화를 하고 4일 후로 예약이 되었다.

- 환자는 추적관찰을 위해 다음날 주치의에게 내원하였다. 환자는 증상이 약간 호전되어 있었다. 그래서 의사는 심장내과 전문의에게 보다 신속하게 전원하려는 시도를 더 이상 하지 않았다. 외래가 예약 된 날짜의 바로 전날 저녁에 환자는 심정지가 발생하여 결국 사망하고 말았다. 환자의 가족은 그들의 주치의와 심장내과 전문의를 동시에 고소하였다. 환자의 가족 주치의는 결국 유족들과 합의를 하였고, 심장내과 전문의는 사건에서 빠져나올 수 있었다.
- 이번 증례는 급성심근경색을 개원가에서 진료하는 것이 얼마나 어려운지를 다시 한 번 상기시켜 준다. 개원가의 경우에는 검사와 협진이 대부분 제한되어 있다. 그러므로 만약에 급성관상동맥증후군이 의심되는 상황이라면, 최대한 보수적으로 대응하여 환자를 즉시 응급실로 전원하거나 심장내과 전문의가 직접 치료할 수 있게 하여야 한다. 허혈증상이 있는 환자를 진단하는데도 주의를 기울이지 않았고, 즉시 자세한 심장검사를 실시하도록 조정하지도 않은 것은 확실히 신중하지 못한 행동이었다.

[증례 2.25] 신중하게 치료하라

- 이번 증례는 관상동맥질환이 의심되는 당뇨환자에서 보수적 치료방침의 중요성에 관한 내용이다. 어느 날 아침 우리는 심장내과 의사로부터 전화를 한 통 받았다. 그 의사는 자신의 의원에 심전도 소견이 비정상인 환자가 한 명 있다고 말하였다. 환자는 본래 그 의사가 정기적으로 보던 환자는 아니었지만, 예약된 심전도 검사를 위해 내원한 환자였다. 환자는 아무런 증상이 없었고, 그 의원과 병원에는 환자의 예전 심전도 기록이 없었다(의원은 병원 안에 위치하고 있었다). 심전도 소견은 위쪽으로 솟아오르는(upcaving) ST 분절의 상승이 1cm 미만으로 하부유도에서 관찰되었고, T파의 역전이 전흉부 유도에서 관찰되었다. 심장내과 의사는 환자는 아무런 증상이 없고 당장 어떤 치료를 할 필요는 없을 것 같지만, 심장효소검사를 시행해 보는 것이 좋을 것 같다고 말하였다. 우리는 동의하였고 그 의사는 환자를 응급실로 보냈다.
- 응급실에 도착했을 때, 환자는 왜 우리에게 전원이 되었는지 궁금해 했다. 환자는 30분 전에 자신의 골프 부킹을 놓치게 되었다고 말하였다. 환자는 또한 자신이 심근경색이 있을리가 없다고 생각했고 더 이상 응급실에 머물러 있지 않겠다고 말했다. 우리는 심장효소검사를 시행

하였고, 정상이기를 바랬다. 우리는 계속해서 환자에게 심전도검사에서 이상 소견이 있으므로 입원하는 것이 좋을 것 같다고 설득하였다. 환자는 만약 피검사 결과가 정상이면 입원하지 않겠다고 선언했다. 환자의 CPK는 정상이었지만, 트로포닌 I은 정상치의 3배나 되었다. 즉시 급성심근경색에 대한 치료가 시작되었고, 환자는 심장내과에 입원하였다. 이 번 증례는 당뇨환자의 경우에 겉모습만으로 진단을 하면 오진을 할 수도 있다는 점을 확실히 가르쳐주고 있다.

[증례 2.26] 최소한 두 가지 검사

- 대부분의 젊은 흉통환자에게는 심전도와 흉부방사선 검사만으로도 충분할 수 있다. 이 번에는 약간 예외적인 경우를 알아보도록 하자. 이 예외적인 경우는 횡문근융해증의 경우이다. 특히 격렬한 활동을 하거나 코카인을 복용하는 환자들은 위험성이 매우 높다.
- 18세의 남자 운동선수가 흉통을 주소로 구급차를 타고 응급실로 내원하였다. 통증은 전날 밤에 시작되었다. 식은땀이나 오심, 구토와는 동반되지 않은 통증이었다. 환자는 또한 양쪽팔의 통증도 호소하였다. 환자는 최근에 주의력 결핍장애를 진단받은 것 말고는 특별한 병력은 없었다. 환자의 주치의는 2일 전부터 Adderall(amphetamine)을 투여하기 시작하였다. 비록 환자는 흡연을 하지 않는다고 말하였지만, 대마초 흡연으로 입원한 적이 있었다.
- 응급실에서 측정한 활력징후와 이학적검사는 특이 소견이 없었다. 심전도 소견은 111회/분의 동성빈맥의 소견을 보였다. 흉부방사선 검사에서도 급성 질환의 증거는 보이지 않았다. 소변을 통한 약물 검사에서 코카인은 음성이었지만 대마초에는 양성반응이 나왔다. 응급실 의사는 약물에 의해 유발된 흉통으로 진단하고 환자를 퇴원시켰다. 의사는 환자에게 Adderall을 끊도록 하였고, 2일 내에 담당 주치의의 진료를 다시 받으라고 지시하였다.
- 그날 저녁에 환자는 더욱 악화된 통증을 주소로 다시 응급실로 내원하였다. 두 번째 응급실 의사는 환자가 8시간 동안 소변을 보지 못했다는 새로운 사실을 알게 되었다. 그 의사는 심장효소검사를 실시하였고, 그 결과 CPK는 50,000U/L 였지만 트로포닌 I은 0이었다. 환자는 또한 최근에 운동 연습량을 늘렸다고 말하였다. 환자는 횡문근 융해증 진단하에 병원에 입원하였고, 수액치료를 받았다. 흉통의 원인은 약물의 사용과 격렬한 훈련이 복합적으로 작용한 것으로 생각되었다. 환자는 별다른 합병증 없이 입원치료를 받았다.
- 비록 흉통이 있는 젊은 환자에게 피검사는 일반적으로 필요하지 않지만, 횡문근 융해증이 의심된다면 CPK 수치가 도움이 될 수 있다. 증가된 CPK 수치는 확진을 위한 검사가 완료될 때까지 횡문근 융해증을 의심할 수 있도록 해줄 수 있다. 게다가 CPK 수치는 치료도중 질환의 진행 여부를 확인할 수 있는 표지 검사로도 이용된다.

[증례 2.27] 아무도 예상하지 않은 결과

- 우리에게 개인적으로 매우 흥미 있는 증례가 하나 있었다. 운동유발검사에서 비정상 소견을 보인 60세 남자 환자가 심장내과 전문의에게 전원되었다. 환자는 검사도중 약간의 ST분절의 하강 소견을 나타냈었다. 환자는 과거에 흡연을 하였던 것 말고는 심장에 위험 요인은 가지고 있지 않았다. 심장내과 의사는 심도자술을 하기로 결정하였다.
- 심도자 검사 도중에 의사는 우측 관상동맥과 휘돌이동맥에 90%의 폐쇄 소견이 있음을 발견하였다. 심장내과 의사는 혈관성형술을 시행하고 두 혈관 모두에 스텐트를 넣었다. 환자는 플라빅스(Plavix, 항혈소판제)를 처방받았고, 1년 반 동안은 별다른 문제가 없었다.
- 이후에 환자는 조금만 운동을 해도 흉통이 생겼다. 그의 1차 주치의와 심장내과 전문의는 지속적인 플라빅스의 복용에도 불구하고 스텐트가 다시 협착이 된 것이 아닌지 걱정이 되었다. 환자는 이제 다니던 심장내과 의사로부터 4시간이나 떨어진 도시에 살고 있었기 때문에 심도자술을 위해 다른 심장내과 의사에게로 전원 되었다. 심도자술을 시행하였지만, 스텐트에는 아무 이상이 없었다. 그러나 양쪽 스텐트의 근위부에 모두 심한 협착 소견이 관찰되었다. 이것은 혈관성형술 중에 발생한 인위적인 손상에 의한 것으로 생각되었다. 스텐트의 길이가 혈관성형술을 시행한 길이보다 작았던 것이다. 심장내과 의사는 협착부위를 다시 혈관성형술을 시행하였고, 약물이 코팅된 좀더 긴 스텐트를 혈관에 삽입하였다. 그 이후로 환자는 잘 지내고 있다. 이 환자는 바로 우리 아버지였다.

[증례 2.28] 가족들 중에서 모두

- 응급실에서 근무 교대를 하던 중에 구급대로부터 흉통이 의심되는 환자를 이송중이라고 연락이 왔다. 보고에 의하면 환자는 34세 남자였고, 맥박은 160회/분이라고 하였다. 우리는 환자의 나이를 고려할 때 관상동맥질환 보다는 발작성 심실상빈맥일 것이라고 생각했다.
- 응급실에 도착했을 때 환자는 심하게 식은땀을 흘리며 산소포화도는 마스크 호흡에도 82%였다. 환자는 임상적으로 보아 심한 심부전 상태였고, 심한 흉통을 호소하였다. 심전도 소견은 140회/분의 맥박수를 가진 심실성 이단맥(ventricular bigeminy)이었고, V_1에서 V_4까지 4mm 이상의 ST분절 상승이 관찰되었다. 심장내과 의사를 즉시 호출하였고, 급성 심근경색과 심부전에 대한 치료가 시작되었다.
- 환자는 몇 가지 병력을 알려주었다. 환자는 신학자였으며 의사를 믿지 않았다. 그는 몇 년 동안 의사의 진료를 받은 적도 없었다. 환자는 흡연도 하지 않고, 금지 약물을 복용한 적도 없다고 말했다. 그의 유일한 관상동맥질환의 위험요인은 가족력이었다. 흉통은 환자가 응급실에 내원하기 12시간 전부터 시작되었다. 환자는 흉통을 심근경색 때문이라고는 믿지 않았고,

병원에 가는 것은 되도록 피하려고 하였다. 결국 통증은 도저히 참을 수 없을 정도로 심해졌고, 환자는 우리에게 필요한 모든 치료를 해달라고 요구하였다. 심장내과 의사가 도착했을 때, 우리는 환자를 심도자실로 이동시키기 위한 준비를 하고 있었다. 그 때 심정지가 발생하였고, 기관삽관 도중에 다량의 거품이 있는 가래가 보였다. 소생을 위한 노력은 결국 실패하였다.

- 이 환자는 관상동맥질환에 관한 불행한 가족력을 가지고 있었다. 이 나이의 대부분의 남자들은 관상동맥 질환이 있을 것이라고 여겨지지 않는다. 환자의 증상은 40세 이하의 연령에서 관찰할 수 있는 매우 극적인 급성심근경색이었다. 이번 증례를 생각해보면, 만약 환자의 심전도나 심장효소검사가 정상이었고, 생체징후가 안정되어있었다면 과연 우리가 어떤 결정을 내렸을지 무척 궁금해진다.

References

1 (2003) *ACEP, Reference+Resource Guide*. American College of Emergency Physicians, Dallas, Texas, 19.
2 Tintinalli JE, Kelen GD and Stapczynski JS *Emergency Medicine: a comprehensive study guide* (5e). McGraw-Hill, New York, New York, 341.
3 Lapp T (2003) Chest pain a high-stakes diagnostic challenge. *FPReport*. November: 12.
4 Tintinalli JE, Kelen GD and Stapczynski JS *Emergency Medicine: a comprehensive study guide* (5e). McGraw-Hill, New York, New York, 343.
5 Tintinalli JE, Kelen GD and Stapczynski JS *Emergency Medicine: a comprehensive study guide* (5e). McGraw-Hill, New York, New York, 342.
6 Tintinalli JE, Kelen GD and Stapczynski JS *Emergency Medicine: a comprehensive study guide* (5e). McGraw-Hill, New York, New York, 341.
7 Hamilton GC, Sanders AB, Strange GR *et al.* (2003) *Emergency Medicine: an approach to clinical problem-solving* (2e). Saunders, Philadelphia, Pennsylvania, 628.
8 Diercks D (2004) Symptoms, Markers, and ECGs. *Cardiovascular and Neurovascular Emergencies: implications for clinical practice*. EMCREG International, Cincinnati, Ohio, 7.
9 Tintinalli JE, Kelen GD and Stapczynski JS *Emergency Medicine: a comprehensive study guide* (5e). McGraw-Hill, New York, New York, 347.
10 Cline DM, Ma OJ, Tintinalli JE *et al.* (2001) *Just the Facts in Emergency Medicine*. McGraw-Hill, New York, New York, 310.
11 Tintinalli JE, Kelen GD and Stapczynski JS *Emergency Medicine: a comprehensive study guide* (5e). McGraw-Hill, New York, New York, 391.
12 Marx JA, Hockberger RS and Walls RM (2002) *Rosen's Emergency Medicine: concepts and clinical practice* (5e), Vol 2. Mosby, St. Louis, Missouri, 1015.
13 Holroyd BR (2004) Pathophysiology of Acute Coronary Syndromes. *Cardiovascular and Neurovascular Emergencies: implications for clinical practice*. EMCREG International, Cincinnati, Ohio, 4.
14 (2004) Reperfusion Strategies for ST-Segment Elevation Myocardial Infarction: An Overview of Current Therapeutic Options, Part I: Pharmacologic Reperfusion. *Emergency Medicine Reports*. **25**(7): 82.
15 Selbst SM and Korin JB (1999) *Preventing Malpractice Lawsuits in Pediatric Emergency Medicine*. American College of Emergency Physicians, Dallas, Texas, 69–70.
16 Edwards FJ (2002) *The M & M Files: morbidity and mortality rounds in emergency medicine*. Hanley & Belfus, Inc., Philadelphia, Pennsylvania, 37–8.
17 Edwards FJ (2002) *The M & M Files: morbidity and mortality rounds in emergency medicine*. Hanley & Belfus, Inc., Philadelphia, Pennsylvania, 55.
18 Edwards FJ (2002) *The M & M Files: morbidity and mortality rounds in emergency medicine*. Hanley & Belfus, Inc., Philadelphia, Pennsylvania, 56.
19 Edwards FJ (2002) *The M & M Files: morbidity and mortality rounds in emergency medicine*. Hanley & Belfus, Inc., Philadelphia, Pennsylvania, 59.
20 Edwards FJ (2002) *The M & M Files: morbidity and mortality rounds in emergency medicine*. Hanley & Belfus, Inc., Philadelphia, Pennsylvania, 60.
21 Edwards FJ (2002) *The M & M Files: morbidity and mortality rounds in emergency medicine*. Hanley & Belfus, Inc., Philadelphia, Pennsylvania, 61.
22 Edwards FJ (2002) *The M & M Files: morbidity and mortality rounds in emergency medicine*. Hanley & Belfus, Inc., Philadelphia, Pennsylvania, 63–4.
23 Tierney LM, McPhee SJ and Papadakis MA (2004) *Current Medical Diagnosis & Treatment* (43e). Lange Medical Books/McGraw-Hill, New York, New York, 663.
24 Selbst SM and Korin JB (1999) *Preventing Malpractice Lawsuits in Pediatric Emergency Medicine*. American College of Emergency Physicians, Dallas, Texas, 145.

25 Wilderson D and Wagner MJ (2003) Noncardiac Chest Pain. *Foresight: Risk Management for Emergency Physicians.* **56**(February): 2–3.
26 Wilderson D and Wagner MJ (2003) Noncardiac Chest Pain. *Foresight: Risk Management for Emergency Physicians.* **56**(February): 2.
27 Wilderson D and Wagner MJ (2003) Noncardiac Chest Pain. *Foresight: Risk Management for Emergency Physicians.* **56**(February): 4–6.
28 Wilderson D and Wagner MJ (2003) Noncardiac Chest Pain. *Foresight: Risk Management for Emergency Physicians.* **56**(February): 6.
29 Joseph AJ (2002) Acute Coronary Syndromes. *Foresight: Risk Management for Emergency Physicians.* **54**(June): 2–3.
30 Joseph AJ (2002) Acute Coronary Syndromes. *Foresight: Risk Management for Emergency Physicians.* **54**(June): 3–5.
31 Joseph AJ (2002) Acute Coronary Syndromes. *Foresight: Risk Management for Emergency Physicians.* **54**(June): 4.
32 Joseph AJ (2002) Acute Coronary Syndromes. *Foresight: Risk Management for Emergency Physicians.* **54**(June): 5–7.
33 Rice B (2004) Protect yourself when you refer. *Medical Economics.* **81**(9): 17–19.
34 Rice B (2004) Protect yourself when you refer. *Medical Economics.* **81**(9): 17.

제 3장

발열(Fever)

- 환자분류(Triage)
- 병력(History)
- 신체검진(Physical exam)
- 감별진단(Differential diagnosis)
- 진단검사(Diagnostic tests)
- 입원/외래 경과(Hospital/office course)
- 함정(Pitfalls)
- 오류와 흥미있는 증례들(Errors and interesting cases)

발열은 일반 대중에게 가장 불안스러운 활력 징후일 것이다. 이는 분명히 다른 어떤 비정상적인 활력 징후보다도 의사를 자주 방문하도록 유도한다. 체온은 대부분의 사람들이 측정할 줄 아는 활력징후 중 하나이다. 따라서 사람들은 다른 비정상적인 활력 징후보다도 열이 난다는 것을 잘 알게 된다. 대부분의 저자들은 구강 체온이 섭씨 38도 이상일 때 열이 있는 것으로 간주한다. 대부분의 발열은 감염으로부터 발생한다. 일부 비감염성 원인으로 알레르기 반응, 결체조직 질환, 약물 반응, 열 질환, 갑상선 질환, 자가면역 질환, 그리고 악성 종양 등이 있다.[1]

발열은 보행 가능한 소아에서 가장 흔한 호소 증상이다.[2] 소아에서는 발열이 감염성 원인으로 인해 발생하는 경우가 더 많다. 또 소아는 발작, 자극 과민성, 식욕부진, 구토와 같은 합병증에 더 민감하다. "세균성 질환을 인지하지 못하는 것은 소아의 의학적 오류 중 가장 희생이 큰 것이다."[3]

'불명열' 이라 분류되는 특별한 집단의 발열이 있다. 응급실에서 가능한 감염병소에 대한 검사들을 시행 후 이것이 음성일 때 불명열이란 용어를 사용하는 경우가 있는데 이는 잘못된 것이다. 불명열의 정의는 섭씨 38도 이상의 증명된 발열이 3주 이상 지속되고, 1주 이상의 적절한 검사에도 불구하고 진단을 내리지 못한 경우를 말한다.[4]

환자분류

체온은 환자들의 중증도 분류시 기록되어야 하고, 열은 즉시 해열제를 투여하여 치료하여야 한다. 소아의 경우 열성 경련의 위험 때문에 치료가 특히 중요하지만 모든 연령의 환자에서 해열 치료는 환자를 편안하고 의사의 검사에 잘 순응하도록 해준다. 유일한 제외사항은 간질환이 있어

acetaminophen을 복용하지 못하는 경우(ibuprofen이 대체약물임)나 항염증제에 약물부작용이 있는 환자(acetaminophen이 대체약물임)이다. 작은 소아들은 직장 체온계로 체온을 측정한다. 이는 구강 체온계로 측정할 경우 순응성이 떨어져 정확한 체온 측정이 어려워지기 때문이다. 성인의 경우는 구강 체온으로도 충분하다.

열이 나면서 다른 비정상적 활력 징후를 보이는 모든 환자는 즉시 주의를 기울여야 한다. 다른 비정상적 활력 징후를 동반하는 발열의 경우 심각한 감염이나 다른 혈역학적 손상의 가능성이 크다. 또 병색을 보이는 환자는 급히 살펴보아야 하는데, 여기에는 기면상태, 호흡곤란, 기립성 저혈압, 구토 등이 포함된다. 편안해 보이는 환자는 좀 덜 위급하다는 가정하에 보아도 되지만, 예외로 되는 경우는 심각한 전염성 질환 환자(예, 수막염, 결핵)이다. 이러한 환자들은 즉시 고립된 장소에 격리시켜야 한다.

어떠한 중증도 분류 체계에서는 감염의 뚜렷한 병소가 있어 보이는 경우 간호사들로 하여금 특정한 검사를 시작하도록 허용하고 있다. 예를 들면, 요로 증상을 보이는 경우 소변검사를 하거나 호흡 증상이 있는 경우 흉부 방사선 검사를 지시하는 것이다. 이러한 과정은 바쁜 진료 중에서 진단과정이 빠르게 이루어질 수 있어 환자가 빨리 치료받을 수 있게 한다. 이 과정의 단점은 간혹 불필요한 검사를 시행하게 되고 이에 따른 비용과 부작용(예: 흉부 방사선 검사로 인한 방사선 조사)이다.

병력

발열이 있는 대부분의 환자들은 병력을 들어보면 이를 유발할만한 특이한 증상을 가진다. 상부호흡기 증상은 기도를 유지할 능력과 기도 곤란이 발생될 잠재력에 대한 평가가 필요할 것이다. 우리는 간혹 상부호흡기 감염을 대수롭지 않게 생각하는데, 이는 심각한 합병증이 드물기 때문이다. 우리는 치료하지 않은 부비동염에서 발생한 수막염(증례 3.5 참조), 제대로 치료하지 못한 streptococcal A 인두염에서 발생한 안구 봉와직염(증례 3.6 참조), 치료안한 streptococcal A 인두염에서 발생한 편도주위 농양 등을 임상에서 경험하였다.

수막염 환자는 아주 다양한 증상을 보일 수 있다. 수막염의 전형적인 증상은 발열, 두통, 경부 경직, 광선공포증, 정신상태 변화 등으로 이러한 증상들은 성인의 25%에서만 보인다.[5] 그럼에도 불구하고 발열이 있는 환자의 경우 이러한 증상에 대하여 질문하여야 한다. Spach는 '발열, 경부 경직, 정신상태 변화의 세 가지가 모두 없는 것은 급성 세균성 수막염이 아니다' 라고 언급한다(우리도 이에 동의한다).[6] 이러한 결과는 *JAMA*에 게재된 연구이다.[7] 하지만 바이러스성 수막염은 대개 덜 전격적이고, 환자도 간혹 중환처럼 보이지 않는다. 강한 의심을 유지하여야 한다. 수막염이 의심되는 경우에는 가까이 모여 사는 경우(예, 군대 막사, 대학 기숙사)와 같은 주거 형태에 대해서도 물어볼 필요가 있다.[8] H influenzae type B나 N meningitidis에 대한 예방 접종력도 필요하다.

어떠한 발열은 잠행성 감염과 연관되어 있어 만약 임상적으로 의심을 하지 않는다면 놓칠 수도 있다. 심내막염, 골수염, 경막외 농양, 괴사성 근막염은 몇 가지 사례이다. 잠행성 감염을 발견하기 위해서는 특별한 방향의 질문이 필요하다. 환자가 정맥내 불법약물 투여자인가? 심장 판막 질환의 병력이 있는가? 그렇다면, 최근에 수술을 받았는가? 겸상 적혈구질환이 있는가? 잠재적 감염이 있는 모든 환자들은 당뇨의 과거력 및 가족력에 대해 알아볼 필요가 있다고 생각한다.

환자의 현재 투여약물과 알러지는 몇 가지 이유로 중요하다. 환자가 스테로이드 투여중이라면, 의사는 감염의 표지자로서 증가된 백혈구 수에 덜 의존하여도 된다. 몇 가지 약물은 백혈구 감소증을 유발하는데 cyclophosphamide, methotrexate, penicillins, sulfonamides, carbamazepine, clozapine 등이다.[9] 알러지를 확인하는 것은 중요한데, 이는 수많은 알러지 반응과 항생제 불내성 때문이다.

사회적 습관도 병력에 포함되어야 한다. 흡연은 상기도, 하기도 감염의 발생률을 상당히 증가시킨다. 정맥 내 불법약물 투여는 봉와직염, 심내막염, 경막외 농양의 발생에 기여할 수 있다. 최근 여행을 한 사람은 급성 위장염이나 방문한 지역에서 유행하는 다른 질환이 있을 수 있다.

여성에서는 부인과 병력을 추가하여야 한다. 골반염증 질환은 월경시기쯤에 발생하는 경향이 있다. 환자가 탐폰이 체내에 남아있는 상태이거나 자궁 내 장치를 하고 있어 감염의 병소가 되지는 않은지? 임신 중 질출혈과 발열은 패혈성 유산을 의미할 수 있다.

병력의 마지막 부분은 수술력이다. 수술 후 발열에는 몇 가지 원인들이 있다. 여기에는 수술적 농양, 이물질 잔류, 심내막염과 같은 감염성 원인들이 있다. 발열은 무기폐나 심부 정맥 혈전증과 같은 비감염성 원인에서 오는 경우도 있다.

신체검진

발열은 인체의 전신적인 반응이다. 따라서 다른 활력징후의 이상과 종종 동반된다. 또한 다른 활력 징후의 이상은 발열의 병소나 혈역학적 손상의 정도를 알아내는 단서를 제공할 수도 있다. 전형적인 예로 패혈증을 들 수 있다. 패혈증에서 고열은 빈맥, 빠른 호흡, 저혈압과 동반하는 경향을 보인다. 결과적으로 모든 5가지 활력 징후를 발열 환자에서는 기록하여야 한다. 앞에서 성인에서는 구강 체온으로 충분하다고 언급한 바 있다. 하지만, 일부 성인 환자에서는 말초 순환이 좋지 않아 여기에 해당되지 않는다. Edwards는 M & M Files에서 구강체온을 이용하였으나 나중에 부정확한 것으로 밝혀진 몇 가지 사례를 발표하였다(증례 9.6 참조). 우리 또한 유사한 몇 가지 사례들을 경험하였다. 환자를 촉진할 때 열감이 있다면, 간호사에게 직장체온을 측정하도록 해야 한다. 아마 당신이 그렇게 한 것에 대해 얼마나 잘한 행동인지 놀라게 될 것이다.

혈역학적으로 안정적이고 국소 증상을 가진 환자는 좀 더 초점에 맞춘 검사를 할 수 있다. 합병증이 없는 상기도 감염(중이염, 부비동염)과 봉와직염은 이러한 예이다. 하지만, 이러한 '단순한' 감염이 다른 비정상적인 활력징후(발열 외에)와 동반되거나 면역저하환자(즉, 당뇨, 고령 등)에서 발생한다면 합병증의 위험이 크기 때문에 좀더 광범위하고 정밀한 검사가 필요하다.

다른 모든 환자에 있어서 발열의 원인을 찾기 위하여 머리에서 발끝까지 일반적인 검사를 시행해야 한다. 우선 전반적인 모습을 항상 먼저 살펴보아야 한다. 환자가 중독해 보이는가? 이러한 환자들은 대개 피곤하고 노곤하며 창백해 보인다. 이들은 집중을 하는데 어려움을 보인다. 환자가 목을 자유롭게 움직이는지, 호흡곤란을 경험하고 있지는 않은지? 환자가 감염의 병소를 암시할 만한 국소적 통증을 가지고 있어 보이지는 않는가?

머리는 발열 환자에서 대부분의 감염원일 것이다. 대부분은 중이염, 부비동염, 바이러스성 감기, 인두염, 편도염, 결막염과 같은 통상적인 상기도감염이다. 안구 봉와직염, 악성 외이도염, 편도주위 농양과 같은 합병된 감염이 의심되는 경우 눈, 귀, 인후에 대한 철저한 검사가 필요하다. 마지막으로, 두통과 발열이 있는 환자는 수막 징후가 있는지 확인해야 한다.

경부는 종종 발열의 감염원이 된다. 임파선병증이 있는 경우 특히 그렇다. 경부 림프절이 커져있는 경우 상기도 감염이나 단핵구증을 암시한다. 하지만, 경부 감염도 발생할 수 있으며 성인에서보다 소아에서 더 흔하다. 여기에는 후두개염, 크룹, Ludwig angina, 인두후 농양, 경부 농양이 포함된다. 혀가 올라가있는 Ludwig angina을 제외하고 나머지 질환들은 임상적 검사만으로는 확인이 어렵다. 우리는 목의 부종, 협착음, 기관 편위, 환자의 자세 등에 의존하여야 한다. 마지막 소견에 대해 말하자면, 후두개염 환자는 앞으로 기대고 눕는 것을 좋아하는 반면, 인두후 농양 환자는 농양 부위의 옆으로 목을 돌리는 것을 선호한다(흉쇄유돌근의 일측성 연축 때문). 항상 수막 징후에 대한 검사도 함께 시행해야 한다.

발열이 있는 환자에서 심폐검사는 일상적으로 시행해야 한다. 특히 흉부에만 국한된 통증이 있는 경우에 특히 중요하다. 흉부는 많은 상기도감염의 종착지이며 따라서 상기도와 하기도 감염이 같이 있는 경우는 드물지 않다. 또한 흉부외 증상이 있는 경우도 심폐검사가 중요한데, 이는 환자의 혈역학적 상태에 대한 빠른 평가가 가능하기 때문이다.

복부는 감염되어 발열을 유발할만한 기관들로 꽉 차있다. 다행히, 요로감염을 제외하고 복부의 기관들은 복부 통증 없이는 감염된 경우는 거의 없다는 의견이다. 따라서 복통과 발열이 있는 환자는 철저하게 검사하여야 한다. 여기에는 모든 환자에서 대변 내 혈액을 발견하기 위한 직장검사와 하복부통증이 있는 모든 여성에서 골반 검사를 시행하는 것이 포함된다.

몸의 다른 부위를 검사하는 것은 임상 증상에 의거하여 시행해야 한다. 요로증상이 있는 환자는 옆구리에 압통이 있는지 촉진해야 한다. 자주 시행되지는 않지만 전립선염의 치료요법이 다르기 때문에 요로 감염이 있는 남성에서는 전립선 검사를 고려하여야 한다. 봉와직염, 표재성 농양, 수두, 혈전정맥염 등에서는 피부 검사가 중요하다. 또한 발열과 발진은 패혈증이나 세균혈증을 고려해야 한다. 근골격계 검사는 패혈성 관절염, 건초염, 윤활낭염, 심부 정맥 혈전증에 필수적이다.

이제 발열의 특이한 경우에 대한 이학적 검사에 대해 논의하고자 한다. 수막염의 이학적 검사 소견은 병력과 마찬가지로 매우 다양하다. '수막염의 전형적인 병상의 이학적 검사 소견들(즉, Kernig 징후, Brudzinski 징후, 목 경직)은 모두 진단적 가치가 적다.[10] 수년간 많은 수막염의 사례를 경험한 결과 여기에 동의하게 되었다. 대부분의 환자는 경부 통증을 호소하지만(일부는 그렇지 않다) 실제로 경부 경직을 보이는 경우는 드물다. 경부 경직을 동반한 경우 대부분은 세균성 수막염으로 판명되며, 몇몇 사례에서만 바이러스성 감염이었다. 또한 바이러스성 수막염도 전혀 중환처럼 보이지 않고 두통을 동반한 감기증상처럼 보이는 경우도 보았다. 따라서, 바이러스성 수막염이 종종 '재방문용' 진단이라는 것도 놀랍지 않다.

임상적으로 내릴 수 있는 가장 어려운 질환은 골수염이다. 뼈가 감염된 상처를 통해 노출되면 달리 판명될 때까지는 골수염이다. 이 경우에서는 진단이 쉽지만, 골수염은 흔하지 않기 때문에 진단을 못하는 경우를 보게 된다.

마지막으로 언급할 만한 가치가 있는 것이 간혹 구멍(orifice)에 숨는 감염이다. 구강 감염에 대해서는 이미 언급하였는데, 이와 같이 감염은 다른 말단 부위에도 마찬가지로 흔히 발생한다. 발열과 직장의 증상은 직장주위 농양이나 전립선염을 알아보기 위하여 직장 검사를 시행하여야 한다. 아래 증례 3.7을 참조하길 바란다. 이와 유사하게 비뇨생식계도 감염의 흔한 은식처이다. 부고환염과 요도염은 남성에서 가장 흔한 성매개 질환이다. 여성에서 성매개질환은 질염, 자궁경부염, 골반염증질환, 난관난소농양으로 나타난다. 또한 여성의 비뇨생식계의 비성매개성 질환으로 발열을 유발하는 것으로 바르톨린 낭종, 탐폰 잔류, 자궁내 장치로 인한 패혈성 혈전정맥염 등이 속한다. 마지막으로, 자궁과 직장은 이물질이 유입되는 잠재 부위임을 기억하라. 증례 3.8을 참조하길 바란다.

감별진단

서론에서 논의하였듯이 대부분의 발열은 감염에서 발생한다. 대부분의 감염은 바이러스에 의한 것으로 주로 양성이며 자연 치유되는 경향이 있다. 여기에서 예외적인 것이 2가지로 바이러스 감염이 높은 이환율을 보이는 경우가 있다. 그것은 소아의 바이러스성 위장관염과 연관된 탈수증상, 그리고 바이러스성 수막염이다. 증례 3.4를 참조하길 바란다. 추간판염, 심근염, 심내막염과 같이 잠행성으로 나타나는 바이러스 감염에 유의하라.

덜 흔하지만, 세균 감염은 바이러스 감염에 비해 더 많은 합병증과 연관되어 있다. 편도염, 신우신염, 수막염, 담낭염, 충수염, 게실염은 흔한 합병증을 가지는 세균 감염이다. 폐렴, 요로감염, 봉와직염은 대개 치료하기 쉬운 세균감염이나 면역이 저하된 환자에서는 합병증을 유발할 가능성이 크다. 전립선염, 괴사성 근막염, 성인에서의 후두개염, 패혈성 관절염, 심내막염, 농양과 같이 잠재성으로 나타나는 세균 감염에 유의해야 한다.

발열은 비감염성 원인에 의해서도 발생할 수 있다. 소아에서 젖니가 발생할 때와 탈수는 흔한 예이다. 발열을 유발할 수 있는 약물로 자극제, 항히스타민제, 항정신성 약물, 경련 치료제, 몇 가지 항생제 등이 있다.[11] 무기폐, 알레르기 반응, 악성 종양, 내분비 장애 또한 발열을 유발할 수 있다. 마지막으로, 불명열은 선행된 감염질환이 없을 수도 있다.

진단검사

수막염이 의심되는 환자는 항생제 치료를 시작하기 전에 즉시 혈액 배양을 시행해야 한다. 그것은 두 가지 이유에서 시행되는데, 세균성 수막염의 50% 정도에서 혈액 배양이 양성이고, 세균성 수막염의 치료와 보고에 있어서 역학이 매우 중요하기 때문이다. 일단 항균치료를 시작하면 배양결과는 모호해진다. 두부의 CT나 요추 천자와 같은 다른 진단적 검사는 항생제 투여 후에도 시행할 수 있다. 수막염의 항생제투여는 종종 광범위하게 이루어지며, 환자의 연령대나 임상적 환경에 맞춰서 시행해야 한다. 우리는 수련과정에서 모든 성인 환자에서 요추 천자를 시행하기 전에 두개내압 증가를 확인하기 위해 두부 CT를 시행해야 한다고 배웠다. 우리는 이를 적용시켜 왔으나 간혹 조절할 수 없는 상황(즉, CT가 고장이거나 많은 환자들이 CT 검사를 기다리는 등)으로 인해 CT 결과가 지연되기도 한다. 정상적인 신경학적 검사소견을 보이는 환자에서 두개내압이 증가되는 일은 극히 드물다. 따라서 이런 환자에서는 뇌 herniation 보다 악성 감염에 의한 환자의 악화가 더 우려된다. 게다가 많은 신경과 및 응급의학과 문헌에서 정상 의식을 갖는 신경학적 징후가 없는 환자에서 요추 천자 검사는 안전하다고 제시한다.[12]

외래에서 폐렴이 의심되는 대부분의 환자는 흉부 방사선 촬영과 산소포화도 검사가 진행된다. 흉부 X선은 탈진되어 있거나 Pneumocystis carinii 폐렴에서는 도움이 안 된다는 것을 기억하라. 또한 측면 X선 사진이 필요할 때도 있을 것이다. 흉부 X선 검사가 정상이지만 호흡기 증상이 있을 경우에는 폐색전증을 의심하라. 증례 3.11을 참조하라. 폐색전증에 대해서는 제9장에 자세히 언급되어 있다. 흉부 X선은 심내막염의 진단에 아주 제한적이며, 심초음파를 시행해야 한다.

활력 징후가 비정상인 발열 환자, 중독해 보이는 환자 또는 패혈증이 의심되는 환자에서는 혈액 검사가 필요하다. 항생제 투여 시기 때문에 신속한 혈액 검사가 중요하다.

요로계 증상과 발열 환자의 검사는 임상적 상황에 따라 결정된다. 정상 활력 징후와 경한 진찰 소견을 보이는 환자에서는 소변검사와 임신반응 검사로 충분하다. 요로감염의 과거력이 있거나 임신 상태이면 소변 배양 검사를 포함해야 한다. 노인병원이나 소아 환자 역시 배양 검사가 필요하다. 비정상적인 활력 징후를 가졌거나 복통 또는 옆구리 통증이 있거나, 또는 구토가 동반되었을 경우에는 전해질 검사도 같이 해야 한다.

머리의 감염은 대부분 임상적으로 진단이 된다. 간혹 잠재성 감염이 CT로 진단되는 경우가 있다. 그 예로 안와 봉와직염, 안면 농양, Ludwig angina, 유양돌기염, 그리고 인두후 농양이 있다.

목 주위 감염의 진단에는 여러 종류가 동원된다. 후두개염의 경우 목 X선에서 '엄지지문' 징후가 특징적이다. 하지만 확진은 수술방에서의 육안적 확인이다. 우리는 목의 종양과 괴사성 림프절에서 목 농양을 경험해 왔다. 이들은 CT로 확인이 가능하다. 기도 확보가 안전한 환자만이 CT 촬영이 가능하다는 것을 항상 명심하라.

복부의 감염은 흔하다. 어떠한 연령군에서 발생하며 전구 증상이 없는 경우가 많다. 또 많은 법정 싸움의 원인이기도 하다. 제 1장에 더 자세히 소개되고 있다.

사타구니, 서혜부, 그리고 직장 감염은 드물지만 놓칠 경우 치명적일 수 있다. 부고환염, 요로감염, 고환염, 그리고 고환 농양은 모두 발열을 일으킨다. 도플러 초음파가 중요한 검사이다. 병변을 찾아주기도 하지만 중요한 감별 진단인 고환염전을 배제하는데 도움이 된다. 다른 중요한 검사는 임질과 클라미디아의 진단을 위한 생식기 면봉 채취와 소변 검사다. 항문 주위 감염으로는 직장 주위 농양과 감염된 모소낭(pilonidal cyst)이 있다. 모두 임상적으로 진단한다. 하지만 의심스러울 때는 CT가 도움이 된다. 마지막으로 꼭 언급해야하는 감염으로 괴사성 근막염과 푸르니에 괴저(Fournier's gangrene)가 있다. 이들은 면역 결핍이면서 예상외의 통증이 있을 때 의심해야 한다. 특히 당뇨환자에서 잘 발생한다. CT가 도움이 되지만 항상 전문가에게 의뢰 할 것을 잊지 말아라.

다음은 소아에 대한 내용이다.[13] 가장 문제의 연령층은 신생아부터 3개월까지다. 발달되지 않은 면역 체계와 미숙한 표현력이 어렵게 만든다. '건강해 보이고; 피부, 연부조직, 뼈, 관절, 또는 귀 감염의 증거가 없고; 백혈구 수 5,000-15,000/μL, 띠 중성구 수 1,500/μL 이하, 그리고 정상 소변 검사인 경우에 심각한 감염성일 가능성은 적다.'[14] 따라서 이 연령군에서의 혈액 및 소변 검사는 매우 중요하다. 소변의 도뇨관 채취가 원칙이지만 봉지를 이용한 무균성 채취법도 유용하다. 하지만 여아나 포경을 안 한 남아에게는 추천되는 방법이 아니다. 더구나 10만개의 백혈구 수에도 불구하고 배양이 음성일 경우에는 도뇨관으로 재확인을 해야 한다. 따라서 응급실에서는 무균성 봉지 채취법을 추천하지 않는다.[15] 영아가 중독해 보이거나 백혈구 수 15,000/μL 이상, 띠 호중구 수 1,500/μL 이상, 또는 요로 감염의 증거가 있을 경우에는 혈액, 소변, 그리고 뇌척수액 배양을 해야한다.

3개월에서 3세 사이 아이의 경우에는 임상적 모습에 따라 검사의 정도가 달라진다.[14] 중독해 보이는 아이는 혈액과 소변 검사, 그리고 모든 배양 검사가 필수다. 하지만 섭씨 39도 이하이면서 중독해 보이지 않은 소아는 다른 특별한 검사가 필요없다.[16] 중독해 보이지는 않지만 체온이 섭씨 39도 이상일 경우에는 두 가지 선택이 있다. 하나는 혈액 채취 후 경험적 항생제의 투여다. 두 번째는 백혈구 수치가 15,000/μL 이상일 경우에만 경험적 항생제를 투여한다.[16] 임상에서 시행하는 세 번째 방법은 검사만 하고 항생제는 보류하는 것이다.[14] 배양 검사를 실시한 후 결과가 양성일 경우에만 재방문을 시킨다. 아이가 잘 지내며 검사가 음성일 경우에는 두 번째 배양 검사를 나간다. 아이에게 열이 발생하거나 *H influenzae*나 *N meningitidis*가 첫 번째 배양에서 자랄 경우에는 입원하여 항생제 투여를 시작하고 정밀 검사를 진행해야 한다.[14]

입원/외래 경과

발열은 심각한 감염을 시사해주기 때문에 적절한 시기의 검사와 치료는 중요하다. 특히 모든 검사와 치료시기를 챠트에 기록하는 것이 중요하다. 패혈증, 폐렴, 그리고 뇌수막염과 같은 심각한 감염은 단 1시간의 지연도 치명적인 결과를 초래할 수 있다(중요한 질 지표 중의 하나가 폐렴에서의 항생제 투여 시간이다). 혈액 배양 채취의 지연으로 항생제 투여를 늦춰서는 안 된다. 치료가 진단보다 중요하다는 것을 잊어서는 안 된다. 심각한 감염 환자의 경과 기록은 매우 중요하다. 철저하게 기록하여라.

뇌수막염이 의심되면 항생제 투여 시기가 제일 중요한 인자가 된다. 증례 3.5를 참조해라. 이런 환자는 빠른 진행 속도 때문에 CT나 요추 천자 검사 결과가 나오기 전에 혈액 배양 채취 후 즉시 항생제 투여를 시작해야 한다.

전통적으로 스테로이드 치료는 *H influenzae* 뇌수막염 소아 환자에서 청각 장애의 유병률을 줄여주는 효과로 사용되어 왔다. 최근 발표에 의하면 성인에서도 효과가 있다고 한다. 유럽 연구에서 dexamethasone이 '사망률과 신경학적 후유증을 줄였다' 라고 발표했다.[17] '특히 *S pneumoniae* 감염에서 효과가 있었다.' '이 연구에서는 패혈성 쇼크가 아닌 *S pneumoniae* 감염 환자에서는 항생제 투여 전에 dexamethasone의 치료를 권장한다.'

뇌수막염을 언급할 때 중요한 것은 의료진들에 대한 감염 예방이다. *H influenzae*와 *N meningitidis*의 경우 예방적 항생제로 ciprofloxacin이나 rifampin을 복용하면 된다.

폐렴 환자에서 가장 큰 고민은 입원이다. 폐렴이 다른 감염성 질환과 다른 점은 다양한 발병력이다. 어떤 환자는 임상적으로는 의심이 안 되지만 흉부 X선에서 폐렴으로 판독이 되는 반면, 어떤 환자는 증상이 안정적인데도 불구하고 몇 시간 만에 병이 진행되어 사망하는 경우도 있다. 따라서 경험 있는 의사가 환자를 퇴원시키기 전에 모든 경우들을 고려해야 한다(연령, 현병력, 집안 환경, 약물 복용 능력, 흡연 여부).

패혈증이 의심되면 항생제와 수액을 즉시 투여해야 한다. 이들의 진단을 놓치기는 쉽지가 않다. 하지만 나쁜 예후로 인해 많은 법적 소송의 원인이 되고 있다. 따라서 진단하는 시간을 최소화하고 치료를 빨리 시작해야 한다. 어떤 경우의 패혈증은 상당히 인식하기가 어려울 수 있다(증례 3.10). 게다가 혈액 배양 검사 결과가 하루 이상 걸리는 것도 문제다. 이런 경우에 두 가지 방법이 있다. 패혈증이 의심되면 혈액 배양 채취 후 4시간 이상을 관찰해라. 그램 염색이 가능하면 더 좋다. 환자의 활력 징후를 감시하고 기록하는 것을 잊지 말아라. 두 번째 방법은 배양 검사의 결과를 가능한 빨리 확인하는 것이다.

뇌수막염, 폐렴, 그리고 패혈증과 충수돌기염과 담낭염과 같은 외과적 감염 질환을 제외하고는 대부분의 감염성 질환은 외래에서 치료 가능하다. 이 때 환자에게 열 조절 방법, 주의해야 할 증상, 재방문 날짜 등의 설명을 잘 해줘야 한다. 자주 일어나는 문제 중의 하나가 약국에서 구입이 어려운 항생제를 처방한 경우이다. 이것을 항상 확인하라. 마지막으로 중요한 것은 당뇨나 말초혈관 질환 환자다. 이 환자군들에게는 좀 더 광범위한 항생제 처방과 입원 적응의 문턱을 낮춰야 한다.

영아와 소아 환자의 경우에는 의견이 다양하다. 일반적으로 중환처럼 보이는 소아는 입원과 함께 배양 검사와 항생제 투여가 필요하다. 논란이 되는 경우는 비정상적인 검사 결과에도 불구하고 건강해 보이는 아이이다. 또한 열이 있는 소아의 입원 적응의 연령 기준도 정립되어 있지 않다.

하지만 3개월 미만의 아이는 대부분 입원을 시킨다. 대부분은 생후 1달을 기준으로 1달 미만은 무조건 입원시키고 1-3달 사이의 영아는 상황에 따라 결정한다. 경험적 항생제를 시작하고 믿을만한 보호자가 있을 경우에만 외래로 추적 관찰을 시킨다. 3개월에서 3세 사이 소아의 진료는 위의 '진단 검사' 부분에서 설명했다.

함정

미열로 내원하는 환자들을 주의해라(섭씨 37.2-38도). 미열과 함께 특정 임상적 증세로 방문하는 환자들에서 심각한 병변을 의심해야 한다. 복통, 면역결핍 상태, 그리고 숨겨진 감염(골반 농양, 경막외 농양, 이물질) 가능성인 경우들이 그 예다.

집에서 열이 있었다고 주장하는 환자들은 응급실 방문 당시 열이 없더라도 발열이 있다고 간주해야 한다. 집에서 복용한 해열제가 원인이거나 간헐적인 열이 발생하는 질환일 수도 있다.

항생제 복용에도 불구하고 열이 계속되는 환자들은 심각한 세균 감염(저항균)이 있다고 간주해야 한다. 비록 바이러스성 감염일수도 있겠지만 심각한 세균성 감염을 놓치는 것은 치명적일수가 있다. 그리고 바이러스성 감염은 대체적으로 시간이 지나면서 치료가 잘 된다. '오류와 흥미로운 증례들' 중 증례 3.1에서 위와 같은 사례를 소개한다.

특정 감염은 빠르게 진행하며 신속한 진단과 치료가 필요하다(폐렴, 뇌수막염). 어떤 경우에는 진단이 이루어지기 전에 경험적 항생제 투여를 시작해야 한다. 항생제 투여 시간을 챠트에 기록하고 지연이 된 경우에도 꼭 지연 이유를 기록할 필요가 있다(증례 3.2).

발열과 발진이 동반되었을 때는 패혈증을 의심해라. 그 대표적인 예로 수막알균혈증(meningococcemia)과 임균성 패혈증이 있다. 그 외에 라임 질환과 기생충 감염이 있다. 증례 3.3에서 발열과 발진으로 내원하여 사망한 아이의 사례를 소개한다.

열은 있지만 진찰이나 진단적 검사에서 특이 소견이 없으면 뇌수막염을 항상 의심하라. 뇌수막염의 전형적인 증상에 대해 언급하였다. 응급실에서 흉부 X선과 소변검사로 폐렴이나 요로감염은 비교적 쉽게 진단이 된다. 하지만 임상적 증상과 안 맞는 검사 결과를 해석할 때는 주의를 해야 한다. 대표적인 사례가 증례 3.4에서 소개된다.

신경학적 증상과 함께 열이 있으면 뇌수막염을 먼저 의심해야 한다. 뇌염이나 척수 농양일 가능성도 있지만 뇌수막염을 확인하기 위해서는 요추 천자 검사를 꼭 실시해야 한다(증례 3.5).

발열과 인후통은 두 가지 측면에서 어려움을 줄 수가 있다. 흰 삼출물이 동반된 부은 편도나 큰 편도주위 농양의 진단은 비교적 쉽다. 하지만 이런 염증이나 부종은 오히려 인두후농양과 같은 후인두 부위의 병변을 발견하는데 방해를 줄 수가 있다. 반면에 정상 편도 소견을 갖는 발열과 인후통 환자의 진단은 어려움을 준다. 귀를 꼭 검사해야 함을 명심해야 하는데, 이는 목과 같은 통증 수용체를 일부 갖기 때문이다. 또한 인두의 임상적 육안 소견 외에도 다른 원인들을 생각하라. 즉, 후두개염이나 식도/기관의 이물질의 가능성을 고려해야 한다. 의사들은 흔히 감염의 심각도의 지표로 백혈구 수에 의존한다. 백혈구 수는 상승되어 있을 경우 종종 도움이 되지만 정상 수치의 백혈구 수는 심각한 감염을 배제하는데 특이성이 거의 없다. 비록 세포 분포도의 증가가 관찰되었지만 심각한 감염에 대한 특이성은 제한적이다(증례 3.9). 최근에 *Annals of Emergency Medicine*에서 균혈증 소아의 1/3에서 정상 백혈구 수치를 보인다는 발표를 하였다.[18]

소아에서 오심과 구토가 동반된 발열은 특별한 주의를 요한다. 개발도상국에서는 장염이 소아 사망 원인의 주요인이다. 비록 선진국에서 장염에 의한 사망은 드물지만 주의를 해야 한다. 증례 3.12와 3.13에서 소개를 한다.

오류와 흥미있는 증례들

[증례 3.1] 가끔 실패할 때도 있다

- Selbst와 Korin은 Preventing Malpractice Lawsuits in Pediatric Emergency Medicine에서 발열로 의원에 내원하여 중이염 진단을 받은 8개월 된 여아를 소개하고 있다.[19] 환아는 호전이 안 되었고 같은 의사에게 재방문하여 다른 검사 없이 항생제 암피실린만 처방 받았다. 증세가 지속되어 12일 후에 다시 방문하였다. 이번에는 다른 의사가 진료를 하였으며 혈액검사를 의뢰하였지만, 환아를 진찰한 후 검사를 다시 취소시켰다. 환아는 수막염으로 진단되었고 증세는 악화되어 며칠 후 사망하였다. 두 번째 의사의 과오로 미화 2,600만 달러를 배상하도록 하였다. 첫 번째 의사는 무죄 선고를 받았다.
- 이 사례는 항생제 사용에도 불구하고 호전이 없는 환자에 대한 경계심을 불러일으킨다. 항생제 남용으로 인한 항생제 저항이 증가되는 요즘 시대에는 특히 더 주의를 요한다. 첫 번째 의사는 위와 같은 사실에 대한 지식이 부족하다고 판단되어 무죄가 되었다. 재방문하는 환자에 대한 경계심을 늦춰서는 안 된다.

[증례 3.2] 시간 낭비 하지 말아라

- Selbst와 Korin은 또 하나의 사례를 소개하는데, 적절한 시기에 대응하지 못한 사례를 소개한

다.[20] 8주된 여아가 발열로 응급실에 내원하여 흉부 방사선 사진 상 폐렴이 의심되었다. 비록 입원장 발부 및 정맥 항생제 처방이 내려졌으나, 소아과 의사가 도착하기 전까지 항생제 투여가 이루어지지 않았다. 소아과 의사는 척수 검사를 하였으며 수막염 진단이 내려졌고 환아에게는 심각한 신경학적 손상을 남겼다. 병원과 응급의학과 의사는 미화 14만 달러를 배상하였다.

- 많은 응급실에서는 심각한 감염에 대한 적절한 시기의 항생제 사용 여부에 대한 프로토콜을 갖추고 있다. 폐렴, 패혈증, 그리고 수막염이 그 예이다. 일반적으로 이들 질환은 임상적으로 의심되는 순간부터 항생제 투여가 즉시 시작되어야 한다(예를 들어 X선 상의 폐렴 소견, 뇌막염을 시사해주는 발열과 목의 강직). 항생제 투여의 시작은 주치의가 나타나기 전에 응급실에서 바로 시작되어야 한다.

[증례 3.3] 발열과 발진, 매우 골치 아픈 혼합이다

- Selbst와 Korin은 발열과 발진이 동반된 5개월 된 여아가 감기로 진단된 후 사망한 사례를 소개한다.[21] 영아는 같은 날 밤에 발진이 발생하여 초진을 했던 의사에게 재방문을 하였다. 특별한 검사 없이 몇 가지 약물만 추가되었다. 몇 시간 후 호흡곤란이 발생하고 팔다리에 청색증이 보이기 시작했다. 병원으로 데리고 왔지만 사망하였다. 부검 결과 사인은 수막알균혈증(meningococcemia)이었으며 미화 22만5천 달러를 배상하였다.
- 발진이 동반된 발열인 경우에는 심각한 감염을 의심해야 한다. 특히 소아 환자에서 더 주의가 필요하다. 이런 경우 패혈증 가능성을 생각하고 정밀 검사를 해야 한다. 또한 재방문하는 환자에서 검사 시행의 문턱을 낮춰야 함을 명심해야 한다. 발진 중에서도 항생제 투여 후의 두드러기나 수포가 특징인 포진성 감염은 예외이다.

[증례 3.4] 그림 구조가 안 맞다

- 이번 사례는 기숙사에서 지내는 19세 여대생의 사례다. "탈진이 되었다"는 주소로 응급실에 내원하였다. 그녀는 이틀 동안 몇 차례 구토를 하고 주관적인 발열이 있다고 하였다. 두통도 호소하였지만 다른 증상을 호소하지는 않았다(목 강직, 정신 혼란, 눈부심, 기침 또는 호흡곤란, 복통 또는 옆구리 통증, 그리고 비뇨기과적 증상). 낮에 외래에서 소변 검사를 의뢰하였으나 소변이 안 나와 단순 감기로 진단하였다.
- 응급실 내원 당시에는 열이 없었고 활력 징후도 안정적이었다. 조금 피로해 보였지만 힘들어하지는 않았다. 신체검진상 목을 움직일 때 통증을 느끼는 것 외에는 특이 소견은 없었다. 목

의 경직이 있는 것은 아니었다. 수액과 함께 오심에 대한 약물을 투여하였으며 검사들을 의뢰하였다. 혈액검사에서 백혈구 수치 상승(15,000/μL)과 소변에서 세균이 검출되었다. 방사선 사진은 정상 소견이었다. 증상이 호전되어 요로감염 진단으로 퇴원 예정이었다. 하지만 아직도 남아 있는 두통과 요로감염에 합당한 증상이 없는 것이 마음에 걸려 결국 요추 천자 검사를 시행하였다. 결과는 바이러스성 수막염이었다. 5일 동안 입원 치료를 받았다.

- 증상과 맞지 않는 진단을 내릴 때는 주의해야 한다. 이 사례에서는 요로감염에 합당한 증상이 없었다. 진단이 의심스러우면 다른 원인을 찾기 위한 노력을 해야 한다.

[증례 3.5] 붕괴되는 과정

- 이번 사례는 세균성 수막염이 얼마나 빠르게 진행되는 질환인지 보여준다. 60세 남자가 다리가 아프다고 내원하였다. 의식이 명료하였고 별다른 증상을 보이지 않았다. 섭씨 38도의 열만 있었다. 대기실에서 40분이나 기다리던 중 의식이 혼미해지면서 우측 마비와 함께 발음장애가 발생하였다.
- 뇌중풍이 의심되어 즉시 CT 촬영을 하였다. CT 촬영은 뇌출혈이나 뇌경색을 확인하기 위해 시행한 것이라 혈액 검사나 항생제 투여 여부에 대한 고려를 하지 못했다. 15분이 지나서 CT 결과가 음성으로 나왔다.
- 보호자와의 면담에서 최근 환자가 부비동염 증세가 있었고 테니스를 치다 근육이 늘어나는 현상이 발생하여 응급실을 찾은 것이라 진술하였다. 보호자와의 면담 후 수막염이 의심되어 경험적 항생제 투여를 시작하였다. CT 촬영 20분 후였다. 백혈구 수치는 22,000/μL로 증가되어 있었고 요추 천자 검사 시행 결과 배양에서 Streptococcus pneumonia가 검출되었다. 6시간 후 환자는 사망하였다.
- 이 사례는 수막염의 증상이 뇌중풍과 비슷하다는 것을 보여주며 CT 결과 음성인 발열 환자에게는 요추 천자 검사가 꼭 필요함을 보여준다. 더 중요한 것은 빠른 항생제의 투여다.

[증례 3.6] 하나의 감염이 또 다른 감염을 부른다

- 안구 부종과 발열로 내원한 6세 남아가 있었다. 전날에 인후통으로 내원하여 구강 면봉채취로 그룹 A streptococcus 양성이 나왔었다. 환아는 페니실린 알러지가 있어서 박트림 항생제 처방을 받았다.
- 재방문하였을 때 환아는 상당히 지쳐보였고, 체온이 섭씨 38도로 측정되었다. 우측 안와주위의 부종은 심했고 발적도 있었다. 안구는 약간 돌출되어 있었고 빛반사도 미약했다. 편도는

상당히 커져있으며 삼출물이 동반되어 있었다. Streptococcal 감염에 의한 우측 안구 봉와직염이라는 결론을 내렸다.

- 병원에 입원할 것을 권유했으나 소아과 의사는 단순 봉와직염이므로 Zithromax로 항생제 처방을 바꿔 외래에서 추후 관찰할 것을 권유했다. 하지만 환아는 중독해보여 정밀 검사를 더 진행하기로 했다. 백혈구 수치는 28,000/μL였으며 CT에서는 봉와직염과 농양이 형성되고 있었다. 정맥 항생제 투여와 배액 시술 후 환아는 증상이 좋아졌다.

[증례 3.7] 모든 구멍을 확인해라

- 32세 남자가 항문 통증과 발열로 내원하였다. 출혈, 설사, 또는 변비 증상은 없었다. 이틀 전에도 같은 증상으로 내원하여 치질 진단을 받고 좌욕 처방을 받고 퇴원하였다. 그 당시 직장 수지 검사는 시행하지 않았다. 직장 주위로 압통은 약간 있었으나 농양이나 치질이 관찰되지는 않았다. 직장 수지 검사를 시행하였다. 항문 벽 주위 튀어나온 부위에서 압통을 호소하였다. 백혈구 수치는 32,000/μL로 증가되어 있었다. CT로 직장 주위 농양이 진단되었다. 수술방에서 배액 시술을 시행하였다.
- 직장 통증이 있는 환자에게 직장 수지 검사를 한다는 것은 쉬운 일이 아니다. 환자가 아파하고 불편해하겠지만 꼭 필요한 검사 항목이다. 모든 직장 통증의 원인이 치질은 아니다. 훌륭한 의사는 모든 바위를 뒤집어 보고 모든 터널을 확인해야 한다.

[증례 3.8] 밑바닥까지 철저히 확인해라

- 66세 남자가 4일 동안의 직장 통증으로 내원하였다. 발열과 함께 배변 장애를 호소했다. 외부 소견으로는 부종, 발적 또는 치질은 관찰되지 않았다. 단순 직장통으로 진단 후 대변 완화제를 처방하였다.
- 이틀 후 같은 증상으로 다시 방문하였다. 이번에는 직장 수지 검사를 시행하였고 손가락 끝에 견고한 것이 촉지되었다. 복부 방사선 사진에서 보존용 유리병이 환자의 직장에 삽입되어 있는 것이 발견되었다. 환자는 경위에 대해 모른다고 했지만 직장 이물질로 이번이 세 번째 응급실 방문이었다.
- 유리병은 수술방에서 제거되었고 통증과 발열은 호전되었다. 이 사례는 기본적인 교훈을 준다. 원인 모르는 통증이나 발열이 있을 때는 신체의 모든 구멍을 확인해야 한다. 또한 직장 부위에 문제를 호소할 때는 꼭 성 관계 여부를 확인해야 한다.

[증례 3.9] 모든 검사가 중요하다

- 5개월 된 영아가 이틀 동안 보채고 열이 동반되어 내원하였다. 열은 있었지만 진찰 소견상 심각해 보이지는 않았다. 흉부 X선과 소변 검사 모두 음성이었다. 백혈구 수치는 정상 범위였으나 세포 감별에서 좌측편위(left shift) 소견이 보였다. 근육 항생제 투여 후 불명열이라는 진단으로 퇴원하였다.
- 5시간 후 발진이 생겼다면서 응급실로 전화가 왔다. 간호사는 아마 항생제 때문에 생긴 것이라고 설명 후 지켜보자고 하였다. 1시간 후 영아는 창백해진 상태로 내원하였다. 섭씨 38.5도의 고열과 점상출혈성 발진이 관찰되었다. 얼마 후 호흡정지가 발생하여 사망하였다. 사인은 세균성 수막염이었다.
- 열이 있는 영아들의 원인을 찾기가 쉽지는 않다. 따라서 퇴원시 주의점과 추후 관찰에 대한 설명은 매우 중요한 부분을 차지한다. 열이 있는 영아들은 가급적 빠른 시일 내에 재방문하도록 설명해야 한다.

[증례 3.10] 자라는데 시간이 걸린다

- 26세 여자가 피로감과 발열로 내원하였다. 이틀 전 자궁적출술을 시행받았다. 체온은 섭씨 38도였고 맥박이 분당 105회였다. 다른 특이소견은 없었다.
- 발열의 원인은 뚜렷하지 않았다. 폐 청진은 깨끗했고 복부 소견도 수술 후 느끼는 정도의 통증만 호소하였다. 수술 상처도 깨끗했다. 혈액 배양, 혈액과 소변 검사, 그리고 흉부 방사선 촬영을 처방하였다. 백혈구 수치의 상승 외에는 모두 정상이었다. 혈액 배양 검사는 아직 안 나온 상태였다. 타이레놀 처방 후 귀가시켰다.
- 8시간 후 검사실에서 그램 음성 세균이 검출되었다고 연락이 왔다. 환자에게 연락하여 입원할 것을 설명하였다. 혈압은 90/60 mmHg, 맥박 분당 125회였다. 항생제 투여를 바로 시작하였고 5일 후 특별한 문제없이 퇴원하였다.
- 혈액, 소변, 척수액, 그리고 상처 배양의 결과는 시간이 걸린다. 따라서 결과를 적시에 확인하는 것이 중요하다. 패혈증 진단의 지연은 환자에게 치명적 일수가 있다.

[증례 3.11] 폐색전증, 위장술의 대가

- 자궁암의 과거력이 있는 45세 비만인 여자가 발열, 호흡곤란, 그리고 가래를 동반한 기침을 주소로 내원하였다. 일주일 동안 열이 있었고 노란 가래 기침이 계속되었다. 4일 전에 양쪽 다리에 부종이 생겨 정맥 도플러 검사를 시행했으나 음성이었다. 폐렴 진단으로 항생제 처방

을 받았다.

- 응급실에서 체온은 섭씨 38도였고 약간의 빈호흡이 관찰되었다. 쌕쌕거림도 없었고 백혈구 수치와 흉부 방사선 검사 모두 정상이었다. 폐색전증이 의심되어 폐동맥 CT를 시행하였다. 큰 폐색전증이 양쪽으로 있었고 한 쪽 다리에는 심부 정맥 혈전증이 관찰되었다. 폐렴 소견은 없었다.
- 임상적으로 폐렴이 의심되었지만 합당한 검사 결과는 없었다. 발열과 빈호흡의 감별진단에는 폐색전증을 포함해야 한다. 흉부 방사선 사진에서 폐렴 소견이 있었다면 과연 흉부 CT 처방을 하였을까? 왜 도플러 검사는 음성이었을까? 너무 빠른 시기에 검사를 했거나 기술적인 원인일 수도 있을 것이다.

[증례 3.12] 음식과 물 없이는 못 살아

- 소아 장염 환자의 치료는 때때로 까다로울 수가 있다. Selbst와 Korin은 재방문하는 환자에 대한 입원 결정의 문턱을 낮춰야 함을 강조하는 사례를 소개한다.[22]
- 발열, 구토, 그리고 설사를 호소하는 6세 된 남아에게 로모틸 지사제를 처방하였다. 증상이 악화되어 다른 의사가 항생제를 추가로 처방하였다. 8시간 후 환아는 의식소실과 함께 사망을 하였고 사인은 탈진과 전해질 불균형이었다. 미화 14만 달러의 배상을 하였다.
- 첫 번째 의사가 처방한 지사제에 대해 생각해 보자. 설사의 원인이 세균성일 경우 지사제는 오히려 세균 증식을 돕기 때문에 처방에 주의해야 한다. 항구토제가 더 적합했을 것이다. 혈액 검사 실시에 대해서는 의견 차이가 있겠지만 열이 동반된 이상 혈액 검사는 필요하다고 생각된다.
- 두 번째 방문 때는 확실히 혈액 검사가 필요했다. 이때는 벌써 환아가 탈진되고 전해질 불균형이 있었을 것이다. 게다가 세균 배양 검사 없이 항생제를 처방한 것은 부적절한 처방이다. 항생제는 구토와 설사를 호전시키지 않으며 오히려 설사를 더 악화시킬 수가 있다. 가장 큰 실수는 재방문한 환자임에도 불구하고 소홀하게 생각했다는 점이다.

[증례 3.13] 몸무게의 중요성

- 1세 된 남아가 구토와 설사로 내원하여 항구토제 투여 후 귀가시켰다. 내원 당시 측정한 몸무게는 2달 전에 측정한 것에 비해 0.25 kg이 줄었다. 24시간 동안 구토는 계속 되었고 아이는 축 늘어지고 혼미 상태로 재방문하였다.[23]
- 이번에도 항구토제를 투여하였고 약간의 탈진 상태에서 퇴원시켰다. 이번에는 몸무게 측정

을 하지 않았다. 증상은 밤새 지속되었고 체온도 섭씨 38.8도로 올라갔다. 다음날 오전이 되자 아이는 혼미해지고 손이 차가워졌다. 병원에 전화했더니 주치의는 타이레놀과 스폰지 목욕을 처방하였다. 목욕 중 아이는 호흡정지가 발생하여 사망하였다. 부검 결과 아이는 최근 병변으로 20%의 체중 감소가 있었고 탈진으로 사망하였다고 보고되었다. 미화 75만 달러를 배상하였다.

- 이 아이는 처음부터 탈진 소견이 있었고 두 달 동안의 체중 감소가 중요한 소견이었다. 소아에서 체중은 중요한 활력 징후이다. 또한 재방문인 환자에도 불구하고 철저한 검사를 진행하지 않았다. 더구나 증세가 점점 악화되는 아이에게 전화로만 처방을 한 것은 이해하기 힘든 일이다.

References

1 Hamilton GC, Sanders AB, Strange GR *et al.* (2003) *Emergency Medicine: an approach to clinical problem-solving* (2e). Saunders, Philadelphia, Pennsylvania, 235.
2 Hamilton GC, Sanders AB, Strange GR *et al.* (2003) *Emergency Medicine: an approach to clinical problem-solving* (2e). Saunders, Philadelphia, Pennsylvania, 439.
3 Selbst SM and Korin JB (1999) *Preventing Malpractice Lawsuits in Pediatric Emergency Medicine*. American College of Emergency Physicians, Dallas, Texas, 59.
4 Amin K, Kauffman CA (2003) Fever of unknown origin, A strategic approach to this diagnostic dilemma. *Postgraduate Medicine*. **114**(3): 69.
5 Tintinalli JE, Kelen GD and Stapczynski JS (2000) *Emergency Medicine: a comprehensive study guide* (5e). McGraw-Hill, New York, New York, 1485.
6 Spach DH (2003) New issues in bacterial meningitis in adults. *Postgraduate Medicine*. **114**(5): 45.
7 Attia J, Hatala R, Cook DJ *et al.* (1999) Does this adult patient have acute meningitis? *JAMA*. **282**(2): 175–81.
8 Tintinalli JE, Kelen GD and Stapczynski JS (2000) *Emergency Medicine: a comprehensive study guide* (5e). McGraw-Hill, New York, New York, 1486.
9 Braunwald E, Fauci AS, Kasper DL *et al.* (2001) *Harrison's Principles Of Internal Medicine* (15e). McGraw-Hill, New York, New York, 369.
10 Spach DH (2003) New issues in bacterial meningitis in adults. *Postgraduate Medicine*. **114**(5): 45.
11 Tintinalli JE, Kelen GD and Stapczynski JS (2000) *Emergency Medicine: a comprehensive study guide* (5e). McGraw-Hill, New York, New York, 596.
12 Tintinalli JE, Kelen GD and Stapczynski JS (2000) *Emergency Medicine: a comprehensive study guide* (5e). McGraw-Hill, New York, New York, 1486.
13 Behrman RE, Kliegman RM and Jenson HB (2000) *Nelson Textbook of Pediatrics* (16e). W. B. Saunders, Philadelphia, Pennsylvania, 742–3.
14 Behrman RE, Kliegman RM and Jenson HB (2000) *Nelson Textbook of Pediatrics* (16e). W. B. Saunders, Philadelphia, Pennsylvania, 743.
15 Behrman RE, Kliegman RM and Jenson HB (2000) *Nelson Textbook of Pediatrics* (16e). W. B. Saunders, Philadelphia, Pennsylvania, 1623.
16 Baraff LJ, Bass JW, Fleisher GR *et al.* (1993) Practice guidelines for the management of infants and children 0–36 months of age with fever without a source. *Annals Emergency Medicine*. **22**: 1198.
17 Choi Chester (2003) Bacterial meningitis: Management for a changing disease profile. *Family Practice Recertification*. **25**(11): 45.
18 Bonsu BK *et al.* (2003) Identifying Febrile Young Infants with Bacteremia: Is the peripheral white blood cell count an accurate screen? *Annals of Emergency Medicine*. **42**(August): 216–24.
19 Selbst SM and Korin JB (1999) *Preventing Malpractice Lawsuits in Pediatric Emergency Medicine*. American College of Emergency Physicians, Dallas, Texas, 59–60.
20 Selbst SM and Korin JB (1999) *Preventing Malpractice Lawsuits in Pediatric Emergency Medicine*. American College of Emergency Physicians, Dallas, Texas, 60.
21 Selbst SM and Korin JB (1999) *Preventing Malpractice Lawsuits in Pediatric Emergency Medicine*. American College of Emergency Physicians, Dallas, Texas, 61.
22 Selbst SM and Korin JB (1999) *Preventing Malpractice Lawsuits in Pediatric Emergency Medicine*. American College of Emergency Physicians, Dallas, Texas, 78.
23 Selbst SM and Korin JB (1999) *Preventing Malpractice Lawsuits in Pediatric Emergency Medicine*. American College of Emergency Physicians, Dallas, Texas, 79.

Chapter 4

제 4장

옆구리 통증(Flank pain)

- 환자분류(Triage)
- 병력(History)
- 신체검진(Physical exam)
- 감별진단(Differential diagnosis)
- 진단검사(Diagnostic tests)
- 입원/외래 경과(Hospital/office course)
- 함정(Pitfalls)
- 오류와 흥미있는 증례들(Errors and interesting cases)

옆구리는 일차 진료기관의 외래나 응급실에서 통증을 호소하는 흔한 부위이다. 가장 흔한 통증의 양상은 산통(colic)이고 가장 많은 진단은 요로 결석이다. 이 질환의 발생률은 12%까지 보고되고 있다.[1] 이 질환은 거의 모든 연령대에서 발생하며 재발하는 경우가 많다. 대부분의 경우 잘 치료되며 의학적으로 장애를 남기는 경우는 거의 없다. 그러나 의사가 옆구리 통증의 다른 심각한 원인이나, 요로 결석의 합병증을 찾거나 치료하는데 실패하면 부작용이 나타난다.

환자분류

어떤 환자라도 활력 징후나 겉모습에 이상이 있으면 응급으로 의사가 진찰할 수 있도록 분류되어야 한다. 저혈압이나 빈맥을 보이는 환자는 원인 평가와 동시에 정맥으로 수액을 투여하는 즉각적인 치료가 필요할 수 있다. 말초 혈관 질환이나 대동맥 질환의 과거력이 있는 환자가 저혈압이 있으면 혈관 외과의 협진을 고려해야 한다. 또한 자궁외 임신의 가능성이 있는 산모도 응급으로 진찰하여야 한다.

활력 징후나 피부색은 안정적이나 심한 불편감을 호소하는 환자는 긴급하게 검사한다. 이런 환자 가운데 대부분의 경우는 통증 치료만을 필요로 한다. 하지만 이들 가운데 일부는 응급 상황으로 발전할 가능성을 숨기고 있다. 즉각적인 진단 검사가 요구되지는 않으며, 의사들은 보통 처음에 시행한 선별 검사(예, 소변 검사) 결과나 진통제에 대한 반응을 기다릴 수 있다.

옆구리 통증을 호소하는 나머지 환자들은 정상 활력 징후를 보이고 불편감은 전혀 없거나 조금 있어 보인다. 이런 환자들은 도착한 순서대로 진료할 수 있다. 이런 환자 가운데 대부분의 경우는 요추부 염좌나 합병증이 없는 신우신염이 원인이다. 이들은 단순한 통증 치료제와 소변 검사가 필요할 것이다.

병력

옆구리 통증을 호소하는 환자들의 대부분은 요로 결석, 신우신염, 요추부 염좌의 세 가지 부류 가운데 하나에 속한다. 그러므로 처음 질문은 이 세 가지 원인을 감별하는데 목적을 두어야 한다. 신우신염을 평가하기 위해서는 요로 감염의 특징적인 증상을 물어본다. 신우신염이 반복적이거나 합병증이 동반되는 경우가 있으므로 이전에 비슷한 증상이 있었는지, 어떻게 치료했는지 물어보아라. 또한 신우신염의 전신 합병증에 대한 증상도 물어보아라. 우리는 신우신염 치료를 시작하고 4일이 지난 후 세균성 뇌막염이 발생한 여대생을 경험한 적이 있다. 신우신염 때문에 오심, 구토 및 수분 섭취가 저하될 경우 혈역학적 상태(기립성 저혈압)도 평가해야 한다.

요로 결석 환자는 대부분 이전에 요로 결석의 과거력을 가지고 있고, 보통 자신의 과거력을 의사에게 알려줄 수 있다. 환자들에게 요로 결석 같냐고 물어보고 만일 그들이 요로 결석의 통증과는 조금 다르다고 말하면 다른 원인을 의심해보아야 한다. 다른 원인일 경우나 요로 결석의 합병증이 발생했을 거라고 당신에게 경고하는 적신호는 다음과 같다. 복부 대동맥류에서의 복통, 고환 염전에서의 음낭 부종, 척수 농양이나 혈종에서의 신경학적 증상, 척수 농양이나 신농양에서의 발열, 자궁외 임신에서의 질출혈이 그것이다.

옆구리 부위는 근육이 잘 발달되어 있고 무거운 물건을 들어올릴 경우 염좌가 잘 생기는 부위이다. 그러므로 요추부 염좌는 흔한 원인이고 환자에게 염좌가 일어날 만한 행동에 대해 물어보아야 한다. 그러나 염좌는 다른 심각한 원인을 다 조사하여 다른 원인을 생각할 수 없을 경우에만 고려해야 하는 양성(benign) 진단이다.

허리의 중간이나 그 아래 부위에 타박상을 입은 경우에는 항상 신장이나 부신의 좌상이나 손상을 고려해야 한다. 비록 신장은 두꺼운 근육들과 근막, 아래쪽 갈비뼈로 둘러싸인 후복강에 위치하여 잘 보호받고 있지만[2] 손으로 보호할 수 없는 옆구리 부위는 추락사고시 가장 흔한 손상 부위이다. 신장 좌상은 흔하지만(신장 손상의 90%), 신장 열상이나 혈관(renal pedicle)의 손상 및 신장 파열은 발생하려면 상당히 큰 힘이 필요하기 때문에 흔하지 않다.

옆구리 관통상은 환자에게 혈역학적 불안정을 일으킬 수 있는 수많은 심각한 손상을 입힐 수 있으나 이는 이 장의 범위를 넘어서는 주제이다. 이런 손상은 복막을 뚫고, 복부 외상에서 볼 수 있는 특징적인 복강내 손상을 일으킨다. 더군다나 이런 옆구리 관통상은 종종 진단하기가 어려워 사망률을 높이는 후복강 손상도 일으킨다.

환자가 말초혈관 질환의 위험 인자를 가지고 있는가? 담배를 피웠거나 고혈압, 당뇨, 고지혈증과 같은 관상동맥질환의 위험 인자가 있는가? 말초혈관 질환은 아래에서 보듯이 대동맥 질환과 연관되어 있다. 말초혈관 질환은 또한 신장 동맥 색전증, 신장 정맥 혈전증과 연관이 있는데 이런 경우 증상이 신장 결석과 비슷하다. 당뇨와 겸상 적혈구병은 신장유두 괴사와 옆구리 통증의 위험 인자이다.

환자가 어떤 약을 먹고 있는가? 비스테로이드성 소염제는 신장유두 괴사와 급성 신부전을 일으킬 수 있다. 코카인은 횡문근융해와 신장 경색을 일으킨다. 우리는 전공의 때 옆구리 통증을 호소하는 21살 된 건강한 남자를 치료한 적이 있다. 그는 코카인 중독자로 급성 신부전과 크레아틴인산활성효소(CPK)가 100,000 unit/L이상으로 올라간 횡문근융해증이 발생했다. 요로 결석 환자는 이전에 수술한 것에 따라 치료가 달라질 수 있어서 수술력을 반드시 확인해야 한다. 요관 스텐트를 삽입한 환자는 스텐트가 전산화 단층촬영, 요로 조영술에서 요로 결석의 영상을 불분명하게 하므로 진단하기 어렵다.

신체검진

옆구리 통증을 호소하는 환자를 진료할 때 전체 활력 징후를 검사하는 것은 꼭 해야 한다. 발열은 요로 감염이나 신농양의 진단에 실마리를 제공한다. 혈압과 맥박수는 대동맥 박리나 복부 대동맥류 환자의 혈역학적 안정성에 대한 실마리를 제공한다. 특히 맥박이 불규칙할 경우는 주목해야 한다(진단 검사 부분 참조). 마지막으로 맥박산소 포화도의 측정은 폐아래쪽 폐렴 환자의 진단에 도움이 된다.

옆구리 부위의 압통, 종괴, 피부 발진, 국소 발열감의 자세한 검사는 반드시 해야 한다. 특별한 환자 집단에서는 추가로 다른 검사도 해야 한다. 말초혈관 질환 환자는 복부 종괴 및 다리의 맥박을 확인해야 한다. 오른쪽 옆구리 통증을 호소하는 담석증 환자는 복부 검사가 중요한데 두 질환의 통증이 모두 산통이고 서로 위치가 가깝기 때문이다. 임신이 가능한 나이의 여자가 임신이나 부인과 질환의 증상이나 징후가 있을 경우에는 골반 내진이 필요하다. 노인 남자에서는 전립선 검사를 위하여, 척수 질환이 의심되는 환자에서는 항문 괄약근 검사를 위하여 직장 수지 검사를 고려해야 한다. 척수 질환이 의심되는 환자는 또한 전체적인 신경학적 검사를 해야 한다. 마지막으로 사타구니 부위에 방사통 등의 증상을 호소하는 환자는 비뇨기과 검사가 필요하다.

감별진단

앞에서 언급한 것처럼 수많은 원인이 옆구리 통증을 일으킬 수 있다. 대동맥 박리와 복부 대동맥류는 위험 인자가 있는 환자라면 누구든지 감별해야 한다. 왜냐하면 의학적으로나 법적으로 발견하지 못했을 경우 너무나 커다란 결과를 초래하기 때문이다. 신우신염은 요로 결석과 비슷한 증상을 보이기도 하고 같이 동반될 수도 있으며 소변 검사에서 보통 알 수 있다. 앞에서 신장유두 괴사와 신장 경색의 위험인자에 대하여 말하였다. 골반과 복강내 종괴가 요로를 누를 경우에도 옆구리의 산통이 일어난다. 다양한 부인과 질환이 옆구리 산통을 일으킨다. 이런 원인 질환에는 파열된 자궁 외 임신, 나팔관염, 나팔관-난소 농양, 난소 물혹 혹은 꼬임이 있다.[3] 이와 비슷하게 남자의 비뇨생식기계 질환도 옆구리 산통을 일으킨다. 이런 질환은 Tintinalli 교과서에 나와 있는데, 고환 꼬임, 부고환염, 전립선염, 푸르니에(Fournier's) 괴저, 감돈 탈장 등이 있다.[3]

진단검사

말초혈관 질환의 위험 인자가 없고 활력 징후가 정상인 젊은 환자는 소변 검사만 하면 된다. 임신이 가능한 여자라면 꼭 임신 검사를 해야 한다. 소변의 세균 배양 검사는 신우신염 가능성이 있는 경우에 꼭 해야 한다.

만일 요로 결석의 합병증이 의심되거나, 혈뇨로 과도한 혈액 손실이 있거나, 항응고제를 먹거나, 감염이 의심되는 경우에는 일반 혈액 검사를 시행한다. 일반 화학 검사는 신장 기능의 평가를 위한 좋은 선별 검사이다. 정맥 신우조영술(IVP) 또는 전산화 단층촬영 요로 조영술(CT urogram)은 결석의 확진을 위해 시행한다. 이런 검사를 하는데 걸리는 시간은, 응급실이 바쁜 경우에는 특히 응급의학과 의사에게 부담이 되는데, 검사 결과가 환자 치료에 별 영향을 미치지 못하기 때문이다.

이 주제에 관해 Tintinalli 교과서의 문장을 인용해 보겠다. "요로 결석 환자 모두에게 응급실에서 영상 검사를 하는 것은 논란이 많다. 젊고 건강한 환자에게는...진단 검사를 나중에... 외래에서 하는 것이 적절할 것이다. 노인 환자는, 특히 복부 대동맥류를 감별해야 한다면, 몇몇 영상 검사로 확진해야 한다."[4]

불규칙한 맥박을 보이는 환자나 심방세동이 있었던 환자는 반드시 심전도를 찍어 기록해야 한다. 이런 부정맥은 제대로 항응고 치료를 하지 않으면 신동맥 색전이나 신장 경색이 발생할 위험을 증가시킨다. 이 주제에 관해서는 "함정" 부분을 참조하기 바란다.

옆구리에 외상을 입고 혈뇨가 있는 환자는 보통 조영제를 주입하고 복부, 골반 전산화 단층촬영을 시행하면 신장혈관 손상이나 다른 장기의 손상을 알아볼 수 있다. 신장 물혹이나 부인과 질환의 검사를 위해 초음파를 고려해라. 혈관 조영술은 신동맥 색전이나 신정맥 혈전증이 의심되는 경우에 필요하다.

입원/외래 경과

옆구리 통증 환자는 보통 외래나 응급실에서 치료 목적의 시술을 받는다. 이런 시술의 대부분은 단순한 진통 치료이지만 수액 치료나 응급 수술도 포함될 수 있다. 환자의 혈역학적 상태가 환자의 상황에 따라 매우 빠르게 변할 수 있다. 그러므로 정확하고 완전하게 기록을 해야 한다. 통증이 조절되지 않았거나, 활력 징후가 비정상이거나, 심각한 원인이 아직 고려중이라면 환자를 퇴원시켜서는 안된다. 또한 입으로 물을 마실 수 있고 소변을 볼 수 있는 것을 확인하고 퇴원시켜야 한다.

함정

혈뇨가 없다고 해서 요로 결석을 배제하지 말아라. 비록 대부분의 요로 결석은 소변 검사에서 혈뇨를 보이나 항상 그런 것은 아니다. Rosen 교과서에서는 "정맥 신우조영술(IVP)로 확진한 요로 결석 환자 가운데 20%에서 혈뇨가 없었다" 라고 말했다. 또한 "폐색의 정도와 혈뇨가 없는 것과는 연관이 없다" 라고 말했다.[5] 다음의 증례 4.1에서 이것에 대해 설명하겠다.

이전에 요로 결석이 있었고 또한 말초혈관 질환의 위험 인자를 가지고 있는 환자에게는 경계를 늦추어서는 안된다. 왜냐하면 이런 환자들은 복부 대동맥류가 발생하기 쉽고, 증상을 요로 결석과 감별하기가 어렵기 때문이다. 그러므로 이들에 대한 검사는 요로 결석이 없었던 환자와 똑같이 진행해야 한다(예를 들어 복부 대동맥류를 선별하기 위한 CT 요로 조영술, 여기서 배제가 아닌 선별이라고 표현한 것은 CT 요로 조영술은 조영제 없이 시행하기 때문이다).

신장은 심장이나 뇌와 같이 종말 기관(end organ)인 것을 기억하라. 그래서 신장은 말초혈관 질환이나 동맥 색전 같은 질환이 생기기 쉽다. 말초혈관 질환이 있는 환자는 대동맥 박리나 신동맥 색전의 위험이 있다. 이 두가지 질환은 신장 경색과 연관이 있고 옆구리 산통을 일으킨다. 다음의 증례 4.2와 증례 4.3을 보길 바란다.

비록 CT 요로 조영술(조영제 없는 전산화 단층 촬영)이 최근에는 요로 결석의 진단법이 되었지만 몇몇 의사나 기관에서는 이것을 항상 사용하지는 않는다. 우리는 정맥 신우조영술보다 CT 요로 조영술을 더 좋아하는데 이유는 다음과 같다. 우선 결석을 찾아내는데 더 높은 민감도를 가지고 있고 폐색이 있는가를 결정하는데 더 좋다. 이 정보들은 어떤 환자에서는 치료 방침의 방향을 바꾼다. 증례 4.4를 참조하기 바란다. 또한 조영제를 사용하지 않기 때문에 두가지 장점이 더 있다. 한가지는 필요한 경우 정맥 신우 조영술로 추적 관찰할 수 있다. 다른 한가지는 환자의 신장 기능과 상관없이 시행할 수 있다는 것이다.

옆구리에 있는 장기인 신장이 여러 장기의 기능과 연관되어 있음을 기억하라. 심혈관계, 내분비계, 비뇨생식계, 호흡기계와 연관되어 있다. 그러므로 옆구리 통증 환자가 전신적 증상과 징후를 보이는 경우 전신 질환의 검사가 필요하다. 증례 4.5를 참조하기 바란다.

어떤 의사들은 옆구리 통증의 진단 검사를 소변 검사로 한정짓는다. 전산화 단층 촬영, 자기 공명 영상, 초음파가 비싸고 모든 임상 현장에서 사용할 수 없기에 단순 요추 방사선 사진이 도움이 될 때가 있다. 특히 말초혈관 질환의 위험 인자를 가지며, 소변 검사는 음성, 최근에 근골격계 외상을 입은 적이 없는 환자에게 도움이 된다. 증례 4.6을 보기 바란다.

오류와 흥미있는 증례들(Errors and interesting cases)

[증례 4.1] 그것이 항상 있지는 않다

- 이 증례는 요로 결석을 고려할 때 혈뇨를 과신하는 문제를 보여준다. 비뇨기계 질환이 없었던 젊은 남자가 갑자기 생긴 고환의 심한 통증으로 응급실에 내원하였다. 고환이 부어있지는 않았지만 고환을 만지면 아프다고 하였다. 그리고 가끔씩 허리가 아프다고 하였으며 소변과 관계된 불편감은 없다고 하였다.
- 환자의 소변 검사는 완전히 정상이었고 고환 초음파에서 고환 염전은 보이지 않았다. 환자는 진통제를 투여받고 사타구니 긴장(groin strain)이라고 진단받은 후 퇴원하였다. 그의 부인이 2시간 후에 응급실로 전화를 걸어, 집에 온 다음에 다시 통증이 시작되었고 이제는 토하기까지 한다고 하였다. 환자를 다시 응급실로 오게 한 후 검사해보니 이번에는 소변에서 피가 나왔고 CT 요로 조영술에서 요로 결석이 진단되었다.

[증례 4.2] 신장 중풍

- 고혈압이 잘 조절되지 않던 44세 여자 환자가 오른쪽 옆구리 통증으로 응급실에 내원하였다. 통증은 24시간 지속되었고 발열, 오심, 구토, 다른 소변 관련 증상은 없었다. 그 여자 환자는 예전에 요로 결석이 없었다고 했다. 아침에 외래에 왔었는데 "소변에서 피가 나와요" 라는 말에 의사는 아마 요로 결석일 거라 진단했다. 그리고 활력 징후도 측정하지 않았고 아무런 검사도 시행하지 않았다.
- 응급실에 왔을 때, 혈압은 180/110 mmHg였고 맥박은 분당 110회였으며 불규칙하였다. 매우 심한 산통을 호소하였고 오른쪽 옆구리 부위에 압통을 호소하였다. 소변 검사에서 중등도의 적혈구가 보였고 또한 적혈구 원주(cast)도 보였다. 심전도에서 심방세동이 있었다. 우리는 신동맥 색전을 의심하여 전산화 단층 촬영을 시행하였고 신장 경색 소견을 확인하였다. 요로 결석은 보이지 않았다. 환자는 항응고 치료와 정밀 검사를 위해 입원하였다.
- 증례 4.1의 요점은 모든 요로 결석에서 항상 혈뇨가 보이는 것은 아니라는 것이다. 이번 증례의 요점은 모든 혈뇨가 다 요로 결석은 아니라는 것이다. 이 환자를 외래에서 진료한 의사는 환자가 소변 증상이 없고 과거에 요로 결석이 없었다면 의심을 했어야 한다. 이 장 전체에서 계속 다루고 있는 것처럼 신장은 개인의 혈역학적 상태를 유지하는데 복합적 기능을 수행한다. 그러므로 이 환자의 활력 징후를 측정하지 않은 것과 신체 검진을 하지 않은 것은 용납되지 않는다.

[증례 4.3] 코카인은 요로 결석이 아니다

전공의 시절 내원한 다른 비슷한 상황의 환자 이야기이다. 젊은 남자가 오른쪽 옆구리의 심한 통증으로 응급실에 내원하였다. 그는 다른 질병이 없었던 건강한 사람이지만 내원 전날 밤에 정맥으로 코카인을 투여하였다. 소변 검사는 증례 4.2의 여자 환자와 비슷한 결과를 보였고 전산화 단층 촬영에서도 신장 경색을 볼 수 있었다. 입원 기간이 수 주일로 길어지고 합병증이 발생하였다. 결국은 횡문근 융해증이 발생하여 투석을 하였다. 이 증례의 요점은 젊은 사람이 흉통을 호소하면 마약 사용에 관해 꼭 물어보는 것처럼, 젊은 사람이 옆구리 통증을 호소하는 경우에도 마약 사용에 관해 물어봐야 한다는 것이다.

[증례 4.4] 때로는 나빠지기도 한다

- 다음 증례는 요로 결석에서 발생할 수 있는 흔치 않은 이환과 사망례를 보여준다. 이 증례는 요로 감염의 합병증에 관한 회의에서 비뇨기과 의사가 전해준 내용이다. 그는 왼쪽 옆구리 통증으로 응급실에 내원한 제1형 당뇨가 있는 24세 여자 환자를 진료했다고 한다. 그 여자 환자는 2일전 다른 응급실에서 정맥 신우조영술을 시행받고 신장 결석이 있다고 들었다고 한다. 또한 소변에서 세균이 조금 발견되어 항생제를 먹었다고 한다. 얼마 지나지 않아 37.2℃의 미열이 발생하였으나 나머지 활력 징후는 정상범위 안에 있었다. 소변 검사는 고배율에서 60개 이상의 적혈구와 4+ 세균이 보였다. CT 요로 조영술에서 왼쪽 요관을 부분적으로 막고 있는 결석이 보였고 수신증이 있었다. 백혈구 수치는 약간 올라가 13,000/mL였다.
- 응급실 의사는 그 여자 환자에게 정맥으로 항생제와 수액을 투여하였고 당직 비뇨기과 의사에게 환자의 소견을 전화로 연락하였다. 비뇨기과 의사가 응급실로 와서 스텐트를 요로에 넣기로 하였다. 그러나 그 병원이 시골에 있는 병원이라 비뇨기과 의사가 병원에서 먼 곳에 살고 있었다. 한 시간이 지난 후 환자가 혈역학적으로 불안정해지고 스텐트를 넣기 전에 심정지가 발생하여 사망하였다.
- 이 증례에서 흥미있는 질문은 만약 처음 병원에서 수신증이 있었다는 것을 알았다면 결과가 달라졌을까 하는 것이다. 확실히 수신증이 있고 요로 감염의 증거가 있으면 입원해서 치료를 해야 한다. 거기에 이 환자처럼 당뇨병까지 있다면 더욱더 입원 치료를 해야 한다. 그러나 CT 요로 조영술 대신에 정맥 신우조영술을 했기 때문에 수신증을 알 수 없었다. 나중에 그 병원 응급실이 CT 요로 조영술을 할 수 있는 곳이었지만 의사가 정맥 신우조영술을 더 좋아하였다는 것을 알았다. 어떤 기관에서는 요로 결석 진단을 할 때 CT 요로 조영술을 할 수 있어도 정맥 신우조영술 하기를 더 좋아한다. 심지어 어떤 병원에서는 요로 결석 프로토콜에 단순 KUB 만 포함되어 있다.

[증례 4.5] 참신한 접근법

- Edwards가 M & M files에서 옆구리 통증의 흔치 않은 원인에 관한 증례를 발표하였다.[6] 우리가 임상에서 '얼룩말' 이라고 부르는 것 가운데 하나인데 독자들의 의학적 상상력을 자극하기 위해 포함하였다. 35세 남자 환자가 3일간 가끔씩 왼쪽 옆구리 통증이 있어 응급실에 내원하였다. 다른 질병은 없었고 요로 결석의 과거력도 없었다. 그러나 가끔 소변이 검게 나왔다고 한다.
- 과거력에서 최근 체중이 감소하고 피로감이 있는 것이 특이하였다. 신체 검진에서도 마른 체형과 피곤해 보이는 외모 말고는 특이한 것이 없었다. 소변 검사와 KUB는 정상이었다. 그러나 방사선과 의사는 대장에 변이 많이 차 있다고 말했다. 응급실 의사는 환자에게 통증의 원인이 확실하지는 않지만 일단 마그네슘을 먹어보고, 통증이 사라지지 않으면 일차 진료 의사에게 가라고 설명하였다.
- 다음날 환자의 아내가 응급실로 전화를 걸어 남편이 좋아지지 않는다고 하였다. 그리고 변비 때문에 그렇다는 설명도 마음에 들어하지 않았다. 아내는 불평을 정식으로 접수하려고 전화한 것이지만 환자를 다시 검사하도록 데리고 올 것을 요청받았다. 환자가 다시 왔을 때, 훨씬 긴 시간동안 간호 실습 학생에게 진찰받았다.
- 간호 실습 학생은 환자 증례를 응급실 담당 의사에게 보고하였고 둘은 같이 환자를 진찰하였다. 담당 의사는 환자가 눈 주위가 부어있고 피부가 얇고 꼭 투석 환자처럼 보인다는 것에 주의를 기울였다. 그는 환자의 문제가 신장에 있다고 의심했다. 그러나 간호 실습 학생은 갑상선 기능 검사를 제안하였다.
- 검사 결과에서 일반 혈액 검사, 일반 화학 검사, 소변 검사는 모두 정상이었다. 하지만 갑상선 자극 호르몬(TSH) 수치가 154 uU/mL(정상은 0.85-2.32)로 매우 높았다. 환자는 갑상선 기능 저하증으로 입원하여 고농도 호르몬(levothyroxine)을 투여 받았다. 겉모습은 놀라울 정도로 좋아졌고 내분비내과 의사는 신속한 갑상선 기능 검사로 돌이킬 수 없는 점액수종(myxedema)을 예방할 수 있었다고 말하였다.
- 증례 보고에서 Edwards는 처음 진료한 의사가 주증상인 옆구리 통증에만 주의를 기울여서 진단을 놓쳤다고 강조했다. 사실 두번째 응급실 담당 의사도 환자의 전신 증상에 대해 신장에 관련된 원인만 생각했다. 사실 통증은 갑상선 기능 저하로 인한 변비 때문에 발생한 위장관 산통이었다. 이 증례는 신장이 신체 다른 장기와 서로 연관지어 반응한다는 우리의 이전 논의를 강조한다.

[증례 4.6] 훌륭한 족집게

- 우리는 척추 지압 요법사가 의뢰한 환자를 진료하였다. 그는 67세 퇴역 군인으로 담배를 피운 것 말고 다른 병력은 없었다. 그는 2주일 동안 왼쪽 옆구리 통증으로 척추 지압 요법사에게 다녔다. 이 기간 동안 여러 번의 치료를 받은 후 요천추 방사선 사진을 찍었다.
- 방사선 사진에서 환자 척추 왼쪽에 검게 튀어나온 큰 반원 모양이 보였다. 척추 지압 요법사는 그것이 동맥류가 아닐까 의심하여 환자를 응급실로 보냈다. 비록 환자는 아무런 증상이 없지만 전산화 단층 촬영에서 6.7cm 크기의 복부 대동맥류가 발견되었다. 환자는 수술 예약을 위해 혈관 외과에 추적 관찰할 날짜를 잡았고 담배를 끊으라고 설명 들었다. 혈압을 추적 관찰하기 위해 일차 진료의에게 다닐 것도 설명 들었다.
- 이 증례에서 척추 지압 요법사는 생명을 구한 전화를 하였다. 그는 환자의 통증이 자신의 치료에도 좋아지지 않자 의심하기 시작하였다. 그의 날카로운 임상적 직관력은 방사선 사진에서 동맥류를 발견했을 때에도 보여졌다. 방사선 사진에서 복부 대동맥류를 진단하는 것은 여러 가지 이유로 어렵다. 우선 방사선 사진은 복부 대동맥류에 대하여 매우 낮은 민감도를 가진다. 특히 이번 증례에서처럼 동맥에 석회화가 적으면 더욱 어렵다. 둘째로 방사선 사진에 복부 대동맥류의 증거가 있어도 일반 임상의보다는 진단방사선과 의사에게만 발견된다. 13장의 증례 13.13에서처럼 의사들은 자신이 찾는 것이 아닌 다른 것은 방사선 사진에서 알아보지 못한다. 마지막으로 이번 증례의 환자는 방사선 사진을 찍어야 할 절대적 적응증이 한 개도 없었다. 2주간의 비외상성 통증에 있어서 요추 방사선 검사에 대한 프로토콜은 없다. 그러나 척추 지압 요법사는 환자의 나이, 흡연력, 치료를 해도 좋아지지 않는 점을 고려하는 데 날카로운 재치를 보였다.

References

1 Tintinalli JE, Kelen GD and Stapczynski JS (2000) *Emergency Medicine: a comprehensive study guide* (5e). McGraw-Hill, New York, New York, 640.
2 Tintinalli JE, Kelen GD and Stapczynski JS (2000) *Emergency Medicine: a comprehensive study guide* (5e). McGraw-Hill, New York, New York, 1714.
3 Tintinalli JE, Kelen GD and Stapczynski JS (2000) *Emergency Medicine: a comprehensive study guide* (5e). McGraw-Hill, New York, New York, 644.
4 Tintinalli JE, Kelen GD and Stapczynski JS (2000) *Emergency Medicine: a comprehensive study guide* (5e). McGraw-Hill, New York, New York, 642.
5 Rosen P, Barkin R *et al.* (1998) *Emergency Medicine: concepts and clinical practice* (4e). Mosby, St. Louis, Missouri, 2251.
6 Edwards FJ (2002) *The M & M Files: morbidity and mortality rounds in emergency medicine*. Hanley & Belfus Inc., Philadelphia, Pennsylvania, 226–28.

Chapter 5

제 5장

두통(Headache)

- 환자분류(Triage)
- 병력(History)
- 신체검진(Physical exam)
- 감별진단(Differential diagnosis)
- 진단검사(Diagnostic tests)
- 입원/외래 경과(Hospital/office course)
- 함정(Pitfalls)
- 오류와 흥미있는 증례들(Errors and interesting cases)

두통은 외래진료실과 응급실에서 흔하게 접하는 증상이다. 두통은 응급실 방문 환자 중 많은 경우 4%까지 보고된다.[1] 일부 환자는 만성 두통으로 통증 조절만을 원하지만 일부는 과거에 경험하지 못했던 통증이기 때문에 심각한 것일지 모른다는 걱정을 하며 내원한다. 국제두통학회에서는 두통을 1차성과 2차성으로 분류하였다. 1차성 두통은 대부분 양성으로 대부분이 여기에 속하며 편두통, 긴장성 두통, 군발(cluster) 두통이 포함된다. 2차성 두통은 병리적 상태로 응급실에서 마주치는 두통 중 약 4%가 속하지만 특정 환자군에서는 15%까지 될 수도 있다.[2]

2차성 두통은 여러 신체장기에서 기인할 수 있다. 가장 흔하게는 혈관계(지주막하출혈: SAH, 뇌혈관질환, 측두동맥염), 중추신경계(수막염, 뇌염, 대뇌거짓종양), 면역계(부비동염, 대상포진), 안과계(녹내장, 홍채염), 약물관련(나이트레이트, 진통제의 장기 복용), 대사계(저혈당증, 일산화탄소 중독), 기타(악성 고혈압, 전자간증, 요추천자 후 두통)가 있다.[1] 의사의 역할은 우선 환자가 호소하는 두통이 2차성인지를 감별하는 것이고 다음은 두통을 치료하는 것이다. 다시 말하자면 응급의학에서 유의해야 할 다음의 5가지 원인에 대한 감별이 중요하다:

1. 뇌출혈
2. 감염성 수막염
3. 고혈압성 뇌증
4. 저산소증
5. 뇌의 덩어리 병변(mass lesion)

환자분류

의사는 위에서 열거한 5가지 주요 원인을 의심케하는 증상이나 징후를 보이는 환자에게 즉각적인 주의를 기울여야 한다. 예를 들어, 다음 항목에 하나라도 해당되는 두통 환자는 응급으로 분류하고 치료해야 한다:

1. SAH의 과거력 혹은 가족력이 있을 때
2. 발열, 목경직 혹은 의식혼돈 (증례 5.5를 참조)
3. 혈압 상승, 의식혼돈, 호흡곤란, 흉통, 오심 혹은 구토
4. 호흡곤란, 낮은 맥박산소 포화도 혹은 일산화탄소에 노출
5. 암, 사람면역결핍 바이러스(HIV) 감염 혹은 머리 외상

다른 환자들에서와 마찬가지로 비정상적 생체징후 내지 국소적 신경학적 이상소견을 보이는 두통 환자에 대해서는 즉시 진료를 시행해야 한다. 그리고 의식장애나 발작을 보이는 두통 환자는 진료의 최우선 순위에 두어야 한다. 새로 발생한 두통 환자, 55세 이상의 고령 환자 그리고 시력에 문제가 있는 환자는 응급 평가와 치료 대상으로 고려해야 한다.

비응급 두통에는 주로 1차성 두통 환자와 2차성 두통 환자 중 나머지가 해당된다. 이들 환자에게도 통증관리와 환자분류에서 응급진단을 놓치지 않았는지 확인하기 위한 진료가 가능한 빨리 수행되어야 한다. 분류 간호사는 1차성 두통에서도 2차성 두통이 병발될 수 있음에 주의해야 한다. 이는 특히 환자가 1차성 두통으로 평소에 진료를 받지 않았을 경우에 그러하다. 마지막으로 '약물 중독자' 로 분류되는 두통 환자군이 있다. 분류 간호사는 이들에 대해서도 환자분류에서 편견이 개입하지 않도록 주의해야 한다.

병력

두통과 관련한 병력을 이끌어 내는 것은 다른 통증환자에서의 병력청취와 마찬가지로 일상적이 되어야 한다. 특히 통증의 시작과 특징을 이끌어 내어야 한다. 악화 및 촉발인자도 중요하다. 그리고 보다 심각한 두통의 원인을 암시하는 '적신호(red flag)' 도 살펴야 한다. 여기에는 갑자기 발생하여 3초 이내에 최대 강도에 이르는 두통(천둥치는 듯한 두통) 그리고 '내가 겪은 중 가장 심한 두통' 이라고 표현되는 두통이 포함된다. 이러한 두통에 대한 환자의 설명 모두가 의사에게 SAH를 고려하게 한다. 다른 '적신호' 로는 발열, 목경직, 의식혼돈, 신경학적 징후 내지 증상, 기면, 머리외상의 병력, 없었던 두통의 발생, 항응고제 사용, 암이나 HIV 병력, 자다가 깨어날 정도로 심한 두통, 자세와 관련된 두통 그리고 혈압상승이 있다. 물어봐야 하는 관련 증상으로는 눈부심, 의식혼돈, 시력이상, 오심, 구토, 목경직, 호흡곤란 그리고 근력저하가 있다.

두통의 과거력을 가진 환자에서는 과거와 유사한 두통인지 확인하고 결과를 기록한다. 이는 법정에서 더 이상의 검사를 진행하지 않은 것에 대한 근거로 작용할 수 있다. 과거의 두통과 관련한 평가, CT, MRI, 신경학적 검사 등에 대해 물어본다. 통증 때문에 복용하고 있는 약물을 기록한다(재발성 두통, 약물남용 가능성). 왜냐하면 두통은 유사한 약물에 반응하는 경향이 있기 때문이다. 두통의 가족력은 2차성 두통을 암시할 수 있기에 중요하다. 관련된 사회적 병력에는 흡연(SAH의 위험요인), 코카인 복용(혈압상승, SAH, 경련 발작과 연관), 알콜 섭취(SDH와 연관), HIV 위험요인(머리속 감염과 연관)이 있다. 마지막으로 최근 혹은 과거의 머리외상의 병력에 대한 질문도 필수적이다.

신체검진

다른 장에서 논의했던 5가지 생체징후 모두에 대한 기록의 중요성을 다시 강조한다. 많은 신체기관이 두통을 유발할 수 있기에 생체징후는 조기 단서가 될 수 있다. 발열 환자에서는 부비동염, 뇌염, 뇌막염, 뇌농양 혹은 뇌전이(신생물딸림 열; paraneoplastic fever)가 발열의 원인이 될 수 있다. 뇌 이외에는 위장관염이 두통과 흔히 관련되는 감염이다. 고혈압 환자는 혈압과 관련하여 두통을 보일 수 있다. 저산소증이나 빈호흡 환자는 저산소증으로 인한 두통을 보일 수 있다. 불규칙한 맥박과 함께 나타나는 두통은 심실세동으로 인한 뇌동맥 색전의 가능성을 암시할 수 있다. 마지막으로 눈부심 없이 시력이상을 호소하는 두통 환자에서는 시력 측정결과를 기록하고 위험군에서는 녹내장을 의심하여 안압측정을 고려해야 한다. 이들 환자들이 편두통으로 고생한다고 지레짐작해서는 안 된다.

신체검진은 항상 전반적인 인상(impression)과 함께 시작해야 한다. 환자의 외모는 어떠한지? 진찰실로 어떻게 걸어들어 오는지? 가족이나 간호사와 어떻게 대화하는지? 어느 정도나 힘들어 하는지? 두통 환자는 '단골 엄살 환자' 로 낙인찍히는 가장 흔한 환자 중 하나이기에 그들의 과거의 양상과 비교해 어떠한지? 등을 살핀다.

머리, 안이비인후 부위의 검진은 통증 인접부위이기에 아주 중요하다. 눈의 진찰에서 중요한 것은 공막 색깔, 동공의 크기와 색깔, 반응도 그리고 안압이다. 그리고 유두부종(papilledema) 내지 시야결손에 대해서도 검사한다. 부비동 촉진시 동통 여부를 점검한다. 측두동맥 부위에 동통이 있는지 아니면 동맥이 두드러진지? 통증이 삼차 신경 분포부위에 있는지? 통증이 턱관절 부위에 국소적인지 아니면 환자가 씹을 때 유발되는지? 마지막으로 구강통증 환자에서는 치근농양을 점검해야 한다.

목은 뇌막 같은 일부 뇌 조직이 연장되어 있기에 모든 두통 환자에서 진찰해야 한다. 목경직에 대한 진찰은 능동 운동범위 측정으로 시작하며 비정상적이면 수동 운동범위까지도 포함한다. 허벅지를 배쪽으로 붙이고 무릎을 펴려고 할 때 저항하는 Kernig 징후와 목을 굽히려 하면 반사적으로 무릎과 대퇴를 굽히는 Brudzinski 징후는 목경직을 평가하는 검사에서 잘 알려진 2가지 징후이다.[3]

앞에서 논의했듯이 두통은 여러 신체장기와 연관된다. 따라서 통상적인 폐, 심장, 복부 검진을 이들 환자에서도 시행하는 것이 바람직하다. 신체검진은 신속하게 수행할 수 있고 환자의 전반적인 건강상태에 대한 훌륭한 선별검사가 된다.

두통 환자에서 신체검진의 가장 중요한 요소는 신경학적 검사이다. 이미 두통을 호소하는 환자에서 의식상태 검사의 중요성은 이미 지적한 바 있으며, 정신과와 노인의학과 실습 때 익혔던 간이 정신검사 형태가 되어서는 안 된다. 법적 측면에서 의무기록에 환자가 의식이 명료하고 지남력(orientation)이 있고 추가로 환자의 의식능력에 대한 간단한 기록을 덧붙이면 아마 충분할 것이다. 예를 들자면 '환자는 우리의 대화를 잘 이해하였고, 환자의 의식상태는 적절해 보였고, 환자는 의식적으로 장애가 없어 보였다' 등등. 신경학적 검사의 나머지 부분으로는 뇌신경, 운동과 감각 검사, 반사, 보행과 소뇌기능 검사가 있다. 어떠한 비정상적 신경학적 소견일지라도 '응급실에 내원한 두통 환자의 국소 혹은 비국소적 신경학적 이상소견은 머리속의 병리 가능성에 대해 39%의 양성 예측률' 을 가지므로 응급검사가 필요하다.[4]

감별진단

대부분의 두통은 1차성 두통으로 분류되고 여기에는 편두통, 긴장성 그리고 군발 두통이 포함된다. 의사가 수행해야 하는 진단적 책무는 대부분 응급치료를 필요로 하는 2차적 원인이 없음을 확인하는 것이다. Schull은 이들 2차성 두통에 대해 Tintinalli에서 7개의 넓은 범주로 구분된 도표로 잘 제시하였다.[1]

1. 혈관성 두통 : 뇌출혈, 경색, 측두동맥염, 경동맥 또는 척추동맥 박리
2. 중추신경계 감염 : 뇌막염, 뇌염, 뇌농양
3. 기타 감염 : 부비동염, 뇌신경을 침범한 대상포진
4. 중추신경성 두통 : 종양과 대뇌거짓종양(pseudotumor cerebri)
5. 눈의 질환 : 녹내장, 홍채염, 시신경염
6. 약물과 대사성 원인 : 나이트레이트, 저혈당증, 글루탐산 나트륨, 일산화탄소 중독
7. 기타 원인 : 악성 고혈압, 전자간증, 갈색세포종(pheochromocytoma), 요추천자 후 두통

진단검사

보통, 진단검사에서 가장 중요한 결정은 머리 CT 촬영을 시행할 것인가 이다. 우리는 위에서 언급한 '적신호' 를 보이는 모든 환자에서 CT촬영을 권한다. 그리고 양성 두통은 아닐 것이라는 '육감' 을 가지고 CT촬영을 지시해서 뇌출혈과 종양을 발견하는 의사들도 있다. 따라서 언제 CT촬영을 할지에 대해서는 엄격한 지침이 없다. 우리의 방침은 다음과 같다: 의심되면 CT촬영을 지시한다.

그리고 환자가 CT촬영을 요구한다면 보통은 그렇게 하는데 왜냐하면 신체검진의 낮은 민감도와 다양한 연령층의 환자에서 머리 속 덩어리와 출혈이 존재하기 때문이다. 이러한 사실들은 CT촬영이 필요하다고 생각하는 환자를 생각을 바꾸도록 설득하기 어렵게 만든다.

1차성 두통이라고 안심 시켜주는 것 이외에 CT는 2차성 두통과 연관된 많은 질환들의 평가에도 도움이 된다. 여기에는 머리 안팎의 혈액이나 체액 저류, 머리속 덩어리, 부비동 염증, 눈확(orbital) 감염, 농양이나 뇌염 같은 감염이 포함된다. 비록 CT촬영이 뇌염의 조기 인지에 민감하지 못하더라도 측두엽 내지 전두엽 부위의 저밀도 고견을 보여 줄 수 있다.[5] 증례 5.4를 참조한다.

두통의 평가에 도움이 되는 다른 진단검사로는 적혈구 침강률(측두동맥염), 뇌척수액 분석과 압력측정(아래에 설명) 그리고 안압(녹내장)이 있다.

입원/외래 경과

이 부분에서 가장 중요한 것은 신경학적 검사결과의 기록이다. 여기에는 의식상태, 운동과 감각상태, 심부 건반사 그리고 보행자세와 소뇌기능의 관찰이 포함된다. 목경직에 대해서는 위에서 서술한 추가적 검사도 유용할 수 있다. 반복적인 신경학적 검사도 안정을 확인하거나 변화를 보기 위해 자주 필요할 수 있다. 모든 술기(즉 요추천자, 동맥촬영 등) 진정제 투여 전에 동의를 받아야 한다.

중추신경계 감염이나 다른 병적 과정을 의심할 때는 적시에 행동하고 기록하는 것이 아주 중요하다. 항생제는 종종 감염이 의심되면 즉시(검사결과가 완료되기 전이라도) 투여해야 한다. 머리 속 출혈이나 덩어리의 경우, 뇌압의 상승을 인지하고 발작에 대비를 해야 한다. 다른 특별한 응급치료로는 측두동맥염에 대한 스테로이드, 그리고 급성 녹내장에 대한 베타 차단제가 있다.

일반적으로 퇴원 전에 환자의 통증과 신경학적 상태가 호전 혹은 그대로인지를 확인하는 것이 중요하다. 만일 통증과 신경학적 상태가 일치하지 않으면 2차적 원인을 찾기 위해 추가 검사를 시행하는 것이 바람직하다. 증례 5.1을 참조한다. 환자가 퇴원할 때 '통증이 호전되었음' 혹은 '신경학적 검사는 변화 없음' 같이 기록하는 것이 도움이 된다. 계속 통증이 있는 환자는 추적관찰과 언제 다시 방문할 지에 대해 엄격하게 지시해야 한다. 환자에게 상태가 호전되지 않으면 재평가를 위해 다시 방문해야 한다는 점을 명확히 이해시켜야 한다. 이러한 이해는 필수적인데 왜냐하면 2차성 두통에 대한 진단의 상당 부분이 다시 방문할 때 이루어지기 때문이다. 마지막으로 통증이 악화되거나 의식상태가 변하는 환자는 절대 퇴원시켜서는 안 된다.

함정

응급의학 의사들이 두통 환자에서의 요추천자 시행을 주저하는 경향이 늘고 있다. 과거 4년간 우리는 응급실을 다시 방문하여 SAH로 진단된 환자 2명과 세균성 뇌막염으로 진단된 환자 1명을 경험하였다. 요추천자 시행을 주저하는 데는 여러 이유가 있다. 우선 두통이 꽤 흔한 증상이고 대부분의 원인이 악성이 아니기 때문이다. 요추천자에는 시간이 많이 소요되어(실제 술기 보다 검사결과를 얻기까지 여러 시간이 소요) 환자는 몇 시간 동안 응급실에 있어야 한다. 또한 술기 자체가 침습적이고 비만한 환자에서는 요추의 해부학적 구조의 변형으로 어려울 수 있다. 마지막으로는 신체검진과 머리 CT 결과가 종종 정상이기에 환자에게 요추천자의 필요성을 설명하기 어렵게 한다.

외래진료실이나 응급실에서 환자들의 두통을 호전시키거나 심각한 원인들을 자신있게 배재할 수 있을 정도의 검사를 시행하지 못했다면 퇴원결정을 내리는 것을 주의해야 한다. 특히 외래진료실에서는 가용한 검사들이 부족하기에 종종 어려울 수 있다. 그러나 응급실에서도 환자들로 혼잡하거나 필요한 장비(CT 촬영기)가 없을 때는 문제가 될 수 있다. 아래의 증례 5.1을 참조하도록 한다.

우리는 두통으로 내원한 환자들의 의무기록에서 문제가 될 것으로 판단되는 점들을 발견하였다. 다시 말하면 신경학적 검사가 빠져있었고 이는 아마도 가장 흔하게 발견할 수 있는 기록오류 중의 하나일 것이다. 이러한 문제는 젊고 경험이 미숙한 의사에서 자주 발견되지만 연륜이 있는 의사에게서도 볼 수 있었다. 두통 환자에서 시행한 신경학적 검사결과를 기록하지 않는 것은 좋지 않은 진료결과를 방어하기 거의 불가능하게 만든다. 아래의 증례 5.3을 참조하도록 한다.

신체자세와 관련된 두통에 대해서는 아주 주의를 기울여야 한다. 왜냐하면 머리 속 덩어리나 압력효과에 의한 징후일 수 있기 때문이다. 원인으로는 Arnold-Chiari 증후군이나 부비동염 같은 양성 질환부터 머리 속 출혈이나 종양 같은 응급질환까지 다양하다. Raskin은 Merritt's Neurology 교과서에서 '굽히거나, 들거나 기침 후에 갑자기 발생한 두통은 소뇌우묵(posterior fossa) 덩어리나 Arnold Chiari 변형의 단서일 수 있다. 기립성 저혈압은 요추천자 후에 생기지만 경막하 혈종(SDH)과 양성 뇌고혈압에서도 발생할 수 있다' 라고 하였다.[6] 만일 두통이 척추나 사지의 증상들과 복합적으로 나타나면 중추신경계의 염증이나 자극의 존재가능성을 보다 신중히 고려해야 한다. 증례 5.2를 참조하도록 한다.

일부 외상성 두통 환자에서는 지연성 외상성 뇌출혈(DTICH:delayed traumatic intracranial hemorrhage)이 있을 수 있다. Trauma management : an emergency medicine approach 에 따르면 2가지 흔한 시나리오가 있다.[7] 첫 번째는 타박상을 입은 뇌부위에 수 시간부터 수 일에 걸쳐 뇌실질 내 출혈이 발생하는 경우이다. 두 번째는 최초의 머리 CT에서 정상소견을 보였던 환자에서 경막외 또는 경막하 출혈이 발생하는 경우이다. 지연성 뇌출혈의 빈도는 높게는 8.5%까지 보고되며 대부분이 손상 후 36시간 이내에 발생한다.[7] 따라서 최초의 CT 결과가 정상이지만 신경학적으로 악화되는 외상 환자에서는 반복적인 머리 CT촬영을 주저하지 말아야 한다.

비록 부비동염이 두통의 흔한 원인이지만 두통 자체만을 갖고 부비동염이라고 말할 수는 없다. 최근 Cleveland Nasal Sinus and Sleep Center 책임자이자 이비인후과 의사인 Howard Levine은 얼굴 통증이나 압박감, 비폐쇄, 화농성 비분비물 혹은 냄새나 미각의 변화 같은 부비동염을 암시하는 다른 증상들이 있어야 한다고 강조하면서 통증은 부비동염 진단에서 중요치 않은 기준이라 주장하였다.[8] 따라서 두통만을 호소하는 환자를 진료한다면 부비동염 이외의 원인을 찾아야 한다.

우리는 의사들이 진료과정에서 많은 요추천자를 많이 시행하지만 뇌척수액 열림압력(opening pressure)은 거의 측정하지 않고 있음을 알아야 한다. 대부분의 요추천자는 감염, 혈액, 세포 검사를 위한 체액검사의 목적으로 시행한다. 대뇌거짓종양은 흔하지 않고 '생명을 위협하는' 질환으로 간주되지 않기에 의사들은 열림압력을 측정하지 않는다. 그러나 증례 5.6에서 보듯이 위험도가 높은 환자에서는 열림압력을 측정하는 것이 도움이 된다.

뇌정맥 혈전은 두통에서 드문 원인이다. 임상적 양상은 비특이적이고 다양하기 때문에 진단하기가 매우 어렵다. 게다가 대부분의 응급실에서 시행이 가능한 진단적 검사(CT촬영, 요추천자)는 도움이 되지 못하고 대신 MRI(자기공명영상) 혹은 MRA(자기공명혈관촬영)가 종종 진단에 필요하다. 그럼에도 불구하고 위험요인이 있는 환자에서는 계속 의심해야 한다. 이러한 위험요인들은 제9장에서 다룬 심부 정맥 혈전증과 폐색전증의 증상과 유사하다. 아래의 증례 5.7을 참조하도록 한다.

혈관성 두통에 대한 최초의 진료에서 표준기준은 무엇인가? 우리의 경험에 따르면 SAH를 감별하는데는 비조영증강(noncontrast) 머리 CT와 요추천자로 충분하다는데 대부분의 응급의학 의사와 신경과 의사가 동의하고 있다. 따라서 더 이상의 진단적 검사는 두통 환자에 대한 최초 평가에서는 일반적으로 권장되지 않는다. 그러나 이들 검사만으로 파열되지 않은 뇌동맥류에 의한 두통 환자에서 충분한 진료가 가능할지는 미지수이다. 아래의 증례 5.8을 참조하도록 한다. 그리고 증례 5.9는 추적관찰에 대한 흥미로운 증례이다.

오류와 흥미있는 증례들

[증례 5.1] 그렇지만 두통이 낫지는 않았어요

- 두통이나 다른 문제없이 건강히 지내던 32세 남자가 두통 때문에 응급실을 방문하였다. 환자는 심한 두통이 오후 2시 30분경 갑자기 발생했으며 뒤통수에서 시작하여 이마 쪽으로 뻗쳐 나갔다고 했다. 환자는 동네 병원을 방문하여 stadol과 phenergan 근육주사를 맞고 퇴원하였다고 했다. 당시 어떤 검사도 받지 않았고 퇴원할 때에도 두통은 호전되지 않았다고 했다. 집에 돌아와 1시간이 지나도록 나아지지 않자 환자는 응급실을 방문하였고 머리 CT촬영을 통해 SAH를 진단하였다.
- 이 환자에게는 두통과 관련된 몇 가지 '적신호'가 있었다. 두통의 과거력이 전혀 없으며, 심한 두통이(천둥 치는 듯한) 갑자기 발생하여 SAH의 가능성을 암시했다. 그리고 1차 진료의는 상태가 호전되지 않았는데도 퇴원을 지시했다. 이러한 진료행위는 두통 환자진료에서 상당히 위험하며 과거에 두통을 진단받은 병력이 없는 환자에서는 보다 큰 위험을 수반한다.

[증례 5.2] 움직일 때 더 심해지면 조심해야 한다

- Edwards의 M & M file에 실린 증례로 69세 여성이 수일 간의 우측 어깨와 팔의 통증으로 응급실을 방문하였다.[9] 외상의 과거력은 없었고 앞으로 굽힐 때 두통이 심해지면서 양쪽 허벅지 뒤쪽에 이상한 불편을 느끼는 것 이외에는 다른 관련 증상도 없었다. 응급의학 의사는 신경학적 검사에서 특이 소견을 발견하지 못했고 환자의 가족들이 걱정하는 중풍의 가능성은 없다고 안심시켰다. 또한 추가적인 진단검사도 필요 없다고 생각하여 '일과성 관절통' 이라는 진단명으로 퇴원시켰다.
- 환자는 3일 후 전과 똑같은 양쪽 허벅지의 불편감과 자세와 관련된 두통으로 다시 응급실을 방문하였다. 환자는 이때에도 등 아래쪽에 쑤시는 감각은 있지만 다른 새로운 증상은 없다고 하였다. 이번에는 다른 응급의학 의사가 진찰했고 요천추 부위 방사선 촬영에서도 이상소견은 없었다. 그리고 CBC와 일반화학검사 결과도 정상이었다. 의사는 환자에게 통증을 경감시킬 목적으로 ibuprofen을 처방하였고 '요추디스크 질환 가능성 및 감기유사 증후군' 이란 병명으로 퇴원시켰다.
- 환자의 증상은 나아지지 않았고 3일 후 다른 병원의 응급실을 방문하였다. 세 번째 응급의학 의사는 이제까지의 진료에 대한 환자가족의 불안과 불만을 감지하였다. 의사는 환자의 병력을 자세하게 물어보았다. 환자는 교회에 앉아 있던 중 갑자기 이상한 뜨끔거리는 통증이 양쪽 허벅지를 따라 올라와 몇 분 만에 등을 타고 머리까지 올라왔다고 했다. 당시에 환자는 '머리가 터지는 것' 처럼 느꼈고 '5-10분이 지나자 두통과 다른 이상한 느낌들이 사라졌고' 이후 환자는 '트럭에 친 것' 같이 느꼈다고 했다.
- 이번에도 신체검진은 정상이었지만 3번째 응급의학 의사는 중추신경계인 척수 혹은 머리속 혈관질환의 가능성을 고려했다. 의사는 더 큰 병원의 신경외과 의사와 접촉하여 환자를 전원시켰다. 그곳에서 시행한 척추 MRI 결과는 정상이었으나 심한 두통이 발생하였다가 뇌혈관 촬영 도중에 완화되었다. 머리 CT에서는 커다란 동맥류가 발견되었다.
- Edwards는 이 증례에 대해 다음과 같이 분석하였다. "돌이켜 보면 환자의 최초 증상은 분명히 보다 치명적인 출혈에 앞선 동맥류의 조그만 누출인 '사전 출혈' 에서 기인했다. 사지의 증상은 뇌피질 자극에 관련된 감각이상이었다"[10] 또한 그는 "어떠한 신경학적 증상 - 두통, 사지의 통증, 이상감각 혹은 근력저하- 이라도 갑자기 발생하면 중추신경계 혈관질환의 가능성을 염두에 두어야 한다"고 충고했다.[11]
- 이 증례에서 처음 진료했던 2명의 의사는 환자의 척추 및 사지의 증상에만 신경을 쓰고 환자의 두통은 고려하지 않았던 것 같다. 환자의 두통은 자세와 관련되기에 2차적 원인에 대해 고려했어야 했다. 이러한 형태의 두통에 대해서는 머리 CT 촬영을 주저하지 말아야 한다. 그리고 머리 CT가 음성으로 밝혀지면 요추천자까지도 고려해야 한다.

[증례 5.3] 생각하면서 진료하고 있나?

- 두통으로 방문한 환자의 진료기록에 신경학적 검사결과가 기록되어 있지 않으면 나중의 평가자로 하여금 진료의사의 사고과정에 대해 많은 의문을 갖게 만든다. 응급의학 의사가 79세 된 남자의 두피열상을 치료하였다. 환자는 심방세동으로 coumadin을 복용 중이었다. 두피열상은 환자가 병원을 방문하던 날 미끄러지면서 발생하였다. 의사의 진료기록에는 “넘어진 환자-실신은 아님, 두피열상을 staple로 봉합, staple 제거를 위해 7일 후 재방문” 이라고 3줄만 기록되어 있었다.
- 환자의 딸이 1주일 후에 환자를 응급실로 모셔왔는데 미끄러져 넘어진 이후 자꾸 균형을 잃고 의식이 혼미해지기 때문이었다. 머리 CT에서는 지난번에 넘어진 것이 원인으로 보이는 아급성 SDH가 발견되었다. 환자의 딸은 병원당국에 진단이 지연된 것에 대한 민원을 접수시켰다.
- 의사는 아무도 변호하러 나서지 않을 사례를 저질렀다. 대부분의 의사는 항응고제를 복용 중이고 머리외상을 입은 환자에서 머리 CT 촬영을 지시할 것이다. 물론 이러한 진료행태가 보편적인 것은 아니고 문헌들마다 논란이 있을 수는 있다. 그러나 이 증례에서 환자는 노령이며 아마 뇌위축도 있었을 것이다. 뇌위축은 외상성 SDH가 발생할 가능성을 증가시킨다. 게다가 의사가 머리 CT를 촬영하지 않기로 결정했다면, 소수의 의사들이 따르는 진료지침에 따라 진료를 하고 있기에 이에 대한 자신의 추론과정을 기록했어야 했다. 마지막으로 머리외상 환자에게는 증상과 징후의 악화가 어떻게 나타나는지, 언제 추적관찰을 받을지에 대해 명확하고 엄밀하게 설명해 주어야 한다.

[증례 5.4] 촬영한 사진 속에는 없다

- 다음은 Justin Ly가 American Family Physician에 기고했던 두통과 신경학적 소견을 보였지만 초기검사에서는 비특이적이었던 젊은 여성 환자 증례이다.[12] 두통의 과거력이 없는 20세 여성이 이제까지 경험했던 것 중 최악의 두통과 동반된 왼쪽 팔의 근력약화로 응급실을 방문하였다. 환자에게는 37.3℃의 미열이 있었으나 목경직, 오심 혹은 구토는 없었다. 신체검진에서 왼쪽 팔의 힘이 약간 떨어지는 것이 관찰되었지만 머리 CT촬영 결과는 방사선과 의사가 정상으로 판독하였다.
- 환자는 며칠 후 근력약화가 호전되지 않는다며 다시 내원하였다. 이때 뇌의 T2 강조 MRI를 시행하여 우측 측두-두정부의 회백질에서 비정상적인 비대칭성 신호증가를 발견하였다. 이러한 측두엽의 부종은 바이러스성 뇌염의 소견과 부합되었다. 환자는 항바이러스 약제로 순조롭게 치료되었고 나중에 시행한 뇌척수액 검사에서는 헤르페스(herpes) 바이러스가 검출되었다.

- 이 증례는 두통의 평가에서 CT촬영의 한계를 잘 보여주고 있기에 중요하다. 많은 머리속 질환들은 CT촬영으로는 너무 작거나 너무 초기이어서 감지되지 않는다. 이러한 경우, 요추천자의 시행을 주저하지 말아야 한다. 이 젊은 여성의 경우에서는 신경학적 소견과 미열이 있었다. 이러한 단서가 있다면 요추천자를 주저하지 말아야 한다. 그리고 환자는 두통이 지금까지 경험했던 최악의 것이었다고 말했는데 이럴 때는 항상 SAH를 고려해야 한다.

[증례 5.5] 두통과 경고징후

- Grassie 등은 Foresight에 두통과 '적신호'를 동반하고 내원하였지만 부적절하게 다루어진 증례를 소개하였다.[13] 해당병원은 진료결과에 불만을 갖고 환자측이 제기한 의료소송에서 제대로 변호할 수가 없었다. 환자는 19세 남자로 불법약물 복용의 병력이 있었고 지난 이틀간 두통과 발열이 있어 응급실을 방문하였고 불법약물인 'speedball'을 최근에 복용하였다고 진술하였다.
- 분류 간호사는 환자의 진술을 기록하였고 체온이 38.6℃임을 알게 되었다. 그러나 간호사는 환자를 대기실에서 기다리도록 한 뒤 30분이 지나 환자를 호출하였으나 이때 환자는 응답하지 않았다. 간호사는 환자를 찾아보거나 의사에게 알리는 것 같은 추가적인 행동을 하지 않았다. 30분이 흘러 간호사는 다시 환자를 호출했다. 이번에도 환자는 없었고 이후 2번의 호출에도 그러했다. 마침내 원무직원은 환자의 의무기록에 '진료받지 않고 가버림'이라 기록하고 의무기록과로 넘겼다.
- 응급실에서 이러한 일들이 일어나는 동안 환자는 병원을 배회하고 있었다. 마침내 집에 돌아왔을 때 환자는 혼돈에 빠져보였고 자기 방에서 잠이 들었다. 그러나 환자의 어머니는 2일 후 구급차를 부를 때까지 환자에 대해 크게 괘념치 않았다. 병원에 입원한지 얼마 되지 않아 뇌농양이 진단되었다.
- 환자 가족을 대리한 원고쪽 변호사는 불충분한 선별검사 시행과 치료를 거부할 정도의 판단능력이 없음을 인지하지 못한 병원에 대해 소송을 제기하였다. 병원은 분류 간호사가 환자를 기억하지 못한다고 했기에 변론할 엄두를 내지 못했다. 더구나 내원당시 환자의 의식상태에 대한 기록도 없었다. 병원은 150만불의 배상금을 요구받았다.
- 이 증례에서 무엇이 잘못되었는가? 분류 간호사는 두통과 함께 있던 '적신호'를 인지하지 못했다. 두통과 관련된 발열은 원인이 밝혀질 때까지 머리속 감염으로 생각해야 한다. 이러한 감염은 중하고 빨리 진행되기에 즉각적 치료가 필요하다. 그리고 감염이 발생한 부위가 의식상태도 변화시키기 때문에 이러한 변화에 대한 선별검사도 필수적이다. 마지막으로 법적 측면에서 환자진료에 모든 노력을 다 기울였다는 것을 보여주기 위해서는 환자가 처음 호출에

응하지 않을 때 찾아본다든지, 집에 전화해 본다든지 하는 노력들이 절대적으로 필요하다.

[증례 5.6] 적시에 진단하기

- Wallenstein 등이 Foresight에 소개한 이 증례는 적절한 시점에서 뇌 거짓종양에 대한 진단이 중요함을 보여주고 있다.[14] 29세 된 비만한 여성이 여러 주 동안의 두통으로 응급실을 방문하였다. 환자는 그 사이 4-5번의 두통을 경험하였고 가장 최근의 두통은 참기 어려웠다고 했다. 통증은 강도가 증가하는 양상으로 ibuprofen으로도 완화되지 않고 여러 시간동안 지속되었다고 한다. 발열, 오심, 구토 내지 목경직은 없었다고 한다.
- 응급실에서 환자의 생체징후는 모두 정상범주이었고 신체검진에서 두경부, 심폐계, 복부, 신경학적 검사 모두에서 특이소견을 발견하지 못했다. 의사는 환자에게 마약성 진통제를 처방했고 임신반응검사를 시행하였다. 환자의 두통이 조금 완화되고 임신반응 검사결과가 음성으로 나오자 의사는 필요할 때 ibuprofen을 복용하고 1주일 후 환자의 주치의에게 추적진료를 받도록 지시하고 퇴원시켰다.
- 3주가 지나도록 환자는 계속 두통으로 고생하고 있었고 주치의 진료예약일은 3주나 남아있었다. 환자는 같은 응급실을 다시 방문하여 다른 의사에게 진료를 받았다. 이번에 진료한 의사는 혹시 시각과 관련된 증상이 없는지 물었고 환자는 두통이 생기면 종종 시력을 잃는다고 대답하였다. 의사는 자세한 안과적 검진을 시행하여 양측성 유두부종과 시야 소실을 발견하였다. 머리 CT 촬영결과는 정상이었고 요추천자에서 열림압력은 증가되어 있었다. 환자에게는 뇌 거짓 종양에 대한 acetazolamide 투여와 체중감소 프로그램이 시작되었다.
- 환자에서 시력장애와 두통은 6개월 후까지 지속되었다. 환자는 처음 진료한 의사와 병원을 대상으로 진단이 지연된 것에 대한 소송을 제기했다. 환자는 고소장에서 더 빨리 진단했으면 영구적 시력손상을 예방할 수 있었을 것이라고 주장하였다. 이러한 주장을 법정에서 입증하기는 어려웠지만 피고쪽 변호사는 패소를 우려해서 합의를 원했다. 변호사가 우려한 것은 자세한 안과적 검진과 시력이상에 대한 문진이 기록되어 있지 않았다는 사실이었다.
- 이 증례는 두통 환자를 진료하는 모든 의사들에게 중요한 학습 자료이다. 이번 증례와 같은 증상을 보이는 환자들 대부분에게는 심각한 원인이 없고 대증적으로 치료될 수 있다. 그러나 앞의 '병력청취' 부분에서 언급했듯이 시력변화 같은 동반 증상은 항상 기록해야 한다. 그리고 두통의 진료에서 자세한 안과적 검진은 신경학적 검진만큼 중요할 것이다. 마지막으로 의사는 이 환자가 비만, 가임연령과 같은 뇌 거짓종양 환자의 특성을 갖고 있음을 인지했어야 했다. 그랬다면 보다 빨리 진단검사를 시행하거나 빠른 시간 내에 추적진료를 할 수 있었을 것이다.

[증례 5.7] 정말로 아찔한 증례

- Wallenstein 등이 Foresight에 기고한 또 다른 증례는 뇌정맥 혈전의 진단이 얼마나 어려운지를 잘 보여주고 있다.[15] 32세 여성이 두통으로 응급실을 방문하였다. 환자는 2주 전에 출산하였고 임신 전부터 편두통을 앓고 있었다. 그렇지만 이번의 두통은 다르다고 했다. 두통은 5일간 있었고 발열이나 구토는 동반되지 않았다고 했다.
- 환자에게는 10년 전 다리에 혈전이 있었던 과거력이 있었다. 이는 경구용 피임약을 복용하기 시작하자마자 생겼고 수 개월간 항응고제를 복용했다고 했다. 당시 환자를 진료한 의사는 '어떤 혈액질환' 이 있다고 했다고 한다.
- 신체검진에서 생체징후에는 특이사항이 없었고 응급실 의사는 눈, 심폐계, 복부 그리고 신경학적 검진소견이 정상이라고 기록하였다. 의사는 환자가 편두통을 앓고 있다고 판단하여 정맥으로 metoclopramide를 투여하였다. 이후 환자의 증세는 약간 호전되어 퇴원하였고 의사는 환자에게 필요하면 1차 진료의에게 추적진료를 받으라고 지시하였다.
- 퇴원한지 1주일이 지나 환자는 재발된 두통으로 응급실을 다시 방문하였다. 환자를 처음 진료했던 의사가 다시 진료하면서 표현언어 상실증(expressive aphasia) 소견을 발견하여 비조영 CT를 시행하였으나 방사선과 의사는 정상으로 판독하였다. 환자는 신경과로 입원하였고 이어진 MRI 촬영에서 왼쪽 가쪽 굴(lateral sinus)의 혈종이 진단되었다.
- 기면(lethargy)과 발작으로 힘든 입원 치료과정을 거쳤지만 환자는 완전히 회복되었다. 1주 후 환자는 퇴원하여 신경과 외래에서 추적관찰을 받았다. 3개월 후의 추적진료에서 신경학적 검사에 이상은 없었고 두통도 더 이상 없었다. 의사나 병원을 상대로 어떤 법적 소송도 제기되지 않았다.
- 병원 질관리 부서에서는 담당의사와 함께 진료기록을 검토하여 한 가지 문제를 제기하였다. 그들은 의사가 환자에게 있었던 정맥혈전 발생의 위험요인을 적절히 인지하지 못했다고 판단했다. 환자의 분만 후 상태, 심부 정맥혈전의 병력, '혈액질환' 의 병력 모두가 '적신호' 였다.
- 이 증례에서 의사의 치료에 대한 잘못을 찾기는 어렵다. 신경학적 검사소견이 정상인 젊은 연령의 환자에서 뇌 촬영은 거의 필요하지 않다. 게다가 MRI는 비용과 제한 때문에 두통에 대한 초기 평가에서 쉽게 시행할 수 없는 검사이다. 마지막으로 낮은 발생빈도 때문에 대부분의 의사가 감별진단에서 뇌정맥 혈전을 고려하기 어렵다.

[증례 5.8] 진료 표준을 준수하기

- Wallenstein 등이 Foresight에 기고한 마지막 증례는 SAH 환자의 진료에서 빠지기 쉬운 법적 함정을 잘 보여주고 있다.[16] 38세 남자가 두 시간 전 발생한 두통으로 응급실을 방문했다. 환

자는 이제까지 경험하지 못했던 심한 두통이고 처음부터 아주 심했다고 했다. 오심이 있었으나 신경학적 증상은 없었다.

- 환자의 생체징후는 정상범주이었고 자세한 신체검진을 눈과 신경학적 검사를 포함해서 시행하였으나 눈부심(photophobia) 이외에 특이한 소견은 없었다. 응급실 의사는 CT촬영을 지시했고 결과는 정상이었다. 그리고 요추천자를 시행하였고 뇌척수액에서 세포나 적혈구는 검출되지 않았다. 환자의 두통은 마약성 진통제 투여로 약간 호전되었고, 의사는 퇴원을 지시하면서 만일 두통이 심해지면 다시 응급실을 방문하고 5일 이내에 환자의 주치의에게 추적진료를 받도록 하였다.
- 3일 후 환자는 심정지 상태로 발견되었고 처음에 진료를 받은 응급실에 구급차로 실려왔지만 소생하지 못했다. 부검에서 사인은 딸기 동맥류(berry aneurysm) 파열에 의한 SAH로 밝혀졌다. 환자의 가족은 응급실 의사와 병원을 상대로 터지기 전에 뇌동맥류를 진단하지 못했다며 소송을 제기했다. 원고쪽은 의사가 부주의해서 혈관촬영을 지시하지 않았다고 주장했다.
- 원고쪽 전문가 증언에서는 요추천자의 신뢰성에 대해서 초점을 맞추었다. 전문가는 최초의 요추천자에서 SAH의 증거가 명확하지 않았던 경우를 '수없이' 경험했다고 주장했다. 그리고 다시 요추천자를 시행했을 때 양성 소견이 나왔다고 했다. 그러나 전문가는 자신의 주장을 뒷받침할 어떤 근거도 언급하지 않았다.
- 반면 피고쪽은 원고쪽의 주장을 반박할 문헌을 제시할 수 있었다. 그들은 CT촬영과 요추천자 결과가 음성인 환자의 거취결정을 옹호하는 자료를 제시할 수 있었다. 게다가 이 자료에서는 응급 혈관촬영을 권장하지 않는다. 대신 의사가 이러한 환자들에 대해 추적진료를 권하는 것이 타당하다. 이에 배심원들은 피고쪽 손을 들어 주었다.
- 이 증례에서 응급의학 의사는 SAH에 대한 진료기준을 준수했다. '이제까지 경험하지 못했던 심한 두통' 이란 언급은 전형적으로 머리속 동맥류 출혈과 관련된다. 교과서에는 파열되지 않은 뇌동맥류에서 통증이 발생한다고 언급되어 있지 않다. 따라서 응급 혈관촬영은 필수적이지 않다. 말초 혈관질환의 위험요인이 있는 요통 환자 모두를 즉시 응급실로 보내어 CT촬영을 하도록 해야 하나? 비록 복부 대동맥류가 뇌동맥류 보다 흔하다는 사실에도 불구하고 이에 대한 답은 '아니다' 이다. 게다가 SAH를 진단하기 위해 요추천자를 반복하는 경우는 임상에서 드물고 진료표준이 될 수도 없을 것이다. 끝으로 SAH 진단에서 마지막으로 명심할 것은 고위험 환자에 주의하라는 것이다. 이들의 과거력이나 가족력에는 머리속 동맥류의 병력이 있다. 이러한 환자에게는 가능한 빨리 추가 검사를 예약하는 것이 도움이 될 수 있다.

References

1 Tintinalli JE, Kelen GD and Stapczynski JS (2000) *Emergency Medicine: a comprehensive study guide* (5e). McGraw-Hill, New York, New York, 1422.
2 Hamilton GC, Sanders AB, Strange GR *et al.* (2003) *Emergency Medicine: an approach to clinical problem-solving* (2e). Saunders, Philadelphia, Pennsylvania, 535.
3 Weiner HL and Levitt LP (1994) *Neurology* (5e). Williams & Wilkins, Baltimore, Maryland, 150.
4 Tintinalli JE, Kelen GD and Stapczynski JS (2000) *Emergency Medicine: a comprehensive study guide* (5e). McGraw-Hill, New York, New York, 1423.
5 Ly JQ (2003) Photo Quiz, Headache. *American Family Physician*. **68**(12): 2434.
6 Rowland LP (2000) *Merritt's Neurology* (10e). Lippincott Williams & Wilkins, Philadelphia, Pennsylvania, 36.
7 Ferrera PC, Coluciello SA, Marx JA *et al.* (2001) *Trauma Management: an emergency medicine approach*. Mosby, St. Louis, Missouri, 130–31.
8 (2004) Sinusitis Almost Never Presents as Headache Alone. *Family Practice News*. **34**(7): 36.
9 Edwards FJ (2002) *The M & M Files: morbidity and mortality rounds in emergency medicine*. Hanley & Belfus Inc., Philadelphia, Pennsylvania, 88.
10 Edwards FJ (2002) *The M & M Files: morbidity and mortality rounds in emergency medicine*. Hanley & Belfus Inc., Philadelphia, Pennsylvania, 89.
11 Edwards FJ (2002) *The M & M Files: morbidity and mortality rounds in emergency medicine*. Hanley & Belfus Inc., Philadelphia, Pennsylvania, 90.
12 Ly JQ (2003) Photo Quiz, Headache. *American Family Physician*. **68**(12): 2433–4.
13 Grassie C, Henry GL and Wagner MJ (2004) *Foresight: Interruptions in Patient Care*. **59**(February): 6–7.
14 Wallenstein J and Jagoda AS (2003) Headache. *Foresight: Risk Management for Emergency Physicians*. **57**(June): 2–3.
15 Wallenstein J and Jagoda AS (2003) Headache. *Foresight, Risk Management for Emergency Physicians*. **57**(June): 3–5.
16 Wallenstein J and Jagoda AS (2003) Headache. *Foresight, Risk Management for Emergency Physicians*. **57**(June): 5–7.

Chapter 6

제 6장

하지 통증(Leg pain)

- 환자분류(Triage)
- 병력(History)
- 신체검진(Physical exam)
- 감별진단(Differential diagnosis)
- 진단검사(Diagnostic tests)
- 입원/외래 경과(Hospital/office course)
- 함정(Pitfalls)
- 오류와 흥미있는 증례들(Errors and interesting cases)

하지의 통증은 상지의 통증보다 더 흔히 호소하는 증상이다. 외상에 의한 손상을 제외하고 사지의 통증을 유발하는 대부분의 질병 과정은 하지에 더 잘 발생하는 경향이 있다. 하지의 근육, 신경, 혈관의 체제가 병리에 더 민감하다. 하지에는 근육량이 많아 근육연축과 열경련에 더 민감하다. 환자가 오랜 기간 동안 침대에만 누워있거나 걷지 않는다면 (심부 정맥 혈전의 발생) 하지의 주된 기능인 보행에 문제가 발생할 수 있다. 하지에 분포하고 조절하는 신경들은 주로 하복부와 골반내 척수의 요추 부위에 발견된다. 이러한 해부학적 위치 때문에 추간판 탈출, 척수 협착, 척수 전이로 인한 압박 효과를 받기 쉽다. 또한, 복부 대동맥류 또는 난소염전(ovarian torsion)과 같은 종괴들도 압박효과로 인한 하지 통증을 유발할 수 있다.

심장으로부터 하지까지 혈관의 거리가 길고 심장의 아랫쪽에 위치하는 것도 하지 통증의 다른 원인으로 작용한다. 정맥류와 표재성 혈전 정맥염은 간혹 통증이 있는데, 이들은 또한 통증을 동반하면서 울체 피부염, 부종, 봉와직염 등을 유발할 수 있다. 급성, 만성 동맥 부전은 중요하지만 간혹 간과되는 하지 통증의 원인이다(증례 6.1 참조). 정맥의 울체는 심부 정맥 혈전증을 유발한다.

하지 통증을 잘 유발하는 몇 가지 비외상성 질환들이 있다('감별 진단' 부분을 참조). 외상에 의한 손상은 제8장에서 다루며, 여기에선 설명하지 않는다.

환자분류

하지 통증의 중증도 분류는 간혹 어려울 수 있다. 대부분의 비외상성 하지 통증의 원인은 진정한 응급상황으로 나타나지 않으며 또한 이것이 응급상황임을 인식하기가 쉽지도 않다. 흔히 상식적인 생각으로는 하지에는 생명과 관련된 중요한 기관이 없다는 이유로, 하지 통증 환자들은 흔히 한 단계 낮은 처치구역으로 보내지거나 대기실에서 대기하게 된다. 하지만 척수 압박이나 대동맥 박리 혹은 대동맥류 파열로 인한 허혈 때문에 발생한 하지 통증이라면 이러한 개념은 명백히 잘못된 것이다. 심부 정맥 혈전증과 같은 진정한 응급상황도 인식하기가 어려울 수 있다.

이 책에서 기술한 다른 환자들의 중증도 분류에서와 마찬가지로, 비정상적 활력징후를 가지거나 심각한 곤란을 암시하는 모습을 보일 때에는 즉시 살펴보아야 한다. 또한 육안적으로 변형 혹은 장애를 보이는 환자는 신속하게 살펴보아야 하는데, 예를 들면 하지부종, 색변화, 하지근력저하 등이다. 마지막으로 복통 또는 신경학적 증상을 동반한 경우도 가능한 빨리 살펴보아야 한다.

병력

혈관성 질환은 두 집단, 즉 70세 이상 혹은 말초동맥질환의 위험인자를 가진 50세 이상 환자의 경우 하지 통증의 드물지 않은 원인이다. 에딘버러(Edinburgh) 연구에서는 간헐적 파행(말초 동맥 질환의 주된 증상)의 발병률이 50-59세 집단에서는 2.2%, 70-74세 집단에서는 7.7% 임을 보고하였다.[1] 혈전증과 같은 정맥 질환은 부종을 동반하여 명백히 드러나는 반면, 부전증과 같은 동맥 질환은 좀 더 잠재되어 있는 경우가 많다. 통증은 동맥 부전의 6가지 전형적 징후 중 하나임을 기억해야 한다(다른 징후로는 창백, 감각이상, 맥박 없음, 변온성, 마비가 있다). Hirsch와 Money에 의하면 '보행시 하지 통증을 호소하는 환자에서는 말초 동맥 질환과 파행을 의심해야 한다.'[2]

파행(claudication) 통증은 흔히 '쑤시는 통증', '경련통', '압박감', '피로감' 으로 기술되며, 관절이 아닌 하지 근육에 발생한다.[2] 파행 통증의 위치를 알아내는 것이 중요한데, 이는 협착 부위의 아래쪽에 발생하는 경향이 있기 때문이다. 대퇴, 슬와, 또는 경골 동맥 부위의 병변은 대개 장딴지의 통증을 유발하는 반면, 온대퇴동맥(common femoral artery) 부위의 병변은 허벅지, 장딴지 혹은 두 부위 모두 통증을 유발할 수 있다.[3] 더 근위부인 대동맥장골(aortoiliac) 혈관부위(Leriche's disease)의 병변은 엉덩이 부위의 통증 및 근력저하와 함께 남자에서 발기부전을 동반할 수 있다.[3]

통증은 보행 시 발생하고 휴식을 취하면 완화되는 경향이 있다. 따라서 운동을 얼마나 한 후에 통증이 시작되었는지, 얼마나 쉬고 나면 통증이 완화되는지에 대해 특별히 질문을 해야 한다. 하지만 심한 허혈의 경우 휴식 시에도 통증이 있을 수 있다.

하지 통증과 함께 요통이 있다면? 이럴 경우 수핵 탈출증이나 척수 협착증과 같은 척수질환이 있을 가능성이 있다. 걸을 때 하지 통증이 있고 쉴 때 완화되면 척수협착증이 의심되는데, 걸을 때와 같이 등을 펴고 있을 때 악화되고 앞으로 기대면 완화된다. 추간판 탈출의 증상은 대개 좌골신경통(sciatica)의 증상이다(신경근을 눌러 발생하는 통증).

하지 통증이 부종과 연관되어 나타난다면? 봉와직염, 심부 정맥 혈전증, 혈전정맥염, 통풍, 패혈성 관절염 모두 하지 부종을 유발할 수 있다. 여기에 발열이 동반된다면 봉와직염, 혈전정맥염, 또는 패혈성 관절염일 가능성이 더 높다. 증상이 관절에만 국한되어 있는지도 질문해야 한다.

특별한 질문들 몇 가지가 하지 통증의 원인을 알아낼 수 있다. 환자가 최근 수술 받은 경험이나 오랜 기간 고정된 상태로 있었는가(예, 심부 정맥 혈전증)? 심부 정맥 혈전증의 다른 위험인자는 제 9장을 참조하기 바란다. 최근 통풍발작을 유도할만한 알코올 섭취가 있었는가? 임균성 관절염을 의심할 만한 성매개 질환의 증상이 있는가? 환자가 최근 운동처방을 늘린 적이 있는가?

당뇨나 알코올 섭취의 과거력은 통증이 신경병증으로 느껴질 경우 중요하다. 심부정맥 혈전증이 있었던 환자는 재발의 위험이 높다. 아급성 심부 정맥 혈전증 환자에서 혈전이 용해될 때 통증이 간혹 문제가 되는 경우가 있다. 말초혈관 질환과 척수 질환을 평가하는 것의 중요함은 설명하였다. 큰 난소 낭종을 가진 병력이 있는 여성의 경우 염전의 위험이 있으며, 이 때 하지통증을 동반한다. 관상동맥 질환의 병력이 있는 환자에서 말초혈관 질환이 동시에 발생할 수 있다는 연구 결과가 보고되었다. 거의 7,000명의 고위험 환자를 1차 진료기관에서 선별한 연구에서 16%의 환자가 심혈관 질환과 말초혈관 질환을 모두 가지고 있었다.[1]

흡연은 말초혈관 질환의 주된 기여 인자이며, 정맥 내 불법약물 투여는 패혈성 관절염의 위험인자이다. 직업의 종류나 여가 운동 등에 대한 정보도 중요하다. 이 장에서 설명한 질환들은 가족적으로 발생하는 경향이 있어 가족력도 확인하여야 한다. 마지막으로 발열(패혈성 관절염, 봉와직염), 숨가쁨(심부 정맥 혈전증), 체중 감소(척수 전이가 있는 암)와 같은 전신증상이 있을 때 다른 장기들에 대한 검사도 필요하다.

신체검진

모든 활력 징후는 다른 부분에서와 마찬가지 방법으로 측정해야 한다. 활력징후가 비정상일 경우 하지 통증의 단서를 제공할 수 있다. 예를 들면 발열은 봉와직염을, 저혈압은 대동맥 박리를 의미한다. 비대칭적 부종이 있을 경우 장딴지나 허벅지 둘레를 측정해야 한다. 발목/위팔동맥 지수(ankle/brachial indices, ABIs)는 말초혈관 질환이 의심될 경우 도움이 되는데, 이는 발등동맥(dorsalis pedis artery) 혹은 뒤정강동맥(posterior tibial artery) 중 높은 수축기 혈압을 양쪽 위팔 혈압 중 높은 수축기 혈압으로 나눈 것으로 정의한다.[4]

복부와 골반 검사는 압박으로 인하여 혈액공급이 제대로 되지 않음으로 인해 하지 통증을 유발하는 복부 동맥류나 난소 염전 등에 초점을 맞춘다. 이러한 질환들은 하지통증과 함께 신경을 자극할 수 있다. 또한 서혜부에 대한 검사는 하지 상부 통증의 원인이 되는 서혜부 혹은 대퇴부 탈장을 발견할 수 있다.

하지에 대한 검사는 통증이 발생한 부위에 초점을 맞추어야 한다. 부종, 열감, 홍반, 압통, 파동성, 색깔 이상이 있는지 살펴보아야 한다. 정맥류나 촉지되는 끈이 있는가? 통증이 관절 내 질환에 의한 것인지? 통증이 당뇨병성 신경병증에서 보이는 스타킹 분포인지? 하지 뒤쪽으로 방사되어 내려오는 통증은 좌골신경통을 시사한다.

혈관이상을 검사하기 위해서는 철저한 신경혈관 검사가 필수적이다. 동맥 부전을 암시하는 징후로 체위 발적, 청색증, 감각 혹은 운동의 소실, 피부 위축, 조갑 변화, 모발 성장 부전이 있다. 만약 혈관 결핍이 원위부에서 발견된다면, 더 근위부 쪽 결핍을 확인하여야 한다(예, 슬와 혹은 대퇴 혈관). 신경학적 검사로 운동, 감각, 심부 건반사 평가를 하여야 한다. 국소 신경학적 이상은 침범된 척수 부위를 알아내는 단서가 될 수 있다. 보행을 평가하기 위하여 환자를 걷게 한다던가, 다리를 쭉 뻗어 올려보고, 장딴지를 압착하거나 발등을 굽히는 것과 같은 유발검사가 필요하다는 것을 기억하라.

감별진단

서론에서 하지 통증의 원인으로 혈관성 파행에 대해 설명하였다. 대부분의 혈관성 파행은 하지의 동맥경화에 의한 동맥 협착증을 의미해 왔다. McKenna 등은 혈관성 파행의 다른 원인들에 대해 언급하였다. 여기에는 버거씨 병, 말초 색전증, 슬와 동맥류가 포함된다.[5]

'서론' 에서 논의된 진단들 외에 하지 통증의 다른 비외상성 원인들이 있다. 거의 유일하게 하지에 발생하는 경향이 있는 원인으로 당뇨병성 신경병증과 하지불안 증후군이 있다. 또한 Seller는 다른 원인들을 *Differential Diagnosis of Common Complaints* 에서 제시하였는데, 여기에는 근육 긴장(strain), 인대 염좌, 퇴행성 관절 질환, 전 구획 증후군(정강이 부목), 통풍이 속한다.[6] 마지막으로, 이차적 이득이나 통증 약물을 위해 꾀병을 부리는 경우를 배제하여야 한다.

근육에서 기원하는 것으로 생각되는 비외상성 하지 통증은 어떠한 자극 요소가 있음을 고려해야 한다. 콜레스테롤 약물로 인한 근육염을 앓고 있는가? 최근 오랜 기간 움직이지 않고 조정된 상태 혹은 과다한 열 노출로 횡문근융해증을 야기할만한 상태였는가? 횡문근융해증의 다른 흔한 원인으로 코카인 사용을 들 수 있다. 증례 6.2를 참조하길 바란다. 마지막으로, 다발성 근염과 같은 면역매개성 질환이 있을 수 있는가?

진단검사

진단적 검사는 임상적으로 의심되는 질환에 기초를 두고 선택하여야 한다. 도플러 정맥 초음파는 정맥혈전증의 진단에 최적의 검사이다. 다른 검사법들이 문헌에 나와 있다. 하지의 동맥조영술은 발목/위팔 지수에서 동맥부전을 시사한다면 확정적인 검사법이다. 자기공명 혈관조영술은 혈관조영술과 견줄만한 결과를 보이며 시술과정이 훨씬 안전하다. 만약 임상적으로 발목/위팔 지수를 얻을 수 없다면, 색혈류도플러가 다른 대안이 될 수 있다.

열감 있는 붉고 부은 관절은 흡인하여 감염여부나 통풍 혹은 가성 통풍 결정의 존재 여부를 분석해야 한다. 어떤 의사들은 패혈성 관절염의 선별검사로 적혈구 침강속도나 C-반응성 단백질을 이용하기도 하지만 정상 수치라고 해서 패혈성 관절염을 배제할 수는 없다는 게 우리 의견이다.

감염이 의심될 경우 CBC 검사가 도움이 될 수 있으나 이 검사는 아주 특이적이지도 민감하지도 않다. 아래 '함정' 부분에서 논의되겠지만, 수주 혹은 그 이상 지속된 비외상성 하지 통증에는 방사선 검사를 고려하여야 한다. 이 검사로 숨겨진 골절, 골 전이, 이물질, 골의 다른 질환들을 발견할 수 있다.

전신증상을 동반한 하지 통증은 특정 증상에 따른 특이한 검사가 필요할 수 있다. 복부 혹은 골반의 통증은 CT나 초음파 검사가 필요할 것이며, 척수와 추간판을 보기 위해서는 MRI가 최선의 방법이다. 하지통증과 발열이 동반되는데, 뚜렷한 임상적 근원을 못 찾는다면 골수염을 평가하기위한 골 스캔이 필요할 수 있다.

입원/외래 경과

하지 통증의 응급한 원인들은 신속히 제시되고 처치가 이루어져야 한다. 말총(cauda equina) 증후군이 의심되면 신경외과 협진이 필요하다. 심부 정맥 혈전증의 경우 금기증이 없다면 바로 항응고 치료를 시작하여야 한다. 급성 동맥 부전은 혈관 외과의에게 의뢰하여야 한다. 마지막으로 패혈성 관절염은 즉각적인 흡인과 항생제 투여의 시작이 필요하다.

하지 통증의 비응급적 원인들도 긴급하게 각각의 경우에 알맞은 처치를 하여야 한다. 예를 들면 봉와직염에는 항생제, 정맥 울혈엔 압박스타킹, 통풍엔 콜키친이나 항염증 약물, 당뇨병성 신경병증엔 인슐린 투여 등이다. 하지만 대부분의 하지 통증 환자는 양성 근골격계 질환이거나 원인불명이며, 단순히 통증에 대한 치료만 필요할 수도 있다. 원인불명의 통증이라고 진단하는 것은 다른 심각한 원인들을 배제한 후에 이루어져야 한다.

함정

이 장에서 다루었던 것처럼 비외상성 하지 통증에는 많은 원인들이 있음에도 불구하고 근골격계에 대한 평가의 기본을 기억하여야 한다. 여기에는 외상의 병력이 없더라도 만성통증(1개월이 넘는)이 있을 경우 방사선 검사를 시행해야 하는 것이 포함된다. 과다 사용으로 인한 스트레스 골절과 골 종양은 하지에 발생하는 경향이 있다. 다른 더 세밀한 영상학적 검사를 하기 전에 일반 방사선 검사를 항상 먼저 고려하여야 한다. 아래의 증례 6.1을 참조하길 바란다.

위의 '감별진단'에서 근육통의 가능한 원인들에 대하여 언급하였다. 이 원인들은 하지 통증과 함께 다른 근육의 통증을 호소하는 환자에서도 강력히 고려하여야 한다. 다른 부위에 통증이 있다는 것은 더 전신적인 질환이라는 증거가 된다. 아래의 증례 6.2를 참조하길 바란다.

소아에서의 하지 통증은 따로 언급할 필요가 있다. 아이들은 심각한 급성 외상없이도 하지를 침범하는 질병에 쉽게 이환된다. 이러한 질환들은 더욱 서서히 나타나서 응급실을 찾게 될 기회를 놓칠 가능성이 있다. 아래의 증례 6.3을 참조하길 바란다. 그러한 이유로 이 주제를 근골격계 손상(제

8장)에서 다루지 않고 이 장에서 다루었다. 즉, 이러한 질환들 중 몇 가지가 Osgood-Schlatter, 대퇴골두 골단분리증, Legg-Calve Perthes이다.

오류와 흥미있는 증례들

[증례 6.1] 우선 단순하게 생각하라

- 62세 남자가 좌측 대퇴부의 통증을 주소로 구급차를 타고 응급실로 내원하였다. 통증은 4개월간 지속되었고 외상의 과거력은 없었다. 지난주부터 증상이 악화되어 더 이상 다리로 체중을 지탱할 수가 없었다. 약간의 부종도 발생하였다. 그는 1차 진료기관을 방문하였는데 의사는 그가 흡연을 많이 하였기 때문에 동맥부전을 의심하여 동맥혈류 도플러검사를 하였으나 음성이었다. 심부 정맥 혈전증의 여부를 검사하기 위해 정맥 도플러검사도 시행하였으나 마찬가지로 음성이었다. 그리고 나서 물리치료를 하도록 하였으나 통증 때문에 치료받으러 가지 않았다.
- 진찰 상 허벅지가 전반적으로 약간 부어 있었고, 국소적인 골의 압통은 없었다. 원위부 맥박은 적절히 촉진되었고, 피부의 변색은 없었다. 그는 좌측 허벅지를 들어올릴 수 없었다. 좌측 둔부의 방사선 검사 상 분쇄 전자간 골절이 있었다. 환자는 정형외과에서 수술적 정복 및 내부 고정술을 받았으며, 골절의 정확한 원인이나 골절 시기는 알 수 없었다.
- 이 사례에서 1차 진료기관의 의사가 간단한 진단을 놓쳤다. 그 의사는 외상이 없었기 때문에 방사선 검사가 필요하다고 생각하지 않았다. 하지만 이 장의 앞부분에서 언급하였듯이 외상의 과거력과 상관없이 만성 통증의 첫 번째 검사는 대개 방사선 검사이다. 방사선 검사는 상대적으로 저렴하고, 다른 비싼 영상학적 검사를 하기 전에 시행하여야 한다(심부 정맥 혈전증이 의심되는 경우 초음파를 시행해야 하는 것을 제외하고). 골의 골절은 여러 가지 상태에서 일어날 수 있으며 외상이 꼭 필요한 것은 아니다. 골다공증, 암의 전이, 과다사용 등은 이러한 예이다.

[증례 6.2] 근육에만 국한된 것이 아니다

- Edwards는 M & M Files에서 근육 기원의 하지 통증을 가진 젊은 여성에 대한 사례를 기술하였다.[7] 22세 여성이 다른 아파트로 이사한 뒤 발생한 전반적인 근육의 통증을 주소로 응급실에 내원하였다. 통증은 하지, 등, 상지에 특히 심했다. 그녀는 이러한 증상이 있었던 과거력이 없었고, 피임약을 복용 중이었으며, 통증을 유발할 만한 외상은 없었다고 말했다. 활력징후는 주목할 만한 것이 없었다.

- 응급의학과 의사는 정상적인 신체검진을 시행하였는데 근육의 압통이 있음을 발견하였다. 의사는 항염증약물을 근육 주사하도록 지시했고 환자가 최근 요로감염이 있었기에 소변검사를 의뢰했다. 소변의 현미경적 검사 상 10-15개의 백혈구, 5-10개의 상피세포가 발견되었고 적혈구는 발견되지 않았다. 하지만 소변 딥스틱 검사 상 혈액에 양성 반응을 보였다. 그는 환자를 '단순 근육통 및 요로감염' 진단 하에 퇴원시키고 항생제와 진통제를 처방하였다. 간호사는 그녀가 진통 보행(antalgic gait)을 하면서 떠나는 것을 보았다.
- 다른 의사가 다음날 그녀의 챠트를 검토한 뒤 그녀가 횡문근융해증이 있었을 가능성을 우려하였다. 그녀가 다시 병원으로 오도록 통화가 되지 않자 경찰관을 환자의 집으로 보냈다. 경찰관은 그녀가 통증이 심해지고 소변 색깔이 진해져 다른 응급실에 갔음을 알게 되었다. 그녀는 이 병원에 내원하여 횡문근융해증 치료를 위해 정맥 내 수액요법을 받았다. 이는 그녀의 코카인 사용으로 인해 발생하였고 단기간 내에 creatine kinase가 20,000 IU/L 까지 증가한 신부전으로 발전하였다. 그녀는 완전히 회복되었다.
- 응급의학과 의사는 이 사례에서 잠재적인 단서를 놓쳤다. 환자의 통증은 이사를 하면서 체력적 소모 후에 발생하였는데, 이 때 감별진단에 횡문근융해증의 가능성을 염두에 두어야 했다. 이 진단은 육안 상 소변 검사에서 혈액이 발견되었으나 현미경적 검사 상 적혈구가 없었다는 점(실제로는 혈액이 아니라 myoglobin)으로 뒷받침된다. 확진적 검사는 소변 내 myoglobin이지만, 이 검사는 대부분의 병원에서 검사실로 보내기 때문에 즉각적으로 도움이 되는 검사는 아니다. 하지만, 횡문근융해증의 상대적으로 민감한 표지자로 creatine kinase(CK) 수치를 측정할 수 있다.

[증례 6.3] 단지 성장통이 아니었음

- Selbst와 Korin은 Preventing Malpractice Lawsuits in Pediatric Emergency Medicine에서 소아 환자의 상대적으로 양성인 하지통증이 얼마나 심각할 수 있는지를 보여준다.[8] 14세 남자 환자가 무릎의 통증으로 정형외과에 의뢰되었다. 정형외과에서 무릎 방사선 검사와 MRI를 시행하였으나 음성이었다.
- 4개월 후, 환자는 우측 엉덩이의 통증과 파행을 주소로 소아과에 다시 내원하였다. 소아과 의사는 이것이 성장통이라고 말하고 방사선 검사를 하거나 다른 과로 의뢰하지 않았다. 6개월간 다른 내과적 처치를 받은 후 그는 대퇴골두 골단분리증이 발견되어 즉각적인 수술을 받았다. 진단이 늦어짐으로 인해 환자는 관절 연골이 손상되었고 영구적으로 운동범위의 소실이 초래되었다.
- 소아과 의사는 환자를 처음에 검사하였을 때 이후로 대퇴골두 골단분리증이 발생하였다고

주장하였지만, 배심원들은 이에 동의하지 않았고 미화 140만 달러를 환자에게 배상하도록 했다. 처음에 진료한 정형외과 의사의 잘못은 기각되었다. 환자가 처음에 정형외과 의사를 찾았을 때 대퇴골두 골단분리증을 가지고 있었을 가능성은 있다. 결국 근골격계 문헌에는 무릎의 통증이 엉덩이로부터의 연관통일 수 있다고 나와 있다. 하지만 환자가 당시에 직접적인 엉덩이 통증을 호소하지 않았고, 파행이 없었으며, 통증이 있는 부위에 대한 방사선 검사를 시행했기 때문에 정형외과 의사는 기각되었다. 이 사례는 성인보다 소아에 있어 방사선 검사 시행의 문턱을 낮춰야 함을 명심하도록 해준다.

References

1 McKenna MW, Boden WE and DeEugenio D (2004) *Diagnosis and Management of Peripheral Vascular Disease*. The Albert J Finestone, MD, Office for Continuing Medical Education, Philadelphia, Pennsylvania, 3. *See also* Fowkes FG (1997) Epidemiology of peripheral vascular disease. *Atherosclerosis*. **131** (Suppl.): 829–31.

2 Hirsch AT, Money S (2003) A Primary Care Approach to the Management of PAD and Intermittent Claudication. *Symposia Highlights for the Primary-Care Physician*. Fall edition.

3 McKenna MW, Boden WE and DeEugenio D (2004) *Diagnosis and Management of Peripheral Vascular Disease*. The Albert J Finestone, MD, Office for Continuing Medical Education, Philadelphia, Pennsylvania, 4.

4 McKenna MW, Boden WE and DeEugenio D (2004) *Diagnosis and Management of Peripheral Vascular Disease*. The Albert J Finestone, MD, Office for Continuing Medical Education, Philadelphia, Pennsylvania, 6.

5 McKenna MW, Boden WE and DeEugenio D (2004) *Diagnosis and Management of Peripheral Vascular Disease*. The Albert J Finestone, MD, Office for Continuing Medical Education, Philadelphia, Pennsylvania, 5. *See also* Hirsch AT, Criqui MH and Treat-Jacobson D (2001) Peripheral arterial disease detection, awareness, and treatment in primary care. *JAMA*. **286**: 1317–24.

6 Seller RH (2000) *Differential Diagnosis of Common Complaints*. WB Saunders, Philadelphia, Pennsylvania, 255–7.

7 Edwards FJ (2002) *The M & M Files: morbidity and mortality rounds in emergency medicine*. Hanley & Belfus Inc., Philadelphia, Pennsylvania, 229–31.

8 Selbst SM and Korin JB (1999) *Preventing Malpractice Lawsuits in Pediatric Emergency Medicine*. American College of Emergency Physicians, Dallas, Texas, 84–5.

Chapter 7

제 7장

요통(Low back pain)

- 환자분류(Triage)
- 병력(History)
- 신체검진(Physical exam)
- 감별진단(Differential diagnosis)
- 진단검사(Diagnostic tests)
- 입원/외래 경과(Hospital/office course)
- 함정(Pitfalls)
- 오류와 흥미있는 증례들(Errors and interesting cases)

요통은 응급실 뿐만 아니라 외래에 오는 환자가 흔하게 호소하는 증상 중 하나이다. 상당수의 요통 환자는 직업과 관련된 법적인 소지가 있다. 실제적으로 요통은 45세 이하의 성인에서 가장 흔한 장애 요인이다.[1] 가장 흔한 원인은 단순하게 무리한 동작에 의해서 발생한 통증으로 간단한 보존적 요법과 몇 가지 지시만 따르면 치료된다. 하지만 모든 요통의 원인이 단순하지는 않기 때문에 의료인들은 반드시 심각한 원인을 고려해야만 한다. 이에 대해 동료 의사인 Jeff Abraham은 이렇게 요약했다: '만약 요통 환자를 치료하면서 나쁜 결과가 한 번도 없었다면 당신은 아직 충분한 수의 요통 환자를 치료하지 않은 것이다'.

환자분류

요통과 함께 적신호(red flags)가 있는 환자는 응급환자로 분류하여 진료하여야 한다. 요통과 관련되어 응급 질환이 될 수 있는 적신호로는 열(경막외 농양), 새로 발생한 신경학적 증상(척수 신경 압박), 대소변과 관련된 증상(말총 증후군), 복통(대동맥류, 대동맥박리), 그리고 불안정한 생체징후(자궁외 임신과 관련된 저혈압) 등이 있다. 그 밖에 가능한 위험 증상과 징후로는 혈뇨(신장 경색), 체중 저하(뼈로 전이된 악성종양), 외상의 병력 그리고 질출혈(자궁외 임신) 등이 있다. 위험증상이 전혀 없는 환자라도 약간의 이상 증상이 있는 경우는 신속하게 평가하고 통증 조절을 해야 한다. 위험증상이 없고 별다른 이상 소견이 없는 환자는 평소대로 분류하여 진료할 수 있다. 하지만 노인들(65세 이상)은 이런 분류 방법과 상관없이 진료해야 하고, 이 외에도 혈관 질환이 있거나 임신 가능성이 있는 경우는 예외로 분류하여야 한다.

병력

환자의 요통에 대해 일반적인 병력뿐만 아니라 다른 통증에 관한 것도 자세하게 병력 청취를 해야한다. 그리고 기존의 요통 여부와 양상도 파악해야 하고 새로운 증상이 발생했다면 그에 대한 것도 자세하게 기록해야 한다. 요통의 병력을 청취할 때 도움이 되는 병력들로는 외상의 병력, 방사통, 항문 주위의 감각이상, 소화기 혹은 비뇨기 기능 마비, 그리고 새로 발생한 신경학적 이상 증상이다.[2] 암(척수 신경 압박), 항응고제 투여(경막외 혈종), 말초 혈관병(복부 대동맥류), 정맥 주사 약물 사용자나 결핵 병력(경막외 농양)등도 확인해야만 한다.

요통과 동반되는 다른 증상들이 있는지 반드시 확인해야 하는데 그것은 복통, 배뇨곤란, 혈뇨 또는 발열 등이다. 이전에 신장 결석, 요로감염, 신장염 등이 있었다면 요통의 원인이 이런 질환일 가능성이 높다. 여자 환자라면 난소 낭종이나 자궁외 임신의 병력이 있었는지를 확인해야 한다. 직업적으로 손상이 있을 수 있으므로 직업을 확인하는 것도 중요하다. 직업은 환자에 대해 적절한 치료계획을 세우는데도 필요하다. 나중에 법적인 문제로 번질 수 있으므로 철저한 의무기록은 반드시 필요하다.

신체검진

요통 환자에서도 다른 여러 가지 증상들처럼 5가지 생체징후를 모두 기록하는 것이 좋다. 하지만 워낙 흔하기 때문에 이런 환자들에서 간혹 생체징후를 빼먹는 경우가 발생한다. 저자들은 체온과 혈압은 반드시 측정해서 기록하는 것을 권장한다. 이 두 가지 생체징후를 통해 감염이나 혈관 질환과 같은 요통에 대한 심각한 원인들을 유추해낼 수 있기 때문이다.

고혈압이나 말초혈관 질환을 가지고 있는 모든 요통 환자에서 복부 검사는 반드시 시행해야 하고 기록을 철저히 해야 한다. 증례 7.1을 참조하기 바란다. 복부에 박동성 종괴가 만져지거나 서혜부에 이상 박동이 있으면 반드시 기록해야 한다. 비록 이런 검사들이 복부 대동맥류나 대동맥 박리를 진단하는데 민감도가 높지는 않지만, 이런 기록이 의사가 해당 질환들을 고려했다는 증명이 된다. 게다가 복부 검사는 환자에게 추가의 의료비를 청구하지 않고, 오진의 가능성도 낮추며, 복부 검사를 하지 않았을 경우 법정에서 용서받기 힘들다.

전반적인 신경학적 검사는 요통환자에게 반드시 시행해야 한다. 여기에는 감각, 운동 검사와 반사 검사가 포함된다. 환자들의 걸음걸이와 보행능력은 반드시 기록해야 한다. 말총(cauda equina) 증후군이 의심되는 경우는 항문 괄약근의 긴장도 검사를 위해 반드시 직장 수지 검사를 시행해야 한다. Grudem과 Schwartz는 '모든 급성 요통 환자에게 객관적인 신경학적 이상 여부를 확인하기 위해서 괄약근 긴장도를 검사하기위한 직장 수지 검사를 반드시 시행해야 한다' 고 권장하고 있다.[3]

등허리 부위의 피부도 촉진하여 국소적인 압통이 있는지 홍반이나 부종이 있는지 확인해야한다.

원인이 계속 불명확하다면 여성인 경우는 골반내진(난소낭종), 남성인 경우 직장 수지 검사(전립선염)가 필요하다. 다른 부위의 신체검사는 임상 병력에 맞추어 시행여부를 판단한다.

감별진단

대부분의 요통은 근골격계(예, 긴장), 신경계(예, 추간판 탈출) 혹은 비뇨기계(예, 요로결석, 신우신염) 원인에 의해 발생한다. 이런 질환들은 대개 응급하지는 않다. 하지만 아주 드물게 이런 질환에서도 응급한 상황이 발생하기도 한다. 말총 증후군, 신우신염을 동반한 요로결석, 지속적인 구토를 동반한 신우신염 등이 그 예다.

위에서 설명한 것 같이 요통의 특정 원인들은 시간 내에 적절히 치료하지 않으면 죽음까지 이르거나 영구적인 기능 장애가 올 수 있다. 요통을 간단한 환자로 생각하고 치료하는 습관을 들이면 안 된다. 50세 이상의 모든 환자는 복부 대동맥류를 의심해 보아야 한다. 최근에 등쪽에 수술이나 특정 시술(척수천자 등)을 했거나 정맥 주사 약물을 사용하는 사람들은 경막외 농양을 의심해야 한다. 그리고 코카인 사용자들은 신장 경색과 요통이 함께 발생할 수 있다. 외상이 있거나 쿠마딘(Coumadin) 복용자들은 경막외 혈종을 의심해야 한다.

요통의 다른 원인들로는 비뇨기계 또는 소화기계 이상에서 찾을 수 있다. 요통의 소화기계 원인은 드물지만 아래의 '함정' 부분에서 설명할 것이다. 비뇨기계 원인으로는 난소 낭종이나 난소 염전, 자궁외 임신, 자궁 섬유화, 고환 염전 그리고 전립선염 등이 있다.

진단검사

특별한 외상의 병력이나 위험증상이 없는 경우('함정' 부분 참조) 요통을 호소하는 대부분의 환자들은 다른 진단 검사가 필요하지 않다. 대부분은 무거운 물건을 들거나 과도한 운동을 했다고 호소하고 근육 긴장에 따른 증상 치료를 원한다. 또다른 흔한 환자군으로는 추간판 탈출증, 퇴행성 추간판 질환 혹은 척추 협착증 등의 병력을 호소하고 과거의 값비싼 방사선 영상을 들고 온다. 새로운 신경학적 증상이 발생하지 않는 경우 자기공명영상(MRI) 등을 재검사할 필요는 없다.

허리 부위의 외상이 있는 환자들은 대부분 척추를 고정한 후 요추부 측면(cross table) 방사선 촬영을 한다. 골절이 보이거나 골절이 보이지 않아도 임상적으로 강력하게 의심되면 조영제를 쓰지 않고 요추부 전산화 단층 촬영(CT)을 실시하는 것이 좋다. 일반 방사선 촬영으로는 압박골절일 경우 후방돌출의 정도(척수)나 후척추열의 손상여부를 관찰하기가 힘들다. 그래서 더 많은 정보를 얻기 위해서는 CT 촬영이 필수적이다. MRI 검사는 새로운 신경학적 이상 증상이 발생한 경우 유용하며 직장이나 방광의 압박 증상이 새롭게 발생하거나 회음부 감각이상(saddle anesthesia)이 발생한 경우는 반드시 시행해야 한다.

복부 대동맥류와 요통과의 관련성에 대해서는 특별한 주의가 필요하다. 발생 빈도는 사람들이 생각하는 것보다 드물지 않다. 사실 저자 주위의 응급의학 의사들에 의하면 요통으로 와서 치료받고 퇴원한 환자들 중 나중에 대동맥류로 밝혀진 환자들이 제법 있었다고 한다. 불행하게도 이들 중 한 사람의 대동맥류는 파열되었다. 저자들은 지난 5년 동안 요통으로 와서 대동맥류 파열로 사망한 환자 2명을 경험하였다. 이는 독자들도 충분히 많은 환자를 경험한다면, 심근경색처럼 진단하는데 실수할 수 있다는 말이다. 모든 요통 환자에게 CT나 MRI 등의 검사를 실시할 만큼 재정이나 장비가 충분하지 않기 때문이다.

50세 이상의 환자가 원인이 불명확한 요통을 호소하면 저자들은 다음의 검사를 할 것을 권장한다. 환자가 최근 1년 이내에 복부 CT나 요추 MRI 촬영을 하였으면 반드시 참고한다. 이전 검사에 복부 대동맥류에 대한 언급이 없으면, 복부 대동맥류가 요통을 일으키는 원인이 될 가능성은 적다. 이런 언급을 반드시 의무기록에 남겨야 한다. 이전에 검사한 적이 없다면 이를 검사하기 위해 복부 CT 나 요추 MRI 검사를 고려해야 한다. 50세 이상으로 말초혈관 질환의 위험인자를 가진 환자에게는 반드시 이런 검사들을 시행해야 한다. 이런 권장 사항은 대동맥 박리에는 적용되지 않는다(증례 7.1 참조). 증례 7.6은 저자들이 오진한 경우이다.

근골격계 질환이 아닌 요통환자나 비뇨기계 증상이 있는 환자에게는 소변 검사가 유용하다. 요로감염, 혈뇨 혹은 임신 등을 진단할 수 있다. 검사 결과가 양성이 나오면 더 이상의 검사를 할 필요성이 없어진다. 질 출혈이 있는 여성은 도뇨관으로 소변 검사를 하는 것이 위양성을 방지할 수 있다.

일부 환자에게는 특정 혈액 검사도 필요하다. 혈액응고 검사는 경막외 혈종이나 신장 혈종을 일으킬 수 있는 쿠마딘이나 헤파린을 복용하는 환자에게 필요하다. 망상적혈구수 검사는 겸상적혈구 질환이 있는 요통환자에게 적절하다. 일반 혈액 검사는 감염질환(신우신염, 경막외 농양 등)이나 출혈성 난소낭종의 진단에 도움이 된다.

요통에 대한 다른 검사들을 임상 증상에 따라 추가 할 수 있다. 골반 초음파는 자궁외 임신이나 난소질환이 의심될 때 시행한다. CT 요로조영술은 요로결석 진단의 확정 검시 방법이다. 이 검사는 신장 폐쇄 정도의 진단에 혈관 신우 조영술(IVP) 보다 민감도가 높고 많은 정보를 얻을 수 있다. 마지막으로 고환 염전이 의심되는 환자는 컬러 도플러 고환초음파 검사가 필요하다.

입원/외래 경과

위에서 언급했듯이 대부분의 환자들은 근골격계 혹은 신경계 질환에 의한 요통으로 병원을 방문한다. 이런 원인들은 보통 위험하지 않고 응급치료를 하지 않아도 되지만 통증치료가 힘든 경우도 있다. 저자들의 경험으로는 다른 형태의 통증을 호소하는 환자들(겸상상적혈구 질환 환자를 제외한)보다 조절되지 않는 요통을 호소하는 환자들을 입원시킨 경우가 많다. 비슷하게 마약성 진통제를 찾아다니는 사람들도 다른 부위의 통증을 호소하기 보다는 요통을 호소하는 경우가 많다. 그래서 어떤 진통제를 사용할 것인가와 그에 대한 철저한 의무기록은 이러한 환자들을 치료하는데 매우 중요하다.

위급한 환자들에게는 신속한 진단과 치료가 나쁜 결과를 예방하는데 있어서 무엇보다도 중요하다. 때로는 진단 검사 결과가 나오기 이전에 다른 전문가와의 시의 적절한 상담이 필요한 경우도 있다. 마찬가지로 검사 결과를 기다리면서 과거의 의무기록을 참고하는 것도 결정적으로 시간을 절약할 수 있는 방법이다(복부 대동맥류의 병력, 큰 난소낭종의 병력 등).

요통을 호소하는 환자의 상당수는 외래나 응급센터에서 특별한 원인을 찾지 못한 상태에서 퇴원하게 된다. 이런 환자들에게는 만약 통증이 심해지거나, 새로운 신경학적 증상이 발생하거나(대소변 관련 증상 포함), 발열 또는 어지러움, 복통, 질출혈 등의 증상이 발생할 때는 병원에 재방문해야 한다는 내용의 확실하고 구체적인 퇴원설명을 해주어야 한다. 며칠 이내에 증상 호전이 없으면 보다 정밀한 검사를 위하여(CT, 초음파 등) 다시 내원하거나 주치의를 찾아가도록 권유한다.

함정

적신호를 동반한 요통은 심각한 원인으로 인한 것일 수 있으므로 보다 정밀한 검사를 시행해야 한다. 위험한 증상에는 발열, 복통, 체중저하, 직장이나 방광 증상, 배뇨곤란 그리고 새롭게 발생한 하지의 신경학적 증상이 포함된다. 이 외에도 마약 사용이나 최근의 척추수술, 암, 결핵, 겸상 적혈구 질환(척수 침범)의 병력도 위험한 증상으로 볼 수 있다. 증례 7.2를 참조하라.

위에서 저자들은 새로운 신경학적 증상을 보다 정밀한 검사가 필요한 위험한 증상으로 언급한 바 있다. 이러한 검사에는 추간판이나 척수관의 질환이 가능성이 있으므로 척수 MRI가 포함되어야 한다. 하지만 대부분의 병원과 의원에서는 MRI 검사가 불가능한 것이 문제점이다. 게다가 대부분의 병원에서는 24시간 MRI를 시행하는 것이 불가능한 실정이다. 따라서 신경학적 증상이 새롭게 발생하는 많은 수의 환자들은 응급 MRI 검사를 받을 수 없다. 임상의사들이 결정해야할 중요한 사항은 말총 증후군(증례 7.7 참조)의 증상이 있는지 여부를 확인하는 것이다. 증상이 있다면 응급치료(MRI, 신경외과 협진)를 해야 한다. 증상이 없다면 MRI는 다른 이유들을 감별하기 위해서 편의상 시행할 수 있다. MRI를 갖춘 병원이 증가하는 추세이므로 MRI 검사를 의뢰하는 것이 어렵지는 않을 것이다.

추간판 감염은 흔하지 않은 질환이므로 진단이 지연되는 경우가 있다. 진단이 지연된 경우 증상이 심해지고 중대한 합병증이 발생할 수 있다.[4] 이러한 감염은 혈행성(정맥마약 사용자), 또는 직접적인 세균감염(수술환자)에 의해 발생할 수 있다.[5] 이 질환의 임상적 특징은 심한 요통을 호소하면서 방사선 사진에서 추간판이 좁아지고 인근 척추의 변형을 발견할 수 있다. 일반적으로 한 개의 척추관에서만 발생한다.[5] 일부 증례에서는 바이러스 감염이 선행되기도 한다. 하지만 Wesolowski와 Wang은 추간판 감염의 방사선 및 CT 소견은 수술 후 변화나 심한 퇴행성 변화에 의해 가려질 수 있다고 지적했다.[6] 그러므로 이 질환에 대한 가장 좋은 검사로 권유한 것은 MRI이다. 이 진단의 어려운 점은 증례 7.3을 참조하기 바란다.

비록 매우 드문 경우이긴 하지만 요통이 복부의 병변에 의해 발생할 수도 있다. 일부 복부 장기들은 후복막에 위치하므로 요통의 원인이 될 수 있다. 이런 질환들은 복통이 먼저 발생하는데 어떤 경우에는 복통이 전혀 없거나 동시에 나타나기도 한다. 증례 7.4를 참조하라.

요추부의 외상을 평가할 때는 요추의 모든 부위를 주의 깊게 검사해야 한다. 횡돌기 골절을 놓치는 경우가 흔하다. 이러한 실수를 하는데는 두 가지의 원인이 있다. 첫 번째로 의사들은 척추의 중심 부분(극돌기, 후관절, 척추체)에 중점을 두고 횡돌기와 같은 주변부에는 주의를 기울이지 않는 경향이 있다. 두 번째로 이런 골절은 매우 드물고 이런 골절이 있으려면 아주 심한 외력이 작용해야 한다. 따라서 이런 골절을 한 번도 보지 못한 의사들도 있는가 하면, 일부 의사들은 이런 골절을 찾는데 주의를 기울이지 않는다. 증례 7.5를 참조하기 바란다.

저자들은 상당한 외력이 작용해야 신경손상에 의한 요통이 발생한다고 생각했었다. 그리고 이런 손상들은 퇴행성 척추질환을 가지고 있는 노인들에게서 주로 발생한다고 믿었었다. 하지만 임상 경험에 따르면 이러한 생각은 잘못된 것으로서 비교적 미미한 외상에 의해서도 신경성 요통이 발생할 수 있다는 것을 알게 되었다. 증례 7.8를 참조하기 바란다.

요통 환자가 쿠마딘과 같은 항응고제를 복용하는지 여부를 항상 고려해야 한다. 환자들이 출혈이나 멍이 잘 드는 경우라면 혈액 응고 이상 여부를 검사하고, 경막외 혈종을 고려해야 한다. 두부손상 환자에 대해 항응고제 복용 여부를 항상 염두에 두듯이 같은 방식으로 외상에 의한 요통 환자에 대해서도 이를 매번 확인해야 한다. 오진으로 인해 환자는 심각하고 영구적인 손상을 입을 수 있고, 의사는 막대한 합의금을 지급해야 할 수도 있다. 증례 7.9를 참조하기 바란다.

오류와 흥미있는 증례들

[증례 7.1] 배 위에 손을 대라

- 고혈압이 있는 노인이 2주전 무거운 물체를 들고 나서 발생한 요통을 호소하며 응급센터에 들어왔다. 동료의사가 환자를 진료했고 요추 방사선 검사를 시행하였다. 그 의사는 고혈압이 있고, 방사선 검사에서는 특별한 이상 소견이 없다고 기록하였다. 환자는 요추 긴장(strain)으로 진단을 받고 진통제를 처방받아 퇴원하였다. 며칠 후 환자는 복부 대동맥류 파열로 사망하였다. 그 의사는 대동맥류를 진단하지 못하는 실수를 하였는데, 복부 진찰을 전혀 실시하지 않았었다.
- 미리 언급하였듯이 요통을 호소하는 모든 환자에게 복부 초음파나 CT 검사를 하는 것은 불필요하다. 복부 대동맥류의 유병률은 모든 환자에게 이런 검사를 해야할 만큼 높지않기 때문이다. 하지만 위험요소를 가지고 있는 환자에게는 반드시 고려해야 한다. 간단하고 비용이

저렴한 검사나 시술은 시행해야 한다. 이런 환자들에 대한 복부와 혈관 검사 결과는 반드시 기록해야만 한다. 대동맥류를 보기 위한 복부 혹은 요추부 방사선 검사를 고려해야 한다. 그래도 의심이 된다면 복부 대동맥류에 대한 검사를 시행해야 한다.

[증례 7.2] 요통의 적신호

- 젊은 남자가 외상의 병력 없이 요통으로 두 차례 응급센터를 방문하였다. 방사선 검사에서는 이상이 없었고, 두 차례 모두 요추 긴장으로 치료를 받았다. 두 번째 방문에서 체온은 38.3℃로 기록되어 있었다. 이틀 후 환자는 경막외 농양에 의한 하지마비로 응급센터에 들어왔다. 원인은 혈관 내 마약 투여였다. 처음 두 방문에서 의심을 하지 못했다.
- 발열은 요통의 위험증상 중 하나이다. 요통과 발열이 있는 환자는 마약을 사용하는지 여부를 물어봐야 하고, 최근 척추수술 혹은 결핵의 병력(Pott병) 등을 확인하는 것이 바람직하다. 의사는 병변 주위에 홍반이나 열감이 있는지 확인해야 한다.

[증례 7.3] 내리기 어려운 진단

- 30세의 안전벨트를 맨 운전자가 정지 상태에서 뒤에서 추돌을 당한 뒤 요통을 호소하며 외래를 방문하였다. 심한 요통을 호소하였으나, 다리로는 방사되지 않았으며, 신경학적 증상도 관찰되지 않았다. 환자는 지난 주 동안 감기 증상과 미열(37.2℃)이 있었다. 의사는 요추부 방사선 검사를 시행하여 급성골절이나 탈구는 없다고 판독하였다. 의사는 추간판의 크기는 언급하지 않았다. 환자는 소염제와 근이완제를 처방받고 퇴원하였다. 환자는 3주 동안 요통의 증상이 호전되지 않았다. 그래서 신경과 의사에게 의뢰되어 요추부 MRI 검사를 시행하게 되었는데, 추간판 염증(diskitis)으로 진단받았다. 환자의 처음 방사선 사진을 다시 보니 추간판 간격이 좁아져 있었던 것을 알 수 있었다.
- 추간판 염증은 드물고 진단하기가 어렵다. 방사선 소견은 극히 미미하다. 열이 있는 환자, 최근의 상기도 감염, 추간판 부위의 압통이 있는 환자에서 의심해야 한다. 의사들은 이러한 요인이 있는 환자들의 방사선 사진에서 추간판 간격이 좁아져 있지 않은지 주의 깊게 보아야 한다.

[증례 7.4] 등 쪽에 보다 심한 통증

- 저자들은 임상 첫해에 불행한 증례를 겪었다. 80세 여자 환자가 요통과 설사를 호소하며 응급센터에 들어왔다. 환자는 등쪽에 외상은 없었다고 하였고 무거운 물건을 들어올리지도 않

았다고 하였다. 배뇨 장애나 복부 통증도 호소하지 않았다. 환자의 주치의는 환자가 현재 클로스트리디움 디피실 장염으로 메트로니다졸로 치료받고 있다고 하였다. 환자는 장염으로 인해 설사가 발생한다고 생각하였다. 하지만 환자는 설사가 메트로니다졸 치료로 호전되었었다고 말하였다. 열은 없었다고 하였으나 체온은 37.5℃였다.

- 나머지 생체징후와 신체검사에서 특이 소견은 없었다. 복부 검사에서 압통은 없었으며 직장검사에서도 출혈 소견은 없었다. 요추 방사선 검사와 소변 검사 모두 정상이었다. 하지만 백혈구 수치가 16,000개/$\mu\ell$로 증가되어 있었다. 간상(band)호중구가 20%로 좌측편위가 되어 있었다. 저자들은 이런 혈액 이상은 클로스트리디움 디피실 감염에 의한 것으로 추정 진단하였다.
- 환자가 설사가 호전되었다고 하여 계속 메트로니다졸 처방을 유지하면서 퇴원시켰다. 이틀 후 환자가 전반적인 복부 통증을 호소하며 다시 응급센터에 왔다. 다른 의사가 진찰을 하였다. 그 의사는 신체 검사 후 급성복증으로 진단하였고 즉시 외과의사에게 의뢰하였다. 환자는 곧바로 수술실로 이동하였고 허혈성 장질환에 의해 환자의 대장을 절제하였다. 그 부분은 후복막에 위치해있었고 이로 인해 요통이 발생한 것이었다.
- 비록 요통이 복부의 이상으로 발생하는 경우는 드물지만 당뇨환자나 노인에게서는 발생할 수도 있으니 주의해야 한다. 이 환자군들은 비전형적인 증상을 호소하므로 시행하는 검사의 결정 역치를 낮추어, 보다 전문적인 영상 진단 검사를 시행할 수 있어야 한다.

[증례 7.5] 건너기 전에 좌우를 살펴라

- Edwards는 요추부 외상 환자에서 오진했던 증례를 "M & M Files"에 기술하였다.[7] 넘어져서 계단에서 굴렀던 28세 남자가 요통으로 응급센터에 왔다. 다른 방사통은 호소하지 않았다. 의사는 요추부 정중앙 부위에 국소적 압통을 확인하였다. 진통제를 처방하고 압박 골절 여부의 확인을 위해 요추부 방사선 사진을 촬영하였다.
- 촬영이 끝났을 때 의사는 흉요추부 골절 여부를 꼼꼼하게 검사하였다. 모든 검사 후에 진통제를 처방하고 수일간의 안정가료를 권유하고 퇴원시켰다. 영상의학 전문의가 이틀 후 방사전 사진을 판독하였는데 L2, L3 의 횡돌기 골절을 진단하였다. 그 전문의는 응급센터 의사에게 이를 알려주었는데 환자를 진찰했던 의사가 아니었다. 환자에게 더 정밀한 검사를 위해 재방문할 것을 알려주었다. 환자의 통증은 호전되지 않았고 소변 검사에서 현미경적 출혈을 발견하였다. 신장의 이상 여부를 확인하기 위해 CT 검사를 시행하였는데 신장 모양은 정상이었다. 통증 조절을 위해 입원치료를 하였다. 환자는 골절을 진단하지 못한 의사에게 불평을 호소하였다.
- 위에서 언급했듯이 횡돌기의 골절은 무척 드물고 상당한 정도의 외부 충격이 있어야 한다.

충격이 확장되면 신장의 손상까지 있을 수 있다. 그래서 이런 형태의 골절이 있는 환자는 신장이나 다른 복강내 장기의 손상 여부를 확인해야 한다.

[증례 7.6] 실력보다는 행운

- 다음은 저자들이 겪었던 요통 증상을 보인 복부 대동맥류 환자 증례로 운이 따라 주었던 경우이다. 55세 남자로 요통을 호소하였다. 환자는 말초 혈관 질환의 위험 소견은 전혀 없었다. 최근에 무거운 물건을 들었었다고 한다. 요추부 방사선 사진을 찍었으나 이상 소견을 관찰할 수가 없었다. 곧 환자에게 요추부 긴장에 대한 증상 치료를 하고 퇴원시켰다.
- 이틀 후 영상의학 전문의가 대동맥의 석회화와 비정상적 소견이 보인다고 판독하였다. 전문의는 이 소견을 복부대동맥류의 가능성이 있다고 판독하였다. 환자에게 전화를 해서 CT 검사를 하자고 하였고 그 결과 5.3cm 크기의 대동맥류를 발견하였다. 혈관외과 의사에게 의뢰하여 계획된 수술을 시행하게 돼서 보다 심각한 합병증을 예방할 수 있었다.
- 복부대동맥류는 우연히 발견할 수도 있는데 요통을 동반하지 않을 수 있다. 하지만 저자들에게는 영상의학 전문의가 방사선 사진에서 이를 발견해준 것이 행운이었다. 대동맥류는 방사선 사진에서는 잘 보이지 않기 때문에 대부분의 의사들은(영상의학 전문의를 제외한) 이를 진단하기 힘들다. 이런 경험으로 저자들은 모든 요추부 방사선 사진에서 이 질환을 찾으려고 노력한다.

[증례 7.7] 무시해서는 안되는 증상들

- Edwards는 "M & M Files" 에 소개한 또 다른 증례에서 진행하는 신경학적 증상을 호소하는 환자가 수차례 병원을 방문한 것을 무시해서 마침내 말총 증후군으로 악화한 예를 발표하였다.[8] 요추부에 별다른 이상 병력이 없었던 41세 남자가 가끔씩 오른쪽 다리로 방사되는 요통을 호소하며 주치의를 찾아갔다. 환자는 직업상 무거운 물건을 들었는데 외상의 병력은 부정하였다. 의사는 진통제와 근이완제를 처방하였고 이틀동안 안정 가료를 권유하였다.
- 환자는 10일 후 침대에서 일어나기도 힘들다고 호소하며 병원을 방문하였다. 의사는 요천추부 방사선 사진을 찍었는데 이상 소견은 없었다. 마찬가지로 근이완제와 진통제를 처방하고 퇴원시켰다. 환자는 그날 밤 증상이 더욱 심해져서 응급센터를 처음으로 방문하게 되었다. 신체검사에서 다리 근력은 정상이었으나 우하지의 외측 허벅지에 감각 이상이 있었다. 다리를 들어올릴 때마다 등근육에 연축이 있었다. 직장이나 방광의 이상 증상은 없었고 항문 긴장도도 정상이었다. 보다 강력한 진통제를 투여받았고 환자의 주치의를 면담할 것을 권유받았다.

- 이틀 후 환자가 주치의를 찾아갔을 때 다리 통증은 보다 심해져 지팡이를 짚고서야 걸을 수 있었다. 대기실에서 환자가 창백해지면서 실신 직전까지 갔었다. 구급차로 응급센터에 이송하였다. 검사에서 환자는 배변이나 배뇨 곤란을 호소하지 않았으나 오른쪽 둔부에서 회음부로 뻗치는 감각이상을 호소하였다. 진통제를 근육 주사 한 후 증상 호전되어 퇴원했다.
- 그날 밤, 통증이 더 심해졌고 배뇨 곤란도 발생하였다. 세 번째 진료한 응급센터 의사는 환자의 방광이 확장되어 있고 오른쪽 하지 직거상 검사에서 양성반응을 보이는 것을 알게되었다. 다른 신경학적 검사나 직장 검사에서 더 이상의 이상 소견은 없었다. 의사는 배뇨를 위해 도뇨관 치료를 하였고 cyclobenzaprine 에 의한 뇨저류로 진단하고 퇴원시켰다. 주치의를 찾아가라고 권유하였다.
- 주치의는 MRI 검사를 시행하였는데 L5-S1의 심한 추간판 탈출이 관찰되었다. 말총 증후군으로 신경외과에 입원하여 탈출된 추간판을 제거하는 수술을 받았다. 치료가 늦어져서 신경성 방광과 성기능 장애의 합병증이 발생하였고 환자는 병원 의사들을 상대로 고소하였다.
- 응급센터를 세 번 방문하면서 응급센터 의사는 위험 증상을 놓치거나 무시하였다. 수차례 실수가 있었는데 이는 새로운 신경학적 증상을 불충분하게 검사하였고, 통증이 악화되는 것을 무시하였으며, 신경학적 검사를 제대로 하는데 실패하였고(직장검사 포함), 처방 약물의 자율신경계 부작용을 잘못 해석하였다. 주치의도 같은 실수를 하였다. 하지만 주치의는 MRI 검사를 시행하였고 말총 증후군을 임상에서 거의 보지 못하기에 일반인이나 판사는 주치의의 오진에 대해서 보다 관대할 수 있었다.
- 위에서 언급했듯이 요추, 천추 신경의 질환은 첫 방문에서는 정확히 진단하기가 어렵다. 이는 MRI를 응급으로 시행하기 힘들기 때문이기도 하다. 하지만 이 환자는 진행하는 신경학적 증상이 있었고, 보다 신속하게 이러한 검사를 시행할 필요가 있었다. 환자의 진행하는 증상을 무시한 채 진통제만 투여한 것이 오진에 이르게 한 것이다.

[증례 7.8] 그것이 전부인가?

- 비교적 양성 기전에 의한 신경성 요통의 증례 두 가지를 소개하겠다. 20대 후반의 전공의가 아침에 조깅을 하던 중 도랑을 밟았다. 그 후 요통이 발생하여 곧 발처짐(foot drop) 증상이 발생하였다. MRI에서 심한 추간판 탈출증이 발견되었고 곧바로 수술을 받았다.
- 저자들의 병원에 근무하는 32세의 간호사가 과거에 등 쪽에 아무런 문제가 없었는데 요통을 호소하며 응급센터를 방문하였다. 옷을 집어 올리려고 허리를 굽히다가 허리에 통증이 발생하였다. 환자는 좌하지의 근력 약화와 통증이 있었고 좌측 4번째, 5번째 발가락에 감각이상이 있었다. 응급으로 요천추 MRI 를 시행하여 L5-S1 추간판의 심한 탈출을 발견하였다. 응급

수술을 시행하였다.

- 이 두 증례는 신경성 요통은 소소한 외상으로도 발생할 수 있음을 알려준다. 척수 손상이나 통증의 중증도가 실제 외상의 정도와 비례하는 것은 아니다. 그러므로 의사들은 보다 자세한 신경학적 검사를 시행해서 요통을 호소하는 모든 환자에게 신경학적 손상 여부의 객관적인 증거를 찾아야만 한다.

[증례 7.9] 쿠마딘 복용 환자의 출혈

- Starr는 "Cortlandt Forum"에서 응급의학 의사에게 악몽과도 같은 요통환자를 보고하였다.[9] 심방세동으로 쿠마딘을 복용하고 있던 78세 여자가 심장내과 전문의를 찾아왔다. 심초음파 검사를 시행하여 심방에 혈전을 발견하였으나 PT(prothrombin time)검사를 시행하는 것을 잊었다.
- 2주 후 환자가 의사에게 전화를 걸어 쉽게 멍이 들고 코피가 난다고 하였다. 의사는 환자에게 다음날 PT 검사를 하자고 하였다. 하지만 이번에는 환자가 이를 잊고 병원에 오지 않았다. 하루 후에 심장내과 전문의가 다른 지방에 가있는 동안, 환자가 이마에 큰 멍이 생겼다면서 대체된 의사에게 전화를 하였다. 대체 의사는 환자에게 쿠마딘 복용을 중단하고 다음날 PT 검사를 하자고 하였다. PT 는 35초로 증가되어 있어서 의사는 환자에게 응급센터에 가서 비타민 K를 처방받으라고 권유하였다. 환자는 응급센터에서 주사를 맞고 PT 검사를 시행하였는데 이때는 30초였다.
- 집에 돌아온 지 얼마되지 않아서 환자는 심한 요통이 발생하여 다시 응급센터를 방문하였다. 응급의학 의사가 검사를 시행하였고 토라돌(Toradol-진통제)을 주사하고는 진통제를 처방하고 퇴원시켰다. 다음날 아침 환자가 자고 일어났을 때 하지 마비가 발생하였다. 응급센터에서 시행한 CT에서 큰 경막외 혈종이 생겨 두 번째 요추 부근의 척수신경을 압박하고 있었다. 환자의 신경손상은 수술로도 없어지지 않았다.
- 환자는 몇 주후 심장내과 전문의, 동료, 그리고 응급의학 의사를 고소하였다. 비록 첫 번째 심장내과 의사가 첫 방문에서 PT 검사를 하지 않았지만, 태만하다고 판결받지는 않았다. 이는 다른 의사들이 환자의 혈액응고 이상을 교정해줄 수 있는 여러 번의 기회를 놓쳐서 발생했기 때문이다. 다른 피고인들은 1,220만 달러의 보상을 하라고 판결하였다. 판사는 이 증례에서 환자 자신이 PT 검사를 할 기회를 놓쳐서 요통이 발생했다는 부분은 고려하지 않았다.
- 저자들은 외상으로 인한 요통 환자에게 항응고제 복용 여부를 확인하는 것이 중요하다고 언급하였었다. 그러나 이 증례에서는 요추부의 외상 병력은 없었다. 대신에 혈액응고 이상을 시사하는 증상(멍, 비출혈)이 있었다. 그러므로 자연출혈의 증거가 있는 경우는 외상의 병력이 없어도 경막외 혈종을 강력하게 의심해야 한다.

References

1 Hamilton GC, Sanders AB, Strange GR *et al.* (2003) *Emergency Medicine: an approach to clinical problem-solving* (2e). Saunders, Philadelphia, Pennsylvania, 483.

2 Hamilton GC, Sanders AB, Strange GR *et al.* (2003) *Emergency Medicine: an approach to clinical problem-solving* (2e). Saunders, Philadelphia, Pennsylvania, 485.

3 Schwartz GR (1999) *Principles and Practice of Emergency Medicine* (4e). Lippincott Williams & Wilkins, Philadelphia, Pennsylvania, 1291.

4 Quiles M, Marchisello J and Tsairis P (1978) Lumbar adhesive arachnoiditis. *Spine*. **3**: 45–50.

5 Mandell GL, Bennett JE and Dolin R (2000) *Mandell, Douglas, and Bennett's Principles and Practice of Infectious Diseases* (5e), Vol 1. Churchill Livingstone, New York, New York, 1194.

6 Herkowitz HN, Garfin SR, Balderston RA *et al.* (1999) *Rothman-Simeone, The Spine* (4e), Vol 1. WB Saunders, Philadelphia, Pennsylvania, 490. Reproduced with permission from Elsevier.

7 Edwards FJ (2002) *The M & M Files: morbidity and mortality rounds in emergency medicine*. Hanley & Belfus, Inc., Philadelphia, Pennsylvania, 151–2.

8 Edwards FJ (2002) *The M & M Files: morbidity and mortality rounds in emergency medicine*. Hanley & Belfus, Inc., Philadelphia, Pennsylvania, 160–62.

9 Starr DS (2004) Have a patient on warfarin? You'd better read this. *Cortlandt Forum*. **17**(3): 94–5.

제 8장

근골격계 손상(Musculoskeletal injuries)

- 환자분류(Triage)
- 병력(History)
- 신체검진(Physical exam)
- 감별진단(Differential diagnosis)
- 진단검사(Diagnostic tests)
- 입원/외래 경과(Hospital/office course)
- 함정(Pitfalls)
- 오류와 흥미있는 증례들(Errors and interesting cases)

근골격계 손상은 응급실이나 일차 진료 외래에서 흔히 볼 수 있다. 이러한 손상은 근육, 뼈, 관절, 인대 등을 다치게 한다. 근골격계 손상은 외상으로 인해 보통 급성으로 생기지만, 과도하게 사용하거나 스트레스로 인해 만성적으로 발생할 수 있다. 물론 근골격계 손상을 일으키는 원인에는 코카인, 약물(예, 콜레스테롤을 낮추는 '스타틴' 약물들), 탈수 등 여러 가지가 있지만 이 장에서는 외상에 의한 근골격계 손상으로 한정하겠다.

환자분류

대부분의 근골격계 손상은 긴급이나 비응급으로 분류할 수 있다. 그러나 응급으로 다루어야 하는 손상들도 있다. 절단, 동맥 출혈이나 과도한 출혈을 동반한 손상, 심하게 오염된 손상, 신경이나 혈관 손상이 의심되는 증상 또는 징후를 보이는 경우에는 응급 치료를 해야 한다. 또한 환자가 열이 나거나 혈압이 낮거나 맥박이 너무 빨리 뛰는 경우와 같이 활력 징후에 이상이 있는 경우에는 가능한 빨리 진료를 해야 한다.

피부가 파손된 근골격계 손상은, 개방성 골절이나 개방성 관절 손상이 아니라고 증명되기 전에는 개방성 손상으로 분류해야 한다. 상처 소독과 항생제 투여까지 걸리는 시간이 영구적인 손상을 막는데 매우 중요하다. 그러므로 이러한 손상은 응급으로 진찰하여야 한다.

피부가 파손되지 않은 근골격계 손상은 세 가지로 분류할 수 있다. 첫째는 신경혈관 손상이나 중요한 변형이 없는 경우로, 대부분을 차지한다. 이런 환자는 급하지 않게 진료할 수 있다. 두번째는 신경혈관 손상은 없으나 중요한 변형이 있는 손상이다. 변형은 전위가 있거나 연부 조직이 심하게 붓거나 굴절된(angulation) 골절에서 발생할 수 있다. 이런 손상은 정상 근골격계 구조가 심하게 변형되기 때문에 신경혈관 손상이 빠르게 일어날 수 있다. 그러므로 이러한 환자들은 가능한 빨리 진찰하여 전위된 뼈를 맞추거나, 구획증후근이 있으면 근막절개술을 하는 등의 빠른 안정화가 필요하다. 마지막 세번째는 신경혈관 손상이 있는 경우이다. 이런 환자들은 바로 치료하지 않으면 팔다리에 영구적인 손실이나 손상이 남기 때문에 적절한 안정화 및 전문가의 협진이 필요하다.

병력

환자나 사고 당시 목격자에게 손상 당시 상황을 자세하게 물어보아라. 손상 기전은 손상을 예상하거나 잠재적 손상을 평가하는데 매우 중요하다. 또한 손상 시점부터 손상 부위의 기능을 평가하여라. 심각한 손상은 종종 근골격계의 정상 기능을 못하게 만든다. 손상 부위 주변도 이물질이나 상처 오염(유리 조각, 더러운 주위 환경)의 확인을 위해 중요하다. 손상이 발생한 시간도 가장 적절한 상처 치료방법을 결정하는데 중요하다. 구급대원이나 응급구조사가 병원에 오기 전에 손상 부위를 어떻게 치료했는지도 중요하다. 파상풍 예방 접종 병력과 내부 장기의 손상 가능성도 평가하여라. 마지막으로 당신이 속한 지역사회에서 의료진이 가정 폭력 등에 대해 어떻게 대처 하도록 규정하고 있는지, 관계법을 확인하여라. 어떤 곳에서는 의무적으로 신고해야 한다.[1)]

환자에게 신경혈관 손상의 증상이 있는지 물어보아라. 새로 생긴 감각 이상, 근력 약화, 운동 제한, 색깔의 변화 등이 신경혈관 손상의 실마리이다. 또한 의사는 잘 드러나는 상처로 인해 가려지는 다른 손상들도 찾아보아야 한다. 어떤 손상 부위의 근위부와 원위부 손상은 흔하기 때문에 손상 부위의 위쪽과 아래쪽 관절을 살펴보는 것을 일반적으로 권장하고 있다. 증례 8.3을 참조하길 바란다. 어떤 손상에서는 신경혈관 손상의 증상이 매우 중요할 수 있는데 왜냐하면 겉으로 보기에는 정상으로 보이기 때문이다. 이런 손상에는 전기 손상, 고압에 의한 찔린 상처가 있다.

상처 치료에 잠재적인 문제가 있는지도 확인하도록 한다. 환자가 국소 마취제에 알레르기가 있는가? 항응고 치료를 하고 있는가? 당뇨나 다른 면역억제를 일으키는 질환이 있는가? 당신이 처방하려는 진통제와 환자가 복용하고 있는 약물 사이에 상호 부작용은 없는가? 환자가 담배를 피우거나 말초 혈관 질환이나 상처가 잘 아물지 않았던 과거력이 있는가? 과거에 켈로이드 형성으로 문제되었던 적이 있는가?

신체검진

근골격계 손상 환자를 진료할 때 활력 징후를 제대로 측정하지 않거나 아예 하지 않는 경우가 자주 있다. 이것은 근골격계 손상이 국소적으로 일어나는 것이라는 개념 때문이다. 대부분의 경우 이

1) 우리나라의 경우 아동복지법 제26조에 의하여 의료인 등은 직무상 18세 미만의 아동 학대를 알게 된 때에는 즉시 아동보호전문기관 또는 수사기관에 신고하여야 한다.

런 잘못된 생각은 사실이다. 그러나 신경혈관 손상의 잠재적 가능성 때문에 처음 활력 징후를 기록하는 것은 매우 중요하다. 또한 활력 징후 가운데 빼먹는 것이 있어서도 안 되는데 각각의 활력 징후가 신체적 스트레스나 내재된 훨씬 심각한 손상의 표시가 될 수 있기 때문이다. 어떤 상황에서는 발목 위팔 지수(ankle/brachial index)와 같은 확장된 활력 징후가 도움이 된다. 발목 위팔 지수는 발목의 수축기 혈압을 같은 쪽 위팔의 수축기 혈압으로 나눈 것이다. 이 지수는 다리의 말초 동맥 질환의 가늠자 역할을 한다.

모든 손상에서 부었는지, 변형이 있는지, 피부가 파손되었는지, 움직일 때 소리(crepitance)가 나는지, 멍이 들었는지, 다른 연관된 손상이 있는지를 검사해야 한다. 손상의 상태는 손상 기전과 손상 주위 환경과 들어맞아야 한다. 만일 그렇지 않다면 의사는 병력을 의심해야 한다. 자세하고 수량화할 수 있는 단어를 사용하여 의무 기록을 작성하라. 즉 부어있는 것은 둘레가 얼마인지 굴절이 있다면 몇 도인지 적으라는 것이다. 그래야 다른 사람이 나중에 보더라도 오해가 생기지 않는다.

모든 근골격계 손상은 더 깊은 구조에 연관된 손상이 있는지 자세히 검사해야 한다. 신경, 인대, 혈관 등에 손상이 있는가? 뼈가 완전히 노출되거나 거의 노출될 만큼 손상이 깊은지 결정하는 것은 항상 중요하다. 만일 뼈가 노출되었다면 개방성 골절에 대한 치료를 반드시 해야 한다.

마지막으로 모든 근골격계 손상을 검사할 때는 항상 신경혈관 검사를 같이 해야 한다. 말초 부위의 맥박과 순환 상태를 반드시 확인해야 한다. 관절의 운동 범위와 근력에도 제한이 있는지 확인해야 한다. 이런 검사들은 뼈를 맞추거나 부목으로 고정하는 등의 시술을 한 뒤에는 다시 반복해서 검사해야 한다. 여러 차례 검사를 시행하면 구획증후군의 발생을 감시할 수 있다.

감별진단

근골격계 손상의 감별 진단은 해부학적 구조를 구성하는 것들로 이루어진다. 피부, 근육, 뼈, 인대, 힘줄, 신경, 혈관 손상에 대해 주의를 기울여야 한다. 또한 손상 부위가 관절 부위나 윤활주머니(bursa), 근육 구획 등을 포함하는지도 적절한 치료를 위해 살펴야 한다. 특정 손상 패턴이나 연관 손상을 반드시 예상하고 인식해야 하는데, 이에 대한 사례들을 소개하면 다음과 같다.

1. 골절 부위를 덮고 있는 피부가 파손되었으면 개방성 골절로 가정해야 한다.
2. 어깨 관절이 앞쪽으로 빠진 경우 겨드랑이 신경 손상이 12%에서 같이 일어난다.[1]
3. 무릎 관절이 빠지면서 오금 동맥(popliteal artery)이 다치는 경우가 33%이다.[2]
4. 상완골 원위부 골절의 경우 종종 신경혈관 손상이 발생하는데 특히 정중신경과 위팔(brachial) 동맥이 손상된다.[3]
5. 손의 해부학적 코담배 상자(snuff box)에 압통이 있으면 처음 방사선 사진과는 상관없이 주상골 골절로 치료해야 한다.

6. 팔꿈치 측면 사진에서 후방 지방 패드(posterior fat pad)는 거의 모든 경우에 요골두 또는 척골의 근위부 골절을 의미한다.[4]
7. 발꿈치뼈 골절이 추락 손상의 경우 생길 수 있기 때문에 발꿈치뼈 골절과 요추의 압박 골절이 같이 일어나는 경우가 10%이다.[5]
8. 골반골이나 대퇴골 골절은 심각한 혈액 소실과 연관이 있다.

몸통 앞과 뒤쪽의 근골격계 외상은 갈비뼈, 척추, 가슴뼈, 빗장뼈, 골반, 내부 장기의 손상을 일으킬 수 있다. 때로는 내부 장기의 혈종, 열상, 천공 같은 심각한 손상이 일어난다. 이런 손상은 상대적으로 겉모습은 정상일 수 있다. 갈비뼈 골절은 기흉과, 가슴뼈 골절은 심장 좌상과, 어깨뼈와 첫 번째 갈비뼈 골절은 대동맥 손상과 연관이 있을 수 있다.[6] 또한 아래쪽 갈비뼈 골절은 간이나 비장의 열상을 일으키기도 한다. 마지막으로 골반 골절은 방광 손상과 자주 연관되어 있다.

진단검사

근골격계 손상을 검사하는 표준(standard) 검사는 일반 방사선 사진이다. 방사선 사진은 뼈 손상을 결정하는데 도움이 될 뿐만 아니라 이물질도 보여줄 수 있다. 또한 가끔은 다른 내부 손상에 대한 실마리를 제공하기도 한다. 이러한 내부 손상에는 기흉, 넓어진 종격동, 횡격막 아래 위치한 자유 공기 등이 있다. 그러나 앞에서 짧게 언급한 대로 일반 방사선 사진도 뼈 손상을 검사하는데 제한점이 있다. 증례 8.5를 참조하기 바란다. 주상골 골절이나 소아에서 Salter Harris 1형 골절은 일반 방사선 사진에서 보통 알아보기 힘들다. 임상적으로 골절이 의심되지만 방사선 사진에서 나타나지 않는 경우 전산화 단층 촬영, 뼈 스캔, 자기 공명 영상 같은 다른 영상 검사법이 도움이 된다. 이러한 검사법들은 골절을 좀 더 정확히 알아보고자 할 때도 사용할 수 있다. 어깨가 너무 넓어 경추 방사선 사진을 찍기 어려운 환자에서 또는 골반 골절의 정도를 알아보기 위하여 전산화 단층 촬영을 시행할 수 있다. 자기 공명 영상은 척수와 추간판(disc)을 검사하는데 가장 좋은 방법이다. 또한 연부조직 손상의 정도를 알아보는데도 가장 좋은 방법이다.

꼭 짚고 넘어가야 할 방사선 검사 시행과 연관된 법적 문제가 있다. 임신이 가능한 여성에게 방사선 사진을 찍으려 할 때는 항상 임신 여부를 고려해야 한다. 물론 전산화 단층 촬영을 할 때도 마찬가지이다. 자기 공명 영상은 대개 임신한 환자에게 안전한 것으로 생각된다. 증례 8.2를 참조하기 바란다. 우리는 승마 도중 오른쪽 엉덩이 쪽으로 떨어진 후 체중을 실을 수 없었던 임산부에게 자기 공명 영상을 찍어야만 했던 것을 기억한다. 일반 방사선 검사에 대한 지침이 별로 없어서 잠재적으로 골절을 놓칠 수 있는 취약점이 있다. 의사는 발목과 무릎 손상에서의 Ottawa Rule, 무릎 손상에서의 Pittsburgh Rule과 같은 공인된 몇 가지 임상 지침을 잘 알고 있어야 한다. 우리는 일반 방사선 검사의 시행을 고려하는데 중요한 세 가지 요소를 알아냈다. 그것은 손상 기전, 환자의 기능 저하,

환자의 전반적인 건강 상태(너무 어리거나 노인은 방사선 사진을 찍는데 너무 인색하지 말아야 한다)이다. 이상적으로는 골절된 뼈를 제자리로 맞추기 전에 방사선 사진을 찍어야 한다고 생각한다. 단 하나의 예외는 신경혈관 손상이 있어 즉시 뼈를 제자리로 맞추어야 하는 상황이다. 우리는 골절된 뼈를 맞춘 후에 찍은 방사선 사진에서 골절을 발견한 경우가 있는데 나중에 의사의 정복(reduction) 기술에 대해 비난 받을 수 있다. 뼈 맞추기 전에 찍은 방사선 사진이 없으면 법정에서 그 골절이 처음부터 있었다는 것을 증명할 방법이 없다. 마지막으로 치료 방향을 결정하기 위해 다양한 각도에서 방사선 사진을 찍어야 한다. 왜냐하면 어떤 손상은 환자가 방사선 사진을 찍기 위한 자세를 취하기 어렵게 하기 때문에 적절치 못한 각도나 자세에서 검사를 하게 된다. 다시 강조하지만 우리는 이런 상황으로 인하여 골절을 놓치는 경우를 봤다.

신경혈관 손상이 있을만한 상황에서는 다른 진단 검사들도 해야 한다. 칼라 도플러나 동맥조영술은 혈관 손상을 검사하는데 도움이 된다. 초음파는 정맥 울혈과 혈전을 검사하는데 좋다. 자기 공명혈관 촬영술은 혈관촬영을 대신하여 많이 쓰이고 있다. 이것은 특히 목 부위 외상 환자에서 경동맥 박리를 감별하는데 쓸모가 있다. 마지막으로 압력 감시 장치를 이용하여 구획 압력을 얻을 수 있다.

몸통 앞과 뒤쪽 근골격계 손상에서는 다른 검사도 필요하다. 옆구리나 골반 부위를 다친 경우에는 소변 검사를, 가슴 부위 손상은 심전도를, 복부의 왼쪽 위쪽을 다친 경우에는 일반 혈액 검사를 해야 한다. 손상 기전과 손상 부위에 따라 진단 검사법을 결정해야 한다.

입원/외래 경과

근골격계 손상의 치료는 증상 치료부터 팔다리를 살리기 위한 응급 수술까지 범위가 다양하다. 근골격계 손상에 관한 소송은 대부분 처음 진료할 때 놓친 중요한 손상을 나중에 발견하는 경우에 발생한다. 또한 환자에게 퇴원 교육을 제대로 하지 않았거나, 손상이 늦게 증상을 나타내거나 악화되는 경우에도 소송이 발생할 수 있다. 그러므로 진찰 과정 전체에서 의무 기록을 잘하는 것은 매우 중요하다.

처음 진찰한 소견과 치료 술기 후의 진찰 소견을 기록해라. 신경혈관 상태와 기능 이상은 꼭 기록해야 할 두 가지 중요한 임상 소견이다. 이 두 가지를 기록하면 후에 의사의 술기로 인해 손상이 발생했다는 소송을 예방할 수 있다. 증례 8.6을 참조하길 바란다. 만일 방사선 사진을 찍지 않는다면 의무 기록에 왜 그러지 않았는지 짧게라도 기록해야 한다(예를 들어 3일전 엉덩이 쪽으로 떨어졌으나 별 문제 없이 잘 걸어 다녔다). 모든 손상 환자는 증상이 좋아지지 않거나, 새로 증상이 생기거나 나빠지면 반드시 다시 내원하도록 해야 한다. 만일 방사선 사진이 의심스러우면 부목과 같은 보존적 치료를 하고 정형외과나 영상의학 전문의에게 의뢰하여 가능한 자세하게 판독하도록 한다. 비슷한 경우로, 만일 당신이 판독한 내용과 공식 판독이 다른 경우에는 가능한 환자에게 이것을 알리고 필요한 만큼 치료를 조절해라. 환자가 이렇게 판독이 다르다는 사실을 몇 주 또는 몇 달 뒤에 다른 의사를 통해 알게 하지 말아라.

응급 치료가 필요한 손상은 가능한 빨리 최선을 다해 치료해라. 환자가 응급실에 있는 시간을 길게 하는 것 가운데 가장 많은 이유가 방사선 사진을 모두 찍는데 걸리는 시간이다. 대부분은 찍어야 할 사진이 많아서이다. 방사선 기사에게 어떤 사진을 즉시 찍어야 하는 것인지 알려주는 것은 치료하는 의사의 책임이다. 종종 정형외과 의사가 수술을 하고 있어 응급실 환자를 진료하는데 오랜 시간이 걸린다. 그러므로 응급의학과 의사가 탈구나 골절된 뼈를 맞추는 기술을 알고 있을 필요가 있다. 정형외과 의사가 오기를 기다리는 안정된 환자라도 자주 신경혈관 상태를 점검하여라.

마지막으로 이야기할 내용은 특정 손상의 보존적 치료에 관한 것이다. 이런 손상에서는 보존적 치료가 의료 소송을 하는 흔한 이유인 만성 통증이나 장애를 예방하는데 중요하다. 예를 들어 손 부위를 다친 환자가 주상골 골절이나 엄지손가락 인대 손상이 의심되면 thumb spica 부목을 해야 한다. 이런 경우에 손목이나 엄지손가락의 부목만으로는 적절한 치료가 될 수 없다. 증례 8.1을 참조하기 바란다. 경골의 거친면(tubercle) 위쪽의 통증을 호소하는 청소년은 방사선 사진에 별 이상이 없어도 만성 통증을 예방하기 위해 통증을 유발하는 활동은 피해야 한다. 마지막으로 Jones 골절(제5중족골 기저부골절) 환자는 적어도 6주간의 짧은 다리 부목이 필요한데, 뼈가 잘못 붙을 위험이 많기 때문이다.

함정

엄지손가락의 손상은 철저한 검사와 보존적 치료가 필요하다. 왜냐하면 손의 모든 기능에 엄지손가락의 도움이 필요하기 때문이다. 부정확한 검사나 치료로 인해 심한 장애와 기능 손실이 일어난다. 그래서 엄지손가락 손상에는 thumb spica 부목 같은 특별한 고정법이 있다. 그리고 다른 손가락의 절단 손상과는 달리 엄지손가락의 절단 손상을 다시 이어주는 기준이 따로 있다. 또한 척골쪽 곁인대 손상[2]의 경우 '사냥터지기 엄지' 나 '스키어의 엄지' 와 같이 다른 이름으로 부르기도 하는데 이는 특정 운동 종목과 자주 연관되어 나타나기 때문이다. 증례 8.1을 참조하길 바란다.

어린 아이의 근골격계 손상은 때로는 진단하는데 많은 어려움이 있다. 이들은 손상 기전이나 정확한 손상 부위를 말로 표현하지 못하거나 하더라도 충분치 못하다. 증례 8.4를 참조하기 바란다. 마찬가지로 신경혈관 손상을 검사할 때도 어린 아이는 이해력이 부족하여 제한이 많다. 마지막으로 고의로 아동 학대를 하는 경우도 고려해야 한다.

팔다리에 입은 거의 모든 근골격계 손상은 구획 증후군이 생길 가능성이 있다. 그러므로 환자를 퇴원시킬 때, 언제 다시 진료 받으러 와야 하는지 명확하게 설명하는 것이 신중한 행동이다. 환자에게 구획 증후군의 증상과 징후가 적힌 퇴원 설명지를 주는 것이 도움이 된다. 환자에게 그것을 읽고

2) Thumb MCP joint의 ulnar collateral ligament injury. 역사적으로 사냥터지기(gamekeeper)에게 잘 생겼으나 최근에는 스키 손상으로 많이 발생된다.

어떠한 증상이나 징후가 있으면 다시 진료 받으러 오도록 교육해야 한다. 또한 간호사에게도 환자 증세가 나빠진다는 전화를 받으면 의사에게 연결시키든지 환자에게 빨리 내원하도록 말하도록 가르쳐라. 우리 경험을 보면 간호사는 이런 종류의 합병증에 익숙하지 않아서 방사선 사진이 괜찮으니까 더 나빠질만한 것이 없다고 생각하고 환자에게 통증을 참거나 진통제를 더 먹어보라고 권한다. 이런 사례가 바로 증례 8.7이다.

근골격계 손상을 치료하다보면 때로는 의인성(iatrogenic) 손상을 일으킬 수 있다는 것을 알아야 한다. 부목과 캐스트를 너무 꽉 조이게 하면 구획 증후군이 일어날 수 있다. 민감한 부위에서는 욕창이 생기기도 한다. 또한 척추 고정판(spinal board)에 환자를 오래 눕혀놓아도 욕창이 생길 수 있다. 대부분의 합병증은 환자가 퇴원한 후에 발생하기 때문에 환자가 퇴원 후에 통증이 더 심해진다고 전화를 하거나 다시 찾아오는 경우 방심해서는 안 된다. 그 통증이 무조건 처음 손상 때문일 거라고 가정하여서는 안 된다. 증례 8.8과 8.9를 참조하기 바란다.

오류와 흥미있는 증례들

[증례 8.1] 엄지손가락이 아래로 쳐지다!

- Edwards는 M & M files에서 엄지손가락 손상을 오진하여 기능 장애를 가져온 증례를 보고하였다.[7] 20세 남자가 축구 경기에서 엄지손가락이 눌려 찌그러지는 손상을 입고 다음날 응급실로 내원하였다. 응급의학과 의사는 엄지손가락의 기능에 관하여는 기록하지 않았다. 그 대신 방사선 사진을 찍었고 이상 소견이 없어서 엄지손가락 부목을 하고 퇴원시켰다. 환자에게 3일간 부목을 하고 있을 것과 증상이 좋아지지 않으면 주치의에게 찾아갈 것을 설명하였다.
- 환자가 의사의 설명대로 3일 뒤 부목을 제거였으나 5일이 지나도 통증이나 붓기가 좋아지지 않아 주치의를 찾아갔다. 그리고 그 의사는 척골쪽 곁인대가 손상된 "스키어의 엄지" 라는 생각이 들어 환자를 정형외과 의사에게 의뢰하였다. 정형외과 의사는 좀 더 확실하게 부목을 했어야 했고 좀 더 빨리 왔어야 했다고 생각했다. 비록 환자는 엄지손가락에 3주간 보존적 부목을 더 하고, 물리 치료도 받았지만 가구 제작자로서 더 이상 제대로 역할을 할 수 없었다. 응급의학과 의사는 기록을 제대로 하지 않아서 법정에 가보지도 못하고 돈을 물어줘야 했다.
- 엄지손가락은 기능의 손상 여부를 철저하게 검사해야 한다. 그리고 다른 손가락보다 보통 더 긴 시간 동안 보존적 치료를 해야 한다. 단순한 손가락 부목은 엄지손가락이 움직이는 것을 막지 못한다. Thumb spica 부목이 훨씬 좋은 고정을 한다. 엄지손가락 손상을 오진하고 잘못 치료하면 심각하고 영원한 장애를 남기고 많은 합의금을 물어줘야 한다.

[증례 8.9] 취급 주의

- Gardner와 Mendelson이 Foresight에서 부적절한 치료로 일어난 의인성 손상에 관한 증례를 보고하였다.[14] 이 증례에서 의사는 진단과 근골격계 손상에 대한 처음 치료는 잘 하였다. 그러나 퇴원 전에 한 치료 때문에 심각한 합병증이 일어났다. 43세 남자가 암벽 등반을 하고나서부터 오른손 가운데 손가락이 아프다며 응급실에 왔다. 응급의학과 의사는 환자의 근위부 손가락뼈 사이 관절에 확실한 변형이 있는 것을 보았다. 방사선 사진에서 관절이 손등 쪽으로 어긋나 있었다. 의사는 손가락 신경 마취를 하고 어긋난 관절을 다시 맞추었다. 방사선 사진을 다시 찍어 보니 제대로 맞추어졌다. '환자에게 부목을 대고 퇴원시킬 것' 이라고 챠트에 기록하였다. 그러나 정확히 어떻게 부목을 하라고는 표시하지 않았다. 간호사가 관절을 최대로 편(full extension) 상태에서 부목을 하였고 1주나 2주 후에 정형외과 의사에게 가라고 설명하였다.
- 열흘 뒤에 환자가 정형외과 의사를 만났다. 환자는 통증이 심하고 관절을 완전하게 구부리지 못하였다. 정형외과 의사는 환자를 손 전문의에게 의뢰하였다. 손 전문의는 바닥판(volar plate) 손상을 수술하였다. 수술로 손가락 기능은 좋아졌으나 힘든 일을 한 뒤에는 손가락이 아프고 부었다. 환자는 더 이상 암벽 등반을 할 수 없다며 응급의학과 의사와 손 전문의를 고소하였다. 손 전문의는 결국 소송에서 제외되었고 응급의학과 의사만 유죄 판결을 받았다.
- 응급의학과 의사의 변호인은 좋은 사례를 만났다고 느끼지 못했다. 의사가 진단과 처음 치료를 잘 했음에도 불구하고, 부목과 기록을 제대로 하지 않아서 변호하기 어려웠다. 원위부 손가락뼈사이관절과 근위부 손가락뼈사이관절 손상은 마치 손으로 소프트볼을 잡을 때처럼 손가락을 30~35도 정도 구부린 상태로 부목을 대야 한다. 그래야 곁인대가 구축되지 않는데, 관절을 최대한 펴고 부목을 하고 오랫동안 움직이지 않으면 구축이 생긴다. 의사는 절대로 간호사나 기사가 손상 부위에 부목을 제대로 댈 것이라고 신뢰해서는 안 된다. 그리고 치료 방침을 잘 알고 있어야 한다.

References

1 Simon RR and Koenigsknecht SJ (2001) *Emergency Orthopedics: The Extremities* (4e). McGraw-Hill, New York, New York, 320.
2 Simon RR and Koenigsknecht SJ (2001) *Emergency Orthopedics: The Extremities* (4e). McGraw-Hill, New York, New York, 477.
3 Simon RR and Koenigsknecht SJ (2001) *Emergency Orthopedics: The Extremities* (4e). McGraw-Hill, New York, New York, 240.
4 Juhl JH, Crummy AB and Kuhlman JE (1998) *Paul and Juhl's Essentials of Radiologic Imaging* (7e). Lippincott-Raven, Philadelphia, Pennsylvania, 57.
5 Simon RR and Koenigsknecht SJ (2001) *Emergency Orthopedics: The Extremities* (4e). McGraw-Hill, New York, New York, 535.
6 Ferrera PC, Colucciello SA, Marx JA *et al.* (2001) *Trauma Management: An Emergency Approach*. Mosby, St. Louis, Missouri, 252.
7 Edwards FJ (2002) *The M & M Files: morbidity and mortality rounds in emergency medicine*. Hanley & Belfus Inc., Philadelphia, Pennsylvania, 147–8.
8 Edwards FJ (2002) *The M & M Files: morbidity and mortality rounds in emergency medicine*. Hanley & Belfus Inc., Philadelphia, Pennsylvania, 153.
9 Edwards FJ (2002) *The M & M Files: morbidity and mortality rounds in emergency medicine*. Hanley & Belfus Inc., Philadelphia, Pennsylvania, 156–7.
10 Edwards FJ (2002) *The M & M Files: morbidity and mortality rounds in emergency medicine*. Hanley & Belfus Inc., Philadelphia, Pennsylvania, 163–4.
11 Edwards FJ (2002) *The M & M Files: morbidity and mortality rounds in emergency medicine*. Hanley & Belfus Inc., Philadelphia, Pennsylvania, 165–6.
12 Selbst SM and Korin JB (1999) *Preventing Malpractice Lawsuits in Pediatric Emergency Medicine*. American College of Emergency Physicians, Dallas, Texas, 74.
13 Selbst SM and Korin JB (1999) *Preventing Malpractice Lawsuits in Pediatric Emergency Medicine*. American College of Emergency Physicians, Dallas, Texas, 150.
14 Gardner AF, Mendelson DJ (2002) Avoidable Errors in Wound Management. *Foresight: Risk Management for Emergency Physicians*. **55**(October): 6–7.

제 9장

숨가쁨(Shortness of breath)

- 환자분류(Triage)
- 병력(History)
- 신체검진(Physical exam)
- 감별진단(Differential diagnosis)
- 진단검사(Diagnostic tests)
- 입원/외래 경과(Hospital/office course)
- 함정(Pitfalls)
- 오류와 흥미있는 증례들(Errors and interesting cases)

숨이 차서 내원한 환자는 응급실 내원의 단지 2-3%를 차지하지만, 전체 병원입원에는 15-25%를 차지한다.[1] 이런 불일치는 증상의 심각성과 연관이 있다. 전문심장소생술에서 언급한대로 기도(소생술의 ABCs 중 A)와 호흡(B)은 생존을 위한 처음 두 가지 요건이다. 이 두 가지 요건에 문제가 발생하면 환자의 예후는 나빠질 가능성이 높다. 따라서 숨이 찬 환자의 입원이 다른 증상에 의한 입원에 비해 더 자주 발생하는 경향이 있다.

참고문헌에 따르면, 숨이 찬 환자의 66%-75%가 심장이나 호흡기 원인을 가지고 있다.[2] 그러나 우리는 감별진단 단락에서 숨이 찬 원인이 다른 장기로부터도 발생할 수 있음을 다룰 것이다. 다른 장에서 다룬 통증과는 달리, 적당한 환기와 산소섭취(oxygenation)를 유지하기 위한 생리는 여러 기관의 상호작용이 필요하다. 호흡자극은 중추신경계에 의해 조절된다. 해부학적인 기도는 입인두에서부터 폐까지이다. 적당한 환기는 충분한 관류와 기능적인 혈색소의 존재를 필요로 한다. 따라서, 정상적인 폐기능에 문제가 발생할 수 있는 많은 경로가 있다.

환자분류

신체의 다른 모든 기관이 정상기능을 유지하기 위해서는 호흡이 중요하기 때문에, 숨이 찬 증상은 심각하게 취급되어야 한다. 숨이 찬 환자에서 응급으로 평가와 치료가 필요하지 않은 경우는 거의 없다. 생체징후가 정상이고, 호흡기계의 과거력이 없고, 불편감이 없어 보이는 환자만이 유일하게 예외가 될 것이다. 앞 문장에서 '또는' 이 아닌, '그리고' 를 사용한 점에 대하여 주의하라. 이는 호흡기계의 허탈이 임박한 심각한 천식환자가 정상 생체징후를 보이는 사례에서 알 수 있다.

심각한 폐질환의 과거력을 가진 환자에서도 마찬가지이다. 수차례 기관삽관의 과거력을 가진 숨이 찬 천식환자를 생체징후가 정상이고, 불편감이 없어 보인다고 해서 대기실에 앉혀놓지 말아야 한다. 이런 환자들은 빠르게 호흡부전으로 진행될 가능성이 있어 기도관리는 모니터가 되는 상태에서 수행되는 것이 최선이다. 환자가 기존에 폐질환의 과거력이 없다고 하더라도, 능숙한 환자분류 간호사는 몇몇 탐지할 수 있는 작업에 익숙하여야 한다. 환자가 최근의 골절에 의한 석고붕대를 하고 있습니까? 그렇다면 환자는 폐색전증에 대하여 응급으로 평가를 받아야한다. 당뇨환자는 어떻습니까? 무증상 심근경색증을 가진 환자가 단지 숨이 찬 증상만을 나타낼 수 있습니까? 환자가 당뇨병성 케톤산증 입니까? 이런 질문들은 의사들이 환자분류 간호사가 체크하고 있는지 확인해야 하는 몇 가지 상황이다. 어떤 병원에서는 간호사가 시행하는 세미나를 통해 환자분류에 대하여 교육을 받는다. 우리는 이런 방침에 대하여 동의하지 않는다. 우리는 의사들이 그들의 경험을 환자분류 간호사에게 전달하기 위한 시간을 가져야 한다고 믿는다. 숨겨진 응급상황의 미묘한 소견을 어떻게 발견하는지에 대해 의사들이 간호사에게 교육하는데 더 익숙하다.

숨이 찬 증상이 있고 불편감을 보이거나 또는 생체징후가 비정상인 환자는 의사를 보기위해 바로 진찰실로 가야한다. 의사가 다른 응급환자를 보고 있다면 환자는 모티터를 달고 보존적인 치료를 시작할 수 있다. 보존적인 치료는 일반적으로 산소, 분무기(nebulizer) 치료, 심전도로 구성된다.

병력

천식이나 만성폐쇄성 폐질환(COPD)의 병력을 가진 환자들은 숨가쁨을 주소로 응급실에 내원하는 가장 일반적인 집단이다. 천식환자는 천식의 중증도(예를 들어 입원, 기관삽관, 사용하는 약물, 정상 최고호기유속, 응급실 방문)에 따라 평가되어야 한다. 처음으로 쌕쌕거리는 사람에게는 천식에 관한 가족력을 물어봐야 한다. 그들의 이번 발작과 연관된 사건에 대하여도 조사하여야 한다. 다음과 같은 것들이 포함 된다: 유발인자, 발열, 객담의 색, 악화 시 사용한 약물, 악화 시 최고호기유속. 숨이 찬 증상이 있는 모든 환자에게 발열, 객혈을 포함한 색이 있는 객담, 흉통, 최근의 고정(immobilization), 다리의 통증이나 부종 등이 있는지 질문하는 습관을 가져야 한다. 이런 것들이 있을 경우 다른 병인에 대하여 주의하여야 한다. 아스피린이나 베타 차단제와 같은 몇 몇의 약물은 천식을 악화시킬 수 있으므로 환자의 현재 사용 중인 약물을 차트에 기록하는 것은 항상 중요하다.

만성폐쇄성 폐질환 환자에게는 천식환자에게 사용된 대부분의 내용에 대하여 질문되어져야 한다. 그러나 만성폐쇄성 폐질환 환자에게는 몇 개의 독특한 병력이 있다. 이런 환자들은 항상 기본적으로 객담을 배출한다. 따라서 객담의 양이 증가하였는지, 객담의 양상이 변했는지 질문하는 것은 그들의 악화 정도를 평가하는데 도움이 된다. 이들은 관상동맥질환과 같은 다른 연관된 만성 의학적 문제를 가지고 있는 경향이 있고, 심근경색과 울혈성 심부전을 더 많이 가진다. 마지막으로 이들은 테오필린이나 디곡신과 같은 폐나 심장에 대한 약물을 복용하는데 자주 치료 농도이하나 독성 수준에 있을 수 있다.

모든 숨이 찬 청소년이나 성인에게는 흡연력에 대하여 질문하여야 한다. 담배의 사용과 연관된 많은 의학적 문제(특별히 폐의 문제)와 증가된 이환율 때문에 이는 매우 중요하다. 우리는 환자가 흡연을 중단하라고 들은 적이 있는지에 관한 원고 대리인의 논쟁을 본 적이 있다. 또한 우리는 흡연에 대한 질문이 좋은 의학적 수단임을 발견했다. 왜냐하면 당신이 간단히 흡연에 대하여 질문하면 환자의 대부분은 흡연이 그들의 건강에 해로우며 약간의 죄책감을 느낄 것이기 때문이다. 심장 문제가 숨가쁨을 유발하는 경향이 있기 때문에 성인 환자에게는 심장 문제에 대하여 질문하여야 한다. 여기에는 흉통이 있는지 질문하는 것을 포함한다. 증례 9.7을 참조하여라.

숨이 찬 환자의 일부에서는 어떤 추가적인 병력의 조사가 필요할 수 있다. 야간 발한과 체중감소가 있는 사람에게는 결핵에 노출된 병력을 물어본다. 키가 크고 마른 사람에게는 과거에 자발성 기흉의 병력을 물어본다. 관상동맥 우회술 후 숨이 찬 원인이 흉막삼출임을 종종 보게되므로 수술의 병력을 물어보는 것도 중요하다. 마지막으로 객혈과 체중감소를 동반한 비흡연자에게는 석면에 노출되었는지 질문하여야 한다.

폐색전증이 의심되는 환자에서는 심부 정맥혈전증이나 폐색전증의 병력에 대하여 물어본다. 과거력이 없다고 하더라도 가족력이 있을 경우 계속 의심하여야 한다. 이번 발병과 연관된 위험인자에 대하여도 조사하여야 한다. 우리는 Tintinalli에서 사용한 'Thrombosis'의 약어를 사용하려고 한다.[3]

T : Trauma

H : Hypercoaguable, hormone replacement

R : Recreational drugs (intravenous drugs)

O : Old age (>40)

M : Malignancy

B : Birth control pill, blood group A

O : Obesity, obstetrics

S : Surgery, smoking

I : Immobilization

S : Sickness

우리는 여기에 Rosen과 Harrison에 나온 것을 바탕으로 몇 가지를 추가하려고 한다. 이 중 일부는 우리가 만든 것이다.[4, 5]

T : Thrombocytosis (i.e. polycythemia vera)

H : Human Immunodeficiency Virus, hemolytic anemia, heart failure

R : Rest (bed)

O : Orthopedic fractures

M : Myocardial infarction, myeloproliferative disease

B : Burns

O : Operation(especially pelvic and orthopedic)

S : Spinal cord injuries

I : Indwelling catheters

S : SLE (systemic lupus erythematosus)

우리가 폐색전증의 가능성을 평가하는데 다소 긴 논의를 한 것에 주목하라. 이는 폐색전증이 진단하기 가장 어려운 질병 중에 하나이며 매우 높은 이환율과 사망률을 보이기 때문이다. 사실 폐색전증을 놓친 것은 의사에게는 매우 충격적인 사건이다.

신체검진

'숨가쁨' 만큼 생체징후의 5가지 모두를 언급해야 하는 증상은 아마 없을 것이다. 생체징후는 개인의 건강상태에 대한 전반적인 개요를 나타내며, 적당한 호흡 기능을 위해서는 많은 기관의 상호작용이 필요하다. 앞에서 언급한 대로 심한 불편감을 호소하는 환자가 정상 생체징후를 나타낼 수 있으며, 특정한 환자에서는 맥박산소측정이 거짓으로 비정상일 수 있다. 예를 들어, 말초순환이 잘 되지 않는 환자는 산소포화도가 실제보다 낮게 측정될 것이며, 일산화탄소 중독 환자는 거짓으로 높은 산소포화도를 나타낼 수 있다.

이학적 검사의 첫 단계는 환자의 전체적인 모습과 생리적 색깔을 보는 것이다. 환자가 쌕쌕거림이 들리거나 늑골사이 함몰이 있는가? 환자가 앞으로 앉아 있거나, 협착음(stridor)이 있거나 말을 하는데 문제가 있는가? 환자가 창백하거나 청색증이 있는가? 이 모든 것이 심각한 호흡기 불편감의 징후이며 즉각적으로 접근하여야 한다. 반대로 바로 누워서 정상적으로 말을 하는 환자는 심각한 불편감은 없을 것이다.

머리, 눈, 귀, 코, 인후(HEENT) 진찰은 입인두에 초점을 두어야 한다. 숨이 참을 설명할 수 있는 폐쇄의 징후를 찾아라. 편도와 목젖이 붓고 커져있는가? 편도주위농양이나 인두후농양이 있는가? 이물의 존재를 의심하게 하는 피가 섞이거나 악취가 나는 분비물이 있는가? 혈관부종이 있는가?

기도검사를 아래쪽으로 계속하기 위해 목 검사를 시행한다. 상부기도폐쇄를 시사하는 협착음이 들리는가? 기관의 편향이나 피부 공기증의 존재를 확인한다. 이는 자발 기흉이나 종격동 기종에서 발생할 수 있다. 현저한 목의 부종이나 선병증(adenopathy)은 기도를 침범한 농양이나 종양의 실마리가 될 수 있다.

숨이 찬 환자의 이학적 검사에 가장 중요한 부분은 폐와 심장의 진찰이다. 언급한대로 대부분의 증례에서 병인은 이 두 가지 기관 내에 있다. 천명음, 협착음, 수포음 등의 비정상적인 호흡음의 기술이 중요한 것처럼 공기의 흐름이 적당한지에 대한 기술도 중요하다. 나쁜 호흡노력과 공기의 흐름을 가진 환자는 청진 가능한 호흡음을 만들 충분한 공기를 움직이지 못할 수 있다. 공기 흐름의 부재는 또한 기흉을 시사할 수 있으며 이는 다른 진단적 검사 전에 즉각적인 치료가 필요하다. 울혈성 심부전이나 빠른 부정맥의 존재를 나타내는 심장 진찰 소견이 있는가?

이제 전체 기도에 대한 평가가 끝나면 임상적인 적응에 따라 다른 기관에 대한 진찰을 추가한다. 호흡 욕구가 감소된 환자는 신경학적 검사를 시행하여야 한다. 간질환이나 복부 수술의 병력이 있는 환자는 복부 팽창에 대한 촉진이 필요하다. 심부 정맥혈전증의 위험인자를 가진 환자에게는 근골격계의 진찰이 필수적이다. 마지막으로 말초혈관질환의 위험인자를 가진 환자의 관류상태를 평가하기 위해서 혈관 진찰이 필요하다.

감별진단

위에서 언급한대로 숨가쁨은 여러 기관의 병리로부터 유발된다. 가장 일반적인 두 기관은 심장과 폐이다. 이들 장기로부터 발생하는 호흡부전의 원인은 뒤에서 논의하겠다. 그러나 의사는 호흡곤란이 흉부로부터 기원하지 않는 질병에서 발생할 수 있음을 잊지 말아야 한다. 빈혈, 일산화탄소 중독, 메트헤모글로빈 혈증이 숨이 찬 증상의 흔한 혈액학적인 원인이다. 복수, 위식도 역류는 호흡곤란의 위장관 원인이다. 호흡부전의 정신적인 원인으로는 불안장애, 아스피린 중독이 포함된다. 마지막으로 갑상선 기능이상, 당뇨병성 케톤산증이 숨가쁨을 유발할 수 있는 내분비적 질환이다.

숨가쁨의 심장원인에 대한 방대한 목록을 Tintinalli에서 찾을 수 있다.[6] 일반적인 것으로 울혈성 심부전, 심근경색, 부정맥, 심근병증, 고혈압위기가 있다. 일반적이지 않은 것에는 심낭염, 심장 눌림증, 판막질환이 있다.

또한 숨가쁨의 호흡기 원인에 대한 방대한 목록이 같은 참고문헌에 있다. 흔한 것에는 천식, 만성 폐쇄성 폐질환, 폐렴, 폐부종, 무기폐가 있다. 일반적이지 않은 것에는 폐좌상, 폐 섬유화, 호흡곤란 증후군, 사코이드증, 기흉, 폐색전증이 있다.

진단검사

우리는 숨이 찬 환자에게 동맥혈가스분석(ABG)을 시행하는 것을 지지한다. 우리는 일부 의사가 그것을 신뢰하지 않으며, 그것의 명확한 적용에 관한 문헌을 찾을 수 없음을 알고 있다. 그러나 우리는 동맥혈가스분석이 특정 상황에서는 유용하다는 것을 알고 있다. 위에서 언급한대로 맥박산소측정이 믿을 수 없는 환자에서는 ABG가 생체징후의 확장으로 도움이 될 수 있다. 우리는 또한 동맥혈가스의 폐포 동맥간 산소분압차를 저위험군 환자에서 폐색전증의 진단 지표로 사용하기를 좋아

한다. 이 검사는 d-dimer 검사가 되지 않는 상황에서 더욱 유용하게 사용된다. ABG는 과호흡이나 이산화탄소 축적 환자에서 또한 유용하다. 마지막으로 정상 동맥혈가스는 퇴원 후 보상능력이 상실된 환자에 대한 좋은 법적 증거 자료이다.

숨이 찬 환자에 대한 진단검사의 첫째의 초점은 폐와 심장을 평가하는 것에 있다. 흉부 X-선 검사와 심전도는 가장 흔하게 처방되는 검사이나 모든 환자에게 처방할 필요는 없다. 심장의 위험인자나 기존의 심장 병력을 가지지 않은 젊은 환자(40세 미만)에게 아마도 심전도는 필요하지 않을 것이다. 그러나 우리는 심전도에 대하여 다소 관대하며, 50세 이상이거나 심장에 대한 위험인자를 가지고 있거나, 심장병의 병력을 가진 호흡곤란 환자에게 심전도를 일반적으로 처방할 것이다. 비슷하게, 호흡곤란이 악화된 환자(천식, 만성폐쇄성 폐질환)에서 지난 에피소드와 유사하고 치료에 의해 호전되었다면 흉부 X-선은 필요하지 않을 수 있다. 대부분의 다른 상황에서는 흉부 X-선 검사가 적용될 수 있는데 이는 위에서 언급한 많은 질병을 찾아낼 수 있는 기능 때문이다. 그러나 많은 호흡기계 질환에서 초기의 흉부 X-선은 정상일 수 있다. 증례 9.4를 보아라.

혈액검사는 특정 환자에서 도움이 될 수 있다. CBC는 빈혈이 의심되는 환자에서 도움이 된다. 테오필린과 같은 호흡기 약물의 혈중농도가 진단의 실마리를 제공할 수 있다. 마지막으로 심근경색이 의심되는 경우 심장효소검사가 적응이 된다.

폐색전증이 의심되는 환자에서 진단을 암시하거나 확인할 수 있는 몇 가지 임상 검사가 있다. 의사는 종종 이런 검사의 결과와 임상적 의심과 사실을 결합하여야 할 것이다. 흉통(제2장)의 '진단검사' 부분에 있는 폐색전증에 대한 검사에 관한 내용을 보아라. 이런 검사(폐혈관조영술을 제외하고)의 분석에 심각한 제한점에 대하여 아래의 '함정' 에서 지적하겠다. 폐색전증에 대한 평가에서 진단검사를 처방할 때 일반적인 흐름은 '혈관촬영술을 제외하고, 중간 또는 높은 임상적 가능성이 있을 때 음성의 결과는 임상의로 하여금 계속적인 검사를 진행하도록 하는 경향이 있다' 는 것이다.[7]

심초음파는 숨이 찬 원인 중 심장에서 기인한 것을 평가하는데 있어 빠르고 비침습적인 방법이다. 외상환자의 특정부위에 대한 초음파검사(FAST)에는 심막삼출을 찾기 위한 심장막 영상(pericardial view)이 포함된다. 초음파의 다른 이용에는 판막에 대한 평가와 심벽 움직임의 평가가 포함된다.

입원/외래 경과

숨이 찬 환자는 응급처치가 필요한 경우가 많을 것이다. 특별히 호흡상태가 빠르게 보상기능을 상실하는 환자는 기도확보와 보조환기, 기흉에 대한 바늘 감압술, 폐색전증에 대한 혈전용해제의 사용이 필요할 수 있다. 처음 두가지의 술기에 대해서 일반적인 원칙은 '의심이 되면 시행하라' 이다. 두 술기에 의한 합병증은 극히 드물고, 주저하면 환자에게 치명적인 오류를 제공할 수 있다. 아래의 증례 9.5를 보아라.

일부 환자는 즉각적인 생명을 보존하는 술기가 필요하지는 않더라도 응급처치가 필요할 수 있다.

이런 치료는 처방되어야 하며, 이후의 재조사를 위해서 적절하게 시간이 차트에 기록되어야 한다. 예를 들어 기관지연축에 대한 분무기(nebulizer) 치료나 폐렴에 대한 항생제치료가 있다. 우리병원은 일단 폐렴의 진단이 이루어 지면 30분 내에 항생제치료를 시작하는 것을 목표로 한다. 모든 치료적 중재 후 추적검사를 기입한다. 숨가쁨의 심장원인에 대한 치료는 2장에서 논의한다.

호흡곤란으로 내원한 환자가 퇴원하기 전에는, 환자의 호흡이 향상되었으며 언제 다시 방문하고 누구와 함께 추적관찰을 할지에 관한 명확한 지시를 환자가 받았다는 것을 기록하라. 호전이나 안정됨을 보여주기 위해서 퇴원 시 산소포화도를 기록하는 습관을 가져라. 증례 9.6을 보아라. 환자가 약을 복용할 수 있는지, 사용하는 방법을 아는지 확인하라. 항생제나 흡입제는 꽤 비쌀 수 있으며 환자가 흡입제를 구입하지 못하거나 항생제 치료를 시작하지 못해서 환자가 숨이 찬 증상으로 되돌아가는 것을 볼 수 있다. 모든 흡연자에게 담배를 줄이거나 금연하라고 권유하여야 한다. 마지막으로 환자가 폐색전증을 가지고 있지 않다고 안심하고 확신하는지 자기 스스로에게 질문하라.

함정

관상동맥질환의 위험인자를 가진 환자에서 숨가쁨으로 가장한 협심증에 주의하라. 이런 환자에서 우리는 숨가쁨을 흉통과 동일하게 진단검사와 치료를 시행한다. 이런 보수적 접근으로 무증상 심근경색의 진단이 가능하다. 다음의 증례 9.7을 보아라.

피임약은 건강하고 젊은 여성이 심부 정맥 혈전증(DVT)과 폐색전증(PE)의 위험에 놓이게 한다. 이는 잘 증명된 현상이며 많은 소송의 근거가 되고 있다. 호르몬 보충요법과 DVT 또는 PE와의 연관성 역시 언급되었으나 피임약만큼 확실하지는 않다. 젊은 여성의 폐색전증 증례를 보아라(증례 9.1). 폐색전증은 선행 질환이 없는 젊고 건강한 여성을 죽일 수 있는 드문 질병의 하나이기 때문에 우리는 이것이 중요한 교육 증례라고 느낀다.

환기/관류 스캔의 해석은 까다로울 수 있다. 일반적으로 환기/관류 스캔은 다음의 4가지 결과 중 하나로 해석된다: 정상, 낮은 가능성, 높은 가능성, 폐색전증 양성. 스캔이 정상이나 양성으로 판독되면 임상적인 의심이 정반대가 아니라면 혼란이 동반되는 경우는 거의 없다. 그러나 환기/관류 스캔은 다른 호흡기 질환(예를 들어 폐렴, 폐부종)에서 존재할 수 있는 비정상 때문에 정상으로 판독되는 경우가 매우 드물다. 게다가 정상 폐 스캔도 폐동맥 순환의 세분절 가지에 있는 폐색전증을 놓칠 수 있다. 스캔이 낮은 혹은 높은 가능성으로 판독되면 치료 결정은 더욱 어려워진다. 아래 불운의 32세 여성의 증례를 보아라. 마지막으로 폐색전증의 감별을 위한 나선형 컴퓨터단층촬영도 비슷한 제한점을 가진다. 이는 더 작고 말초의 폐색전을 놓칠 수 있는 상당한 확률을 가지고 있다.[8] 증례 9.2를 보아라.

어린 아이에서 감염의 증거 없이 천명, 기침과 같은 지속적인 호흡기 증상은 이물의 흡입을 의심해야 한다. 유아는 이물을 입안에 넣고 잘 삼키는 것으로 유명하다. 또한 그들은 부모나 의사들에게 이런 사실을 잘 말하지 않는다. 따라서 이런 환자를 평가할 때 경부와 흉부의 X-선 검사를 고려하여야 한다. 증례 9.3을 보아라.

우리는 만성폐쇄성 폐질환의 악화나 폐렴과 같은 호흡기 문제에 의해 얼마나 노인들이 파괴되기 쉬운지 때때로 잊어버린다. 노인에서 입, 퇴원의 결정은 그들의 감소된 예비능(reserve)과 보상 기전 때문에 극도로 보수적으로 해야 한다. 폐 기능은 심장의 보상능력과 함께 감소된다. 게다가 그들은 많은 의학적 질병을 가지고 있을 수 있고, 혼자 살거나 그들의 호흡이 나빠졌을 때 다시 병원에 방문할 수단을 가지고 있지 않을 수 있다. 우리는 많은 노인 환자가 응급실, 외래, 집에서 빠르게 보상능력을 상실하는 것을 보았다. 증례 9.6을 보아라.

퇴원하는 환자에게 호흡치료를 과감히 바꾸는 것은 신중하지 못한 것이다. 많은 종류의 호흡치료들(예를 들어 흡인기, 분무기, 스테로이드, 크로몰린, 류코트리엔 길항제, 테오필린, 항콜린제, 가정산소)이 있기 때문에, 우리는 환자들을 입원하지 않은 상태로 유지하기 위해 때때로 가능한 많은 치료를 사용한다. 그러나 이 중 일부는 즉각적으로 작용하지 않고, 일부는 즉시 얻을 수 없으며, 일부는 즉시 사용하는 방법을 배우기가 매우 어렵다. 따라서 이들 치료의 처방은 때때로 성공하기 전에 실패를 맛본다. 증례 9.7을 보아라.

울혈성 심부전과 폐색전증의 임상양상은 종종 매우 유사하다. 숨가쁨, 저산소증, 빈맥, 하지부종은 두 질환의 공통된 증상과 징후이다. 게다가 심한 울혈성 심부전 환자는 종종 보행이 불가능하다. 이는 심부 정맥 혈전증의 소인이 되고 진단에 혼란을 야기한다. 증례 9.8을 보아라.

마지막으로 숨가쁨은 전신 질환의 표현일 수 있다는 점을 잊지 말아라. 적당한 호흡기능은 신경계, 근골격계, 호흡기계, 심혈관계의 조합을 필요로 한다. 따라서 모든 숨이 찬 환자가 호흡기계의 질병을 가지고 있는 것은 아니다. 우리는 증례 9.9에서 이 점을 나타내는 '얼룩말' 증례를 보였다.

오류와 흥미있는 증례들

[증례 9.1] 절대로 너무 어리지 않다

- 17세 여성이 1주일간 간헐적으로 숨이 찬 증상을 주소로 응급실에 내원하였다.[9] 그녀는 최근에 피임약을 복용하기 시작하였고, 며칠 전에 그녀의 일차 진료의에게서 불안장애라고 진단받았다. 응급실에 내원 당시 그녀의 초기 생체징후는 호흡수 28회/분, 맥박 116회/분, 산소포화도는 대기(room air)에서 96%이었다. 응급실 의사는 환자가 매우 불안해 보였으며, 폐진찰상 천명음은 없다고 기록하였다. 그는 분무기 치료와 다이아제팜을 처방하였다. 환자는 증상이 좋아짐을 느꼈고 집으로 퇴원하였다.
- 환자의 호흡은 퇴원 후 더욱 나빠졌으며 다음날 다른 응급실을 방문하여 동맥혈가스검사와 폐스캔을 실시하여 폐색전증을 진단받았다. 추가적인 문진을 통해 다과응고(hypercoagulability)

의 문제를 가지고 있는 친척들이 있음이 밝혀졌다. 환자는 장기간의 합병증없이 치료를 받았으나, 그녀의 어머니는 오진에 대하여 처음의 병원당국에게 불만을 제기하였다.

- 많은 의사들이 그녀의 나이 때문에 이 환자에게 폐색전증의 진단을 고려하지 않았을 것이라고 하더라도, 위험인자에 대한 평가는 여전히 신중해야 한다. 환자는 피임약을 복용하고 있었으며, 많은 가족력을 가지고 있었다. 첫 번째 응급실 의사는 이런 병력을 얻는 것에 소홀하였다. 그는 또한 환자의 비정상적인 생체징후를 알아차리지 못했다. 결과적으로 진단이 최초의 방문에서 이루어지지 않았다.

[증례 9.2] 주의를 가지고 해석하라

- 32세 여성이 숨가쁨, 구역, 발한을 주소로 응급실에 내원하였다.[10] 그녀는 거의 실신하였으나 흉통은 없다고 하였다. 그녀의 발은 2주전의 발목 염좌로 인해 석고붕대에 싸여 있었다. 그녀는 흡연자였고, 공황발작의 병력이 있었다. 그녀의 생체징후는 대기 중 맥박산소측정 상 95%, 맥박 100회/분, 호흡수 26회/분이었다.
- 응급실 의사는 그녀의 혈전색전성 질환에 대한 수많은 위험인자와 albuterol 치료 후 증상의 호전이 없는 이유로 폐색전증에 대한 정밀검사를 처방하였다. 그녀의 심전도 검사는 약간의 동성빈맥을 보였다. 그녀의 대기 중 동맥혈가스분석 상 pCO_2 34mmHg, pO_2 90mmHg 이었고, 환기/관류 스캔은 '낮은 가능성' 으로 판독되었다. 의사는 환자의 일차 진료의와 상의한 후 '과호흡 증후군' 으로 진단하여 퇴원시키기로 결정하였다.
- 다음날 환자가 일차 진료의사를 방문하였을 때, 그녀에게는 추가적인 검사 없이 같은 진단이 주어졌다. 다음날 그녀는 심장마비 상태로 응급실에 내원하였으며, 회복되지 않았다. 부검 결과 대량의 폐색전이 사인으로 밝혀졌다.
- 의사는 환기/관류 스캔의 결과에 기초하여 환자의 입, 퇴원 여부를 결정하였다. 폐색전이 임상적으로 높게 의심되는 환자에서 '낮은 가능성' 의 스캔은 의심을 가지고 접근해야 한다. 이 환자는 폐색전증에 대하여 치료를 받거나 추가적인 검사를 진행하였어야 한다. 게다가 과호흡 증후군은 다른 모든 질환을 제외한 후에 진단되어야 한다. 이 환자는 안전하게 폐색전증의 진단을 배제하지 못했다.

[증례 9.3] 저 아이는 무엇이든 먹을 것이다

- 3세 아이가 3주간 지속되는 마른기침을 주소로 응급실에 내원하였다. 기침은 가래를 동반하지 않았으며, 발열이나 천명음, 협착음과 관계가 없었다. 또한 밤에 더 나빠지는 것처럼 보였

다. 아이는 두 차례 소아과 의사에게 진료를 받았고 항생제 치료를 마쳤으며, 기침약을 계속 복용하고 있으나 도움이 되는 것 같지 않았다. 아이의 어머니는 어떤 알레르기 증상도 없다고 하였다.

- 이학적 검사 상 생체징후는 정상이었다. 아이는 호흡 불편감이 없었다. 그의 폐 진찰 소견은 정상이었다. 지속적인 증상으로 인해 X-선 검사가 시행되었다. 아이의 흉곽이 작아 경부의 대부분이 X-선에서 보였다. 5센트 동전 크기의 이물이 경부의 전후영상의 앞쪽에서 보였다. 이는 삼킨 동전이 식도에 있는 것과 일치하였다(기관에 있는 이물은 일반적으로 전후영상에서 시상면으로 보인다). 환자의 어머니는 지속적인 기침의 원인을 발견하고 매우 놀랐다.
- 우리는 6장, 다리 통증에서 소아환자의 경우 X-선 촬영 처방에 대하여 낮은 역치를 유지할 것에 대하여 언급하였다. 숨이 찬 소아환자에 대하여도 비슷한 주장을 할 수 있다. 아이들은 그들의 증상에 대하여 제한적인 병력만을 제공할 수 있다. 게다가 그들은 의사에게 중요한 사실(이물을 삼킨 것)을 말하지 않을 수 있다. 따라서 X-선은 때때로 진단에 도움이 될 수 있다.

[증례 9.4] X-선은 때때로 뒤쳐진다

- 흉부 X-선은 숨이 찬 환자에게 매우 소중한 검사이다. 이는 의사에게 수 초안에 진단을 제공할 수 있다. 그러나 흉부 X-선의 제한점에 대해서도 알고 있어야 한다. 폐렴에 대한 X-선의 민감도는 특정 상황에서 감소한다. 이는 환자가 탈수되어 있거나 흡인의 초기에는 들추어내지 못한다. 이는 또한 '보행 가능한' 폐렴이나 주폐포자충 폐렴(PCP)과 같은 특이한 폐렴에서는 정상일 수 있다.
- 23세 건강한 남성이 2일간의 우측 흉막성 흉통과 숨이 찬 증상을 주소로 응급실에 내원하였다. 그는 발열을 동반하지 않았으며, 생체징후는 정상이었다. 이학직 검사도 정상이었다. 흉부 X-선 검사와 심전도를 시행하였으며 이상소견은 발견되지 않았다. 영상의학과 의사도 환자의 X-선을 정상으로 판독하였다. 통증은 Toradol을 정맥주사한 뒤 좋아졌으며 흉막염 의증 하에 퇴원하였다.
- 그는 증상의 호전이 없어 2일 뒤 다시 응급실에 내원하였다. 생체징후나 진찰 소견 상 중요한 차이는 없었다. 흉부 X-선 검사를 다시 시행하였으며, 검사 상 1cm×1cm×1.5cm 크기의 고음영의 병변이 우측 중간 말초 폐야에서 관찰되었다. 일반혈액검사(CBC)는 정상이었다. 이 병변에 대하여 흉부 CT를 시행하였으며, 영상의학과 의사는 '괴사성 농양'으로 판독하였다.
- 환자는 정맥 항생제와 추가적인 검사를 위해 호흡기내과에 입원하였다. 우리는 환자 병리의 원인에 대하여 관심이 있어 입원하고 있는 동안 매일 환자를 방문하였다. 그는 항생제 치료로 점진적으로 호전되었다. 모든 배양검사(혈액, 객담, 항산균, 진균)는 음성이었다. 환자가

점진적인 호전을 보였기 때문에 기관지경과 조직검사는 시행하지 않았으며, 결정적인 미생물도 발견되지 않았다. 그럼에도 불구하고 이번 증례는 정상인 초기 X-선에만 의존하지 말것을 강조하고 있다.

[증례 9.5] 이송을 할 때에는 기도를 걱정하라

- 도시의 응급실 의사가 어느 날 저녁 그의 병원으로부터 100마일 떨어진 작은 시골의 응급실 의사로부터 전화를 받았다. 시골의사는 만성폐쇄성 폐질환의 병력을 가진 심한 울혈성 심부전과 폐부종 상태로 내원한 환자를 보고 있었다. 시골의사는 그의 병원에 중환자실이 없어 전원을 허락해 줄 것을 요구하였다.
- 도시의사는 동의하였으나 그의 동맥혈가스분석 상 pCO_2가 90mmHg인 것을 걱정하였다. 그래서 그는 환자의 이송 전에 기관삽관을 요구하였다. 시골의사는 그것에 대하여 동의하였으며 대화는 끝났다. 도시의사는 병원에 응급구조사가 그들은 '5분 정도 거리에 있으며 환자가 호흡을 멈췄다' 는 무전을 할 때까지 이 환자에 대하여 더 이상 어떤 정보도 듣지 못했다. 도착 직후 환자는 즉각적으로 기관삽관을 시행 받았고 소생될 수 있었다. 불행히도 그는 입원 과정에서 합병증이 발생하여 결과적으로 사망하였다.
- 시골의사는 응급실에 시간제 근무를 하고 있었으며, 기관삽관에 익숙하지 않음이 나중에 밝혀졌다. 심지어 그는 환자를 보내기 전에 이 술기를 시도조차 하지 않았다. 이것이 적절한 안정화 없이 중환자를 이송하는 결과가 되었다. 이는 또한 EMTALA(Emergency Medical Treatment and Active Labor Act)의 위반을 의미한다. 더욱 중요한 것은 이는 환자의 건강을 불필요하게 위험에 빠뜨렸다.
- 기도의 보호와 유지는 전문심장소생술에서 가장 중요한 개념이다. 따라서 이는 불안정하거나 불안정해질 가능성이 있는 환자의 이송에 있어 중요하다. 적절한 기도를 제공하는데 실패한 것이 많은 EMTALA 위반과 의료과오 소송의 주제였다.

[증례 9.6] 노인, 연약함, 동반질환

- 83세 여성이 기침과 숨이 찬 증상이 있어 ciprofloxacin과 구강 흡입제를 사용하였으나 증상의 호전이 없어 응급실에 내원하였다.[11] 과거력상 고혈압, 뇌졸중, 만성폐쇄성 폐질환이 있었다.
- 내원 당시 생체징후는 체온 37.6℃, 혈압 160/90mmHg, 호흡수 28회/분 이었고 산소포화도는 기록되어있지 않았다. 청진 상 호흡음은 전체적으로 감소되어 있었으며, 호기 시 천명음이 들렸으나 울혈성 심부전의 징후는 없었다. 의사는 환자의 피부가 따뜻한 것을 느꼈고, 직장체온

으로 38.4℃ 임을 확인하였다. 응급실에서 시행한 검사 상 흉부 X-선 검사에서 우측 하엽에 폐렴이 발견되었으며, 혈액검사 상 백혈구 15,000/㎕, 간상호중구(band form)가 2%였다.

- 두 번의 호흡치료와 한번의 해열제 투여 후, 그녀는 호전됨을 느꼈으며, 열도 떨어졌다. 그녀는 집으로 가기를 원했으며, 의사는 마지못해 그녀의 요구를 존중해 주었다고 나중에 진술하였다. 그는 환자에게 1회 복용할 항생제와 스테로이드와 항생제에 관한 처방전을 주었다. 그녀는 1-2일 안에 주치의에게 추적 관찰할 것을 설명 받았다. 응급실 의사는 환자가 혼자 살고 있는 것을 몰랐으며, 퇴원 시의 산소포화도를 기록하지 않았다.
- 그날 밤 환자는 더욱 숨이 찼다. 그녀의 딸이 간병을 위해 방문하였으며, 다음날 오전 병원에 모시고 가기로 결정하였다. 그러나 잠시 후 환자는 화장실을 가려다가 넘어져 골반 골절이 발생하였다. 병원에서의 산소포화도는 89%였다. 그녀의 딸은 처음의 응급실 의사에게 환자를 입원시키지 않은 것에 대하여 소송을 제기하였다.
- 이번 증례에는 이 환자가 외래에서 잘 치료 받을 수 없다는 것을 제시하는 많은 실마리가 있다. 그녀는 이미 항생제와 흡인제를 외래에서 사용하였으나 효과가 없었다. 그녀는 만성폐쇄성 폐질환을 포함한 여러 만성질환을 가지고 있는 노인이었다. 그녀는 혼자 살고 있었고, 응급실에 다시 내원할 손쉬운 수단을 가지고 있지 않았다. 마지막으로 환자가 퇴원하기에 적당한 상태라는 것을 설명하는 의무기록이 충분하지 않았다(산소포화도는 기록되지 않았다).
- 의사가 환자에게 입원하라고 적어도 5분간 설득하였다고 나중에 주장하더라도, 그는 이와 같은 대화에 대하여 전혀 기록해 두지 않았다. 게다가 그는 환자가 그가 제안하는 치료를 따르지 않았다는 서류(진료거부, 자의퇴원)도 작성하지 않았다. 마지막으로 그는 의학적 치료에 대하여 환자와는 다른 의견(훨씬 보수적인)을 가진 가족이 있을 수 있다는 것을 고려하지 않았다. 우리는 노인환자를 치료할 때 자주 이런 현상을 경험한다.

[증례 9.7] 가려진 급성관상동맥증후군

- 만성폐쇄성 폐질환의 과거력이 있는 65세 남성이 증가된 기침과 숨이 찬 증상을 주소로 응급실에 내원하였다.[12] 집에서 사용한 흡입제, 스테로이드, 혈압약, 니트로글리세린과 같은 약물이 그의 호흡을 향상시키지는 못했다. 환자분류 간호사는 그가 흉통이 있음을 알았으나 의사에게는 전달되지 않았다. 그의 입술은 청색증을 보였고, 맥박산소포화도는 84%를 보였다. 그는 만성폐쇄성 폐질환의 악화로 수차례 입원을 하였으며 가정 산소치료를 준비 중이었다.
- 그는 응급실에서 산소와 정맥 스테로이드, 흡입기 치료 후 회복되었다. 응급실 의사는 환자의 흉통에 대하여 어디에도 기록하지 않았으며 어떤 심장검사도 처방하지 않았다. 3시간의 치료와 관찰 후 산소장비를 환자의 집으로 배달되도록 한 후 환자는 집으로 퇴원하였다.

- 두 시간 뒤, 산소가 도착하기 전, 환자는 더욱 심한 흉통이 발생하였다. 응급구조사는 도착당시 서맥이고, 맥박은 촉지 되지 않은 채, 임종호흡을 하고 있는 환자를 발견하였다. 그는 응급실에서 회복되지 않았다. 결과적으로 응급실 의사에게 의료소송이 제기되었다.
- 응급실 의사는 가정산소를 준비시키려고 노력하고, 환자가 외래에서 치료받을 수 있게 노력하였으나 이 환자는 퇴원하기에는 너무 많은 위험신호를 가지고 있었다. 그는 수차례 비슷한 악화로 인해 입원한 병력이 있다. 그는 집에서 흡인제와 스테로이드치료에 실패하였다. 우리는 가정산소가 환자를 더 가까이서 지켜볼 수 있는 일차 진료의에 의해 처방되었어야 함에 동의한다. 우리는 가정산소가 증상이 최고로 악화되었을 때가 아닌 환자의 악화가 해결되었을 때 준비되었어야 한다고 생각한다. 가정산소는 갖추는데 쉽지 않고, 보존적인 치료이며, 교정하는 치료는 아니니다. 청색증의 입술과 맥박산소 포화도가 80대 초반인 것은 응급실에서 임상적으로 호전된 것과 상관없이 의무기록 검토자에게 환자가 퇴원해도 된다는 것을 보여주지 않는다. 마지막으로 의사는 많은 심장질환의 위험인자와 흉통을 호소하는 환자의 심장상태를 확인하지 않았다.

[증례 9.8] 흡사한 것에 주의하라

- 울혈성 심부전과 폐색전증이 비슷한 증상과 징후로 내원할 수 있지만, 의사가 좀 더 폐색전증을 의심할만한 병력이나 진찰 상 특별한 소견이 있다. 우리는 의과대학에서 진단이 명확할 때 얼룩말을 찾지 말라고 배웠다. 이 말이 대부분의 경우에 옳다고 하더라도 어떤 경우에는 적용하지 못할 수도 있다. 임상양상이 비슷한 경우, 두 질환이 같이 존재할 경우, 하나의 질환이 다른 질환을 초래하는 경우가 이에 해당한다. 우리는 움직이지 못한 병력이 있을 경우, 다리의 비대칭적인 부종, 모호한 흉부 X-선, 다른 위험인자가 있을 경우 폐색전증에 대하여 더욱 주의를 기울여야 한다.
- 울혈성 심부전과 만성폐쇄성 폐질환의 과거력을 가진 70세 남성이 걸을 때 발생하는 호흡곤란을 주소로 응급실에 내원하였다.[13] 이런 증상은 내원 3일 전에, 약이 떨어진 후 발생하였다. 그는 발목을 다쳐 약국에 걸어갈 수가 없었다.
- 응급실 의사는 환자가 빈맥과 식은 땀, 헐떡거리는 것을 확인하였다. 그는 보조호흡근을 사용하고 있었고, 자세한 병력을 말할 수 없었다. 그의 생체징후는 혈압 150/100mmHg, 맥박 110회/분, 호흡수 40회/분, 체온 37.7℃, 대기 중 산소포화도 83% 이었다. 중요한 이학적 검사의 소견은 다음과 같다. 경정맥 확장, 간경정맥반사(hepatojugular reflex), 우측이 좀 더 심한 양측의 함요부종, 그리고 약간의 수포음이 폐의 아래부위에서 들렸다.
- 의사는 심장판넬, 심전도, 흉부 X-선, BNP를 검사하였다. 심전도는 분당 110회의 동성빈맥과

우각차단 소견을 보였다. 흉부 X-선에서는 심비대와 우측 흉막삼출이 관찰되었다. 의사의 임상적 진단은 울혈성 심부전이었다. 그는 아스피린, 정맥 퓨로세마이드, 니트로글리세린을 처방하였다. 환자는 이런 약물에 의해 호전되지 않았다.

- BNP level은 240pg/ml 였다. 의사는 이 값을 그의 울혈성 심부전 의증을 확인하는 수준으로 판단하였다. 의사는 추가적인 퓨로세마이드와 니트로글리세린 점적 주사를 처방하였다. 그러나 환자의 임상적 상태는 악화되었다. 그는 기관삽관 후 중환자실로 입원하였다. 잠시 후 환자는 저혈압에 빠졌으며 심초음파상 우심실의 확장과 운동감소증 소견이 보였다. 이는 폐색전증을 시사하는 소견이다. 환자는 항응고제와 혈전용해제를 투여 받았으나 그는 장기간 입원치료를 받았다. 환자는 응급실 의사와 병원을 상대로 의료소송을 제기하였다. 피고측은 의사가 폐색전증의 진단을 고려하였다고 증명하기 어렵다고 판단하였기 때문에 이 사건을 합의하기로 결정하였다.
- 이번 증례에서 환자의 증상은 폐색전증의 몇 가지 위험신호를 동반하고 있다. 환자의 증상이 울혈성 심부전이나 만성폐쇄성 폐질환에 의해 설명이 된다고 하더라도 이런 위험신호는 확인되고 주목되어져야 한다. 환자는 최근에 움직이지 못했으며 비대칭의 하지 부종이 있었다. 그의 임상 소견은 체액과부하(fluid overload)를 시사하나 흉부 X-선은 이를 뒷받침하기에는 미미한 소견이었다. 이는 심각한 좌심부전의 증거없이 우심부전의 가능성을 올려준다. 이런 조합은 폐색전증에서 자주 보인다. 마지막으로 BNP level이 100pg/ml에서 400pg/ml 사이일 경우 심부전 외에 다른 병인에 대한 추가적인 검사가 필요하다. 큰 폐색전증의 증례에서 BNP level이 200~300pg/ml 사이로 보고 되었다.

[증례 9.9] 두 번째 내원 시에는 더 찾기 쉽다

- 42세 여성이 2일 간의 숨이 찬 증상으로 응급실에 내원하였다. 그녀는 또한 지난 1년간 시야의 문제를 호소하였다. 응급실 의사는 환자의 신체징후가 정상임을 확인하였다. 또한 그는 이학적 검사에서도 별다른 이상소견을 발견하지 못했다. 그럼에도 불구하고 그는 환자의 증상을 심각하게 생각하고 많은 검사를 시행하였다.
- 환자는 8시간 동안 응급실에서 관찰 되었다. 환자는 심장검사와 뇌 전산화단층촬영을 시행 받았다. 환자는 또한 d-dimer 검사도 시행 받았으나 모든 검사는 정상이었다. 그는 신경계, 호흡기계, 심혈관계 질환의 어떤 증거도 발견하지 못했다. 그는 환자에게 환자의 주관적인 증상에 대하여 객관적으로 설명할 수 없음을 말하였다. 그리고 환자는 퇴원하였고 그 주에 일차 진료의사에게 추적 관찰하라고 설명받았다.
- 2일 뒤 환자는 숨이 찬 증상이 악화되어 다시 응급실에 내원하였다. 다른 응급실 의사가 그녀

의 호흡이 임종호흡이 되어가고 호흡부전이 임박함을 알았다. 빠른연속기관삽관(RSI)을 위한 약물을 주입하기 직전에, 그는 환자가 눈을 뜨지 못하고, 말이 분명하지 않고, 상지의 근력약화가 있음을 발견하였다. 그는 환자가 중증근무력증(myasthenia gravis)일 가능성을 생각하였다. Tensilon test를 시행하였고 환자는 극적으로 반응하였고 기관삽관은 시행되지 않았다. 그녀는 빠른 회복을 보였으며 현재는 신경과 진료를 받고 있다.

- 이 환자의 초기 증상은 아마도 대부분의 응급실 의사에게는 어려웠을 것이다. 중증근무력증의 진단은 응급실에서는 드물게 이루어진다. 또한 환자가 결정적인 근육마비를 동반한 심각한 발작을 보이지 않는다면 일반적으로 그 증거가 명확하지 않다. 그럼에도 불구하고 이번 증례는 환자의 숨이 찬 원인을 심장과 폐 밖에서도 찾아보아야 한다는 것을 제시하고 있다.

References

1 Hamilton GC, Sanders AB, Strange GR *et al.* (2003) *Emergency Medicine: an approach to clinical problem-solving* (2e). Saunders, Philadelphia, Pennsylvania, 623.

2 Tintinalli JE, Kelen GD and Stapczynski JS (2000) *Emergency Medicine: a comprehensive study guide* (5e). McGraw-Hill, New York, New York, 443.

3 Tintinalli JE, Kelen GD and Stapczynski JS (2000) *Emergency Medicine: a comprehensive study guide* (5e). McGraw-Hill, New York, New York, 416.

4 Rosen P, Barkin R (1998) *Emergency Medicine: concepts and clinical practice* (4e), Vol II. Mosby, St Louis, Missouri, 1874–6.

5 Fauci AS, Braunwald E, Isselbacher KJ *et al.* (1998) *Harrison's Principles of Internal Medicine* (14e). McGraw-Hill, New York, New York, 1403.

6 Tintinalli JE, Kelen GD and Stapczynski JS (2000) *Emergency Medicine: a comprehensive study guide* (5e). McGraw-Hill, New York, New York, 444.

7 Edwards FJ (2002) *The M & M Files: morbidity and mortality rounds in emergency medicine*. Hanley & Belfus, Inc., Philadelphia, Pennsylvania, 46.

8 Edwards FJ (2002) *The M & M Files: morbidity and mortality rounds in emergency medicine*. Hanley & Belfus, Inc., Philadelphia, Pennsylvania, 44.

9 Edwards FJ (2002) *The M & M Files: morbidity and mortality rounds in emergency medicine*. Hanley & Belfus, Inc., Philadelphia, Pennsylvania, 35–6.

10 Edwards FJ (2002) *The M & M Files: morbidity and mortality rounds in emergency medicine*. Hanley & Belfus, Inc., Philadelphia, Pennsylvania, 39.

11 Edwards FJ (2002) *The M & M Files: morbidity and mortality rounds in emergency medicine*. Hanley & Belfus, Inc., Philadelphia, Pennsylvania, 193–5.

12 Edwards FJ (2002) *The M & M Files: morbidity and mortality rounds in emergency medicine*. Hanley & Belfus, Inc., Philadelphia, Pennsylvania, 198–200.

13 McNutt E, Tabas JA (2003) Acute CHF Exacerbations. *Foresight: Risk Management for Emergency Physicians*. **58**(October): 2–3.

제 10장
실신(Syncope)

- 환자분류(Triage)
- 병력(History)
- 신체검진(Physical exam)
- 감별진단(Differential diagnosis)
- 진단검사(Diagnostic tests)
- 입원/외래 경과(Hospital/office course)
- 함정(Pitfalls)
- 오류와 흥미있는 증례들(Errors and interesting cases)

실신은 응급실에서 매년 약 3%정도 검사를 받는 비교적 드물지 않은 증상이다. 정의로는 갑자기 의식의 소실을 동반하여 자세를 유지할 수 없는 상태를 말한다.[1] 다른 여러 질환에 의한 의식의 소실과는 달리 실신은 저절로 의식을 회복하는 양상을 보인다. 가실신(Near syncope, presyncope라고도 불림)은 의식의 소실이 없다는 점 이외에는 실신과 같은 방식으로 병이 진행되며 보통 검사 방법도 동일하게 진행한다.

환자분류

실신을 이유로 응급실에 오는 환자의 대부분은 응급상황이 아닌 것으로 보인다. 그러나 노령 또는 심장질환이나 신경학적인 질환의 병력이나 고위험군 등의 특별한 집단은 즉각적인 주의를 요한다. 활력징후에 이상이 있는 환자는 분명히 다른 환자와 달리 응급으로 분류해야 한다. 실신시에 흉통(심근 경색, 대동맥 박리, 폐색전증, 대동맥협착증), 두통(뇌지주막하 출혈), 복통/요통(복부대동맥류의 누출, 자궁외 임신의 파열)의 증상이 있을 시에는 적신호로 인식하여 즉각적인 조치를 취해야 한다.[2] 또한 임신기간 중의 실신이나 호흡곤란을 동반한 실신은 폐색전증의 위험이 높다는 것을 인지하고 진료에 주의가 요망된다. 마지막으로 환자의 상태가 안 좋아 보이는 것도 심각한 질환이 있다는 단서이다. 안색이 창백하고 무기력해 보이는 환자는 위장관 출혈에 의한 증상으로 생각하고 조기에 활력징후를 안정화 시켜야 한다. 환자가 국소적인 쇠약이나 발음의 장애등이 있을 시에는 뇌혈관계의 이상에 대한 검사를 시행해야 한다. 분류소의 의료인은 환자가 실신으로 인하여 즉각적인 치료가 필요한 외상을 받았는지에 대해 검진을 해야 한다. 또 지속적인 구토나 설사를 하는 실신

환자는 이에 맞는 수액 치료를 해야 한다.

실신을 하는 대부분의 환자는 응급 상황이 아닌 긴급으로 환자를 분류해야 한다. 심장질환이나 신경학적 질환이 없는 50세 이하의 젊은 환자, 전형적인 반사성(reflex-mediated)실신 환자나 약물에 의한 실신, 현재 다른 증상이 없는 실신환자들이 이에 해당한다. 정상의 활력징후와 힘들지 않아 보이는 모습 또한 후자의 환자군에 속하는 조건이 된다.

병력

실신환자의 과거 내과적 병력은 환자를 분류하는 데 중요한 단서가 된다. 과거에도 실신을 한적이 있는가? 그렇다면 어떤 검사를 받았으며 당시 의사의 소견은 무엇이었는가? 설명되지 않거나 검사 받지 않은 반복된 실신은 항상 관심을 가지고 집중적인 조사를 진행해야 한다. 심장질환, 신경학적 또는 정신과 질환의 병력은 실신의 원인이 심각한 질환이라는 단서를 제공한다. 장염이나 간염 등 최근의 질환이 흔하며 보통 좋은 경과를 보인다(수액 부족으로 인한 실신). 심박조율기를 지닌 실신환자는 언제 마지막으로 심박조율기를 점검하였는지를 물어보아야 하고, 조율기의 작동 이상을 염두에 두어야 한다. 대부분의 환자들은 제조사나 관리기술자의 연락처를 알기 때문에 이들에게 이러한 정보를 물어봐야 한다. 이러한 방법으로 기술자가 와서 심박조율기를 점검하도록 할 수 있다. 마지막으로 폐색전증의 위험인자가 있거나 임신의 가능성이 있는지 확인해야 한다. Blok은 *Tintinalli* 책에서 '처음 실신한 환자의 13% 까지 폐색전증을 진단 받는다' 고 하였다.[3]

실신의 병력은 이전의 상황과 당시의 상황, 이후의 경과에 대해 상세히 알아야 한다. 당시의 상황이 통증이나 무서운 상황 이후라면 전형적인 혈관미주신경 실신을, 기침, 대소변의 지림, 삼킴 이후의 실신은 상황 실신(situational syncope)을 의심한다. 경동맥동 실신은 면도, 고개의 회전, 꽉 조이는 칼라, 두경부의 악성종양의 병력이 있을 시에 발생할 수 있다. 환자가 구토, 설사, 과다한 출혈(예, 생리, 위장관 출혈)이 있다면 기립성 저혈압을 의심한다. 만성적으로 스테로이드를 사용하는 사람이 최근 사용을 중단하였을 때 부신 위기(adrenal crisis)로 인한 기립성 저혈압이 드물게 나타나기도 한다. 환자가 새로운 약물의 복용을 시작하였거나 이전의 약물 용량을 변경하였는지, 환자가 두통이나 전조를 호소한 후 실신을 하였다면 편두통인지를 확인한다.

환자 또는 목격자에게 실신 당시의 상황이나 실신 후의 상황에 대해 자세하게 물어 봐야 한다. 대부분의 환자들이 이러한 상황에 대해 말하는 것을 일과성으로 지나가는 것으로 표현하기 때문에 환자들이 가실신, 또는 가벼운 두통, 현훈이나 경기, 심지어 심한 피곤상태로 표현하는 것을 듣게 된다. 실신은 보통 유발 원인에 의해 일시적으로 뇌로 가는 혈류의 감소가 나타난다. 심인성 실신의 경우 아무런 사전 징후 없이 갑자기 나타나며, 실신 이후에 눕혀진 상태에서 자동적인 자율조절기관에서의 반응에 의해 뇌혈류가 회복되어 의식의 자발적인 회복이 이루어진다. 실신은 보통 회복 후에 의식혼돈, 요실금 또는 의식의 지속적인 소실이 있지는 않다. 교통사고나 추락 등의 외상으로 인한 것은 추후에 언급하도록 하겠으나 이러한 사건들은 다른 질환이 의심 되는 병력이 확인될 때까지는 실신에 인한 것으로 생각해야 한다.

신체검진

심장 혹은 신경학적인 원인에 의한 실신이 의심이 되면 5가지의 핵심적인 활력징후(혈압, 체온, 맥박, 호흡수, 산소포화도)와 심장 모니터를 시행해야 한다. 다른 체위에서의 혈압 측정과 양팔에서의 혈압 측정은 기립성 저혈압, 대동맥 박리, 쇄골하동맥 도류(steal)증후군을 감별하는데 도움이 된다. 환자의 안정 또는 증상의 개선을 확인하기 위해 치료를 위한 시술 후나 퇴원 전에 반복적인 활력징후의 측정이 필요하다.

신체 검진은 실신을 유발하는 심각한 원인인 심장 또는 신경학적인 원인을 감별하기 위한 것에 초점을 맞추어야 한다. 만약 실신으로 인해 외상이 생겼다고 의심이 된다면 이에 대한 검사는 보통의 방법대로 진행한다. '직장수지검사' 는 위장관 출혈이 의심이 되는 환자에게는 반드시 실시 해야 한다.[2]

감별진단

'Emergency Medicine' 저널의 최신 지견으로는 실신을 원인별로 분류하여 유용하게 이용할 수 있다.[4] 이러한 분류들은 서맥, 심실빈맥, 상심실성빈맥, 비후성 심근병증, long QT 증후군, 신경심장성 또는 상황 실신, 경동맥동의 과민증, 뇌혈관질환, 기립성 저혈압 또는 자율신경계 이상, 약물, 탈수, 과호흡 및 기타 원인에 의한 것으로 분류하였다.

Blok은 응급의학 *Tintinalli* 책에서 위의 질환을 6가지로 분류하였고 이런 분류를 좀 더 간편하게 이용할 수 있다.[5] 반사성(reflex mediated), 기립성 저혈압, 정신질환 psychiatic, 신경성, 약물과 심장성으로 분류 하였고 반사성 실신은 혈관미주신경 실신, 상황(situational) 실신, 경동맥동 증후군으로 다시 분류 하였다. 일과성뇌허혈질환, 쇄골하동맥 도류증후군 또는 편두통에 의하여 신경성 실신이 생긴다. 심장성 실신은 주로 구조(대동맥협착, 심근병)와 연관이 있거나 박동이상에(상심실성빈맥, 심장차단) 의한 2가지로 구별된다. 심허혈, 폐동맥 색전, 대동맥 박리등은 드물게 실신을 일으킨다.

Blok는 또한 실신을 유발할 수 있는 약물의 목록을 열거 하였다.[6] 항고혈압약제, 베타차단제, 강심배당체(cardiac glycoside), 이뇨제, 항부정맥약물, 항정신성약물, 항파킨슨씨약물, 페노티아강(phenothiazine), 나이트레이트(nitrates), 알코올과 코카인 등의 약물이 있다.

진단검사

실신에 대한 응급실이나 외래 검사실에서 진료는 보통 심전도 검사가 유일하게 권해진다.[7] 다른 검사들은 경우에 따라 처방 할 수 있다. 일과성 허혈성 뇌질환 또는 중풍이 의심되면 뇌컴퓨터단층촬영을 시행하고 가임기 여성의 경우 임신반응 검사를 시행하고, 출혈의 경우 일반혈액 검사(CBC)를 하며, 설사와 구토의 경우 전해질 검사를, 새로이 심잡음이 들리는 환자의 경우는 심전도 검사를 시행해야한다. 폐색전증의 고위험군이나 설명되지 않는 실신의 경우에는 환기 관류(V/Q) 스캔이나 폐동맥 CT의 촬영을 필요로 하는 경우가 있다.

일반적인 뇌CT 촬영이나, 뇌파 검사, 요추 천자 검사는 신경학적인 원인이 아닌 경우 별다른 도움을 주지 못한다.[7] 심초음파 검사는 심장의 구조적 이상의 가능성이 있을때 제한적으로 시행해야 한다.[7] 병원에서 퇴원하는 환자는 기립경사(tilt table) 검사나 홀터 모니터나 위에서 언급한 다른 검사를 외래에서 시행하도록 해야 한다.

입원/외래 경과

심장이나 급성의 신경학적인 원인에 의한 실신이 의심되는 환자는 즉시 심장모니터를 해야한다. 어떤 부정맥은 실신과 관련이 있을 경우 즉각적인 교정이 필요한 경우가 있다. 예를 들어 3차례의 실신으로 응급진료센터에 방문한 한 할머니의 경우 3도 방실차단이 심전도에서 관찰 되었다. 경피심박조율기를 부착하고 난 뒤 심장전문의의 진료를 받아 혈관내 심박조율기를 부착 하였다. 상심실성 빈맥 또한 즉각적인 치료가 필요로 하는 흔한 질병이다.

실신환자의 위험도를 고려 할 때 심장의 원인에 의한 것을 항상 생각해야 한다. 한 연구에서는 '실신으로 인한 1년내의 급성 심장사 또는 심각한 부정맥의 4가지 예측인자' 를 비정상적인 심전도, 45세 이상의 나이, 심실부정맥의 병력, 울혈성 심부전의 병력으로 제시하였다.[8] Rosen과 Barkin은 '실신 당시에 심계항진이나 불규칙한 맥박이 있는 환자는 다른 원인이 확인될 때까지는 부정맥에 의한 실신으로 간주하라고 하였다.[9]

응급실에 방문한 환자의 약 절반정도는 검사를 진행하여도 그 원인을 알 수가 없다.[8] 환자에 대한 평가이후에 의사들은 4가지로 환자를 분류한다. 첫 번째로 입원하여 치료를 받아야하는 심각한 질환이 있는 환자군과, 2번째는(심장 또는 신경학적인) 생명에 위협을 주는 질환이 있는 환자군으로 마찬가지로 다른 검사나 모니터를 위해 입원이 필요한 경우이다. 3번째 군은 퇴원 후에 외래를 통해 검사를 받아도 되는 비교적 덜 심각한 질환을 가진 군이며, 마지막으로 4번째 군은 양성(benign)의 원인으로 인해 발생을 한 퇴원을 하여도 되는 군이다.

노인환자의 경우 내과적인 문제와 많은 약물을 복용하는 경우가 많으므로 실신의 원인을 알기위해 면밀하게 검사를 해야 한다. 15세부터 59세까지와 60세부터 90세까지의 환자군을 비교해 보면 고령의 군이 2배이상의 심혈관질환에 의한 실신을 하는 것으로 조사되었다.[10] Hunt는 고령의 환자들은 실신으로 인한 손상을 잘 받는다고 하였다.[11] 응급의학 교과서에서는 60세 이상의 비심장성 실신이 입증 되지 않는 환자는 심장 모니터를 위해 입원을 권하고 있다.[12]

환자에 대한 검사를 진행하고 별다른 이상 없이 안전하게 퇴원을 하는 환자들도 일정한 교육이 필요하다. Adam과 Martin은 *Principle and Practice of Emergency Medicine*에서 퇴원을 하는 환자는 손수 운전을 하면서 귀가하지 말라고 하였다.[13] 환자에게 외래에서 다른 검사들이 진행 될 때까지 운전을 하거나, 기계를 조작하는 일, 수영, 높은 곳에서의 작업등을 금하도록 교육하여야 한다. 또한 신경과 의사들이 경련환자에게 교육하는 것처럼 설명되지 않는 실신환자에게 퇴원이후 집에 혼자 있을 때 목욕을 하지 말라고 설명을 한다.

함정

실신은 여러 원인들로 발생할 수 있다는 것을 염두에 두어야 한다. 전통적으로 실신의 원인을 알기 위해 한 가지 원인에 관심을 두고 진행해 왔으나, 최근에 *Mayo Clinic Proceeding* 에 출간된 내용에 의하면 약 18%의 환자들이 2가지 이상의 원인에 의해 실신을 한다고 한다. 가장 흔한 원인으로는 신경심장과 상황 실신에 더불어 경동맥동의 과민반응에 의한 경우이다.[14]

실신과 더불어 손상에 대한 검사도 필요하다. 의사들은 실신의 원인에 대해 관심을 갖기 때문에 종종 동반된 손상이 있는지에 대한 문진을 하지 않는 경우가 있다. 특히 실신 당시에 넘어지면서 머리를 다칠수 있으므로 두부손상이 있었는지에 대해 문진을 해야 한다. 두부손상이 실신 전에 생겨 실신을 일으키기도 한다. 예로, 최근의 두부손상으로 인해 두개내 출혈 또는 경기를 하기도 한다. 경기는 실신의 원인이기도하며 실신처럼 보이기도 한다. 환자가 당시의 상황에 대해 잘 기억하지 못하거나, 의식의 변화가 있고, 얼굴이나 두피의 손상이 있다면 목격자가 두부손상의 가능성이 없다고 하지 않는 이상 뇌손상을 염두에 두어야 한다. 증례 10.1에서 나오는 80세의 치매가 있는 노인의 경우를 참조하시오.

점차 빈도가 증가하는 실신이나 가실신에 주의하라. 실신을 유발하는 심각한 질환은 대부분이 심장에 원인이 있으므로 2장의 흉통에서 언급한 내용을 여기에서도 적용할 수 있다. 심장 질환의 위험인자가 있는 환자가 최근 실신 또는 가실신의 빈도가 증가하면 불안정 협심증처럼 입원을 해서 다른 검사를 진행해야 한다. 다음에 나오는 증례 10.2을 참조하시오.

노인에게서 새로 발생한 실신이나 심장 질환의 위험인자를 가진 환자들은 실신의 원인이 다른 것이라고 알려질 때까지는 심각한 원인으로 실신이 발생하였다고 생각 해야 한다. 급성 심정지등의 불행한 결과를 예방하기 위해 입원의 기준을 낮추고, 모니터링과 다른 검사들을 진행해야 한다. 증례 10.3을 참조하시오.

병원을 찾는 환자중 많은 사람이 넘어져서 온다. 종종 의사들은 넘어지면서 발생한 손상 자체에만 관심을 가지고, 손상이 생긴 기전에 대한 관심을 안 갖는 경우가 있다. 넘어지면서 다친 모든 환자들에게 왜 넘어졌는지 물어봐야 한다. 만약 그들이 왜 그랬는지 확신하지 못하고 기억하지 못한다면 다른 것이 확인될 때 까지 실신에 의한 것이라고 생각해야 한다. 이것은 활발한 젊은 사람이 넘어지는 것과는 달리 활동적이지 못하고 신체 활동이 저하되어 있으며 넘어진 뒤에 활동이 더 저하된 노인환자들에게서 특히 염두에 두어야 한다. 다음의 증례 10.3을 참조하시오.

오류와 흥미있는 증례들

[증례 10.1] 실신으로 인한 손상 찾기

- M & M files 의 Edwards는 치매가 있는 80세 남자환자가 실신을 한 후에 그의 딸에 의해 응급실을 방문한 예를 들었다.[15] 그의 딸은 우편물을 부치고 집에 돌아와 보니 그녀가 없는 사이에 이마의 찰과상과 좌측 팔에 열상이 있는 채로 현관에 앉아 있는 환자를 발견하고 그가 걷지를 못하여 구급차를 불렀다.
- 환자가 응급실에 도착 하였을 때 환자의 활력징후는 정상이었다. 환자는 보행이 가능 하였고 두통이 없다고 하며 왼쪽 어깨와 무릎이 아프다고 하였다. 그의 딸은 환자가 '평소와 같은 의식 수준을 보인다고 하였다. 환자는 왜 자신이 넘어졌는지 모른다고 하였다. 의사는 흉부와 골반, 왼쪽 엉덩이와 어깨의 방사선 촬영을 지시 하였다. 모든 검사는 음성으로 나왔다. 심전도와 혈액 검사에서 특이소견은 없었다.
- 응급의학과 의사는 일차 진료의에게 연락하여 입원시킬 것을 권하였다. 일차 진료의는 환자에게 우선 응급실에서 하루를 관찰하고 다음날 아침에 다시 진료 할 것을 권하였다. 응급의학과 의사는 이에 동의를 하고 다음 응급의학과 의사에게 인계를 하였다. 다음날 새벽에 환자는 구토와 호흡곤란으로 구토물을 흡인하였다. 환자는 구토 후에 질문에 대한 반응이 저하되었다. 응급의학 의사는 전화로 일차 진료의에게 이러한 상황에 대해 연락을 하였다. 환자는 응급실에서 벗어나 병동으로 입원하였다.
- 일차 진료의가 아침에 환자를 보았을 때 환자는 혼수상태이었다. 두부 CT에서 대량의 경막하 출혈이 관찰 되었다. 환자는 다음날 사망을 하였고 환자의 딸은 왜 환자의 뇌출혈에 대한 검사를 일찍 시행하지 않았는지 이의를 제기 하였다.
- 이 환자의 실신은 여러 가지 상황과 관련이 있어 응급의학과 의사는 즉시 두부 CT검사를 고려했어야 했다. 환자는 치매를 앓고 있어 환자의 의식상태에 대한 신뢰성이 떨어진다. 또 낙상으로 인해 딱딱한 바닥으로 떨어졌고 신체검사에서 두부손상의 소견이 있었다. 마지막으로 환자는 보행의 장애, 구토, 의식이 처짐 등과 같이 두부손상을 의심할 수 있는 소견이 있었다.
- 이 증례에서 처음의 응급의학과 의사는 실신으로 인해 손상 받은 부위의 단순방사선 촬영을 지시하고 가장 중요한 손상에 대한 검사를 무시하였다. 환자는 두부손상의 증거가 있고 걸음걸이가 불안정하였다. 게다가 치매의 병력은 환자의 의식 상태 평가를 곤란하게 하였다. 그러므로 CT는 두개내 병변을 확인하기 위해 꼭 필요한 검사였다.

[증례 10.2] 반복적이고 점차 증가하는 양상에 주의하라

- Edwards는 M & M files에 다른 증례, 불안정한 어지럼증을 감별하지 못한 사례를 보고 하였다.[16] 46세의 간호사가 근무 중에 갑자기 어지러움과 보행장애가 발생하였다. 한 시간 뒤에 다시 수분간의 증상이 발생하였다. 그녀는 이러한 증상을 이전에 겪어 보지 않았으므로 근무 교대 이후에 응급실을 방문하기로 하였다.
- 응급의학과 의사는 그녀를 잘 알고 있었고 그녀는 비만한 체구에 다른 약물을 복용하고 있지는 않았다. 신경학적인 검사와 심전도는 정상이었다. 응급의학과 의사는 미로염(labyrinthitis)의 가능성에 대해 설명하고 이번 주 내로 다른 검사를 진행 할 것을 설명한 뒤 퇴원을 시켰다. 이 진단은 환자의 의견에 의한 것이지, 두부의 체위변경에 따른 증상의 변화가 없어 신체검사에 의한 진단은 아니었다.
- 환자는 야간에 반응이 없는 채로, 심정지 상태가 되어 재방문 하였고 심폐소생술을 하였으나 응급실에서 사망을 하였다. 그녀의 부검결과 이상은 없었으며 사망원인은 심장부정맥에 의한 사망으로 생각되었다.
- 비록 이 예는 드문 경우이지만 대부분의 의사는 이와 같은 방법으로 진료를 하며 이것이 실신이나 가실신 환자의 치료를 어렵게 한다. 특히 심장질환의 위험인자가 없는 환자들에게 치명적인 부정맥이 희박하므로 응급의학과 의사가 이런 환자를 퇴원시키는 과오를 일으키게 한다. 우리의 응급실에서의 경험상 이러한 환자들을 심장전문의나 내과의사에게 입원을 시키기가 어렵다는 것을 말해줄 수 있다. 이 예의 핵심은 환자가 여러 번의 증상이 있었으며 이런 이유로 의사는 항상 입원의 기준을 낮게 잡아야 한다. 만약 협진의가 입원에 대한 고려를 하지 않을 때는 외래에서의 검사를 가능한 빨리 진행하도록 논의하여야 한다. 이것이 법적인 면에서도 응급의학과 의사에게 유리하게 작용한다. 불행하게도 이 증례에서는 환자는 그 날 밤에 사망을 하였다. 다른 법적인 관점에서는 환자의 의견대로가 아닌 병력과 신체검진에 근거하여 진단을 했어야 한다. 오진을 했을 경우, 의사는 잘못된 진단으로 인한 결과에 대해 설명을 준비해야 한다. 이 경우에서는 미로염으로 진단한 것에 대한 아무런 근거가 없었다.

[증례 10.3] 관찰의 가치

- Edwards는 M & M files에서 노인 환자의 경우 실신에 대한 검사를 주의 깊게 시행하라고 제시하였다.[17] 79세 여자가 점심식사를 한 후에 안색이 창백해지고 식탁에 기댔다. 그녀는 고혈압과 고콜레스테롤혈증에 대한 약물을 복용 중이였으며 이전에 실신이나 심혈관질환의 병력은 없었다. 그녀는 일 분 뒤에 의식을 회복하여 조카에 의해 응급실에 왔다. 그녀의 활력징후와 신체검진에서 특이소견은 없었다. 응급의학과 의사는 혈액검사와 심전도, 두부 CT를

지시 하였고 모두 정상이었다. 그녀는 '식후 미주신경성 실신 의증' 으로 3~5일 뒤에 주치의에게 다른 검사를 받으라는 이야기를 듣고 퇴원 하였다.[18]

- 환자는 다음날 다시 쓰러졌고 응급실에서 사망선언을 받았다. 환자의 가족들은 소송을 제기하려고 법률 대리인과 접촉을 하였다. 이번 증례는 나쁜 결과를 제외하고는 한 두 번씩 경험해 본 시나리오이다. 검사결과가 모두 정상이고 환자의 상태가 호전이 되었을 때 입원에 대한 결정을 하는 것은 상당히 어렵다. 이러한 모든 환자가 입원 하는 것이 불가능하기 때문에 의사는 다른 치료 선택권을 환자에게 제안한다. 이것은 다음날 외래에서 주치의에게 진료를 받을 것과 검사 예약 또는 외래에서의 모니터링, 또는 주치의에게 연락하여 응급실에서 환자 진료를 하는 것 등을 포함한다. 이것들이 주치의와 치료 계획을 논의하는 것이 아니어서 법조계에서는 받아들이기 어려울지 모른다. 특별히 이 증례에서 환자는 실신의 병력이 없었고 심질환의 위험인자는 있는 경우였다.

References

1 Tintinalli JE, Kelen GD and Stapczynski JS (2000) *Emergency Medicine: a comprehensive study guide* (5e). McGraw-Hill, New York, New York, 352.
2 Tintinalli JE, Kelen GD and Stapczynski JS (2000) *Emergency Medicine: a comprehensive study guide* (5e). McGraw-Hill, New York, New York, 355.
3 Tintinalli JE, Kelen GD and Stapczynski JS (2000) *Emergency Medicine: a comprehensive study guide* (5e). McGraw-Hill, New York, New York, 353.
4 (2003) Clinical Update, Complex Causes of Syncope. *Emergency Medicine: Acute Medicine for the Primary Care Physician*. **35**(9): 44.
5 Tintinalli JE, Kelen GD and Stapczynski JS (2000) *Emergency Medicine: a comprehensive study guide* (5e). McGraw-Hill, New York, New York, 352.
6 Tintinalli JE, Kelen GD and Stapczynski JS (2000) *Emergency Medicine: a comprehensive study guide* (5e). McGraw-Hill, New York, New York, 354.
7 Tintinalli JE, Kelen GD and Stapczynski JS (2000) *Emergency Medicine: a comprehensive study guide* (5e). McGraw-Hill, New York, New York, 355.
8 Tintinalli JE, Kelen GD and Stapczynski JS (2000) *Emergency Medicine: a comprehensive study guide* (5e). McGraw-Hill, New York, New York, 356.
9 Rosen P, Barkin R *et al.* (1998) *Emergency Medicine: concepts and clinical practice* (4e). Mosby, St Louis, Missouri, 1580.
10 Rosen P, Barkin R *et al.* (1998) *Emergency Medicine: concepts and clinical practice* (4e). Mosby, St Louis, Missouri, 1578.
11 Rosen P, Barkin R *et al.* (1998) *Emergency Medicine: concepts and clinical practice* (4e). Mosby, St Louis, Missouri, 1579.
12 Rosen P, Barkin R *et al.* (1998) *Emergency Medicine: concepts and clinical practice* (4e). Mosby, St Louis, Missouri, 1580.
13 Schwartz GR (1999) *Principles and Practice of Emergency Medicine* (4e). Lippincott Williams & Wilkins, Philadelphia, Pennsylvania, 1074.
14 (2003) Clinical Update, Complex Causes of Syncope. *Emergency Medicine: Acute Medicine for the Primary Care Physician*. **35**(9): 44.
15 Edwards FJ (2002) *The M & M Files: morbidity and mortality rounds in emergency medicine*. Hanley & Belfus, Inc., Philadelphia, Pennsylvania, 76–9.
16 Edwards FJ (2002) *The M & M Files: morbidity and mortality rounds in emergency medicine*. Hanley & Belfus, Inc., Philadelphia, Pennsylvania, 187–9.
17 Edwards FJ (2002) *The M & M Files: morbidity and mortality rounds in emergency medicine*. Hanley & Belfus, Inc., Philadelphia, Pennsylvania, 196–7.
18 Edwards FJ (2002) *The M & M Files: morbidity and mortality rounds in emergency medicine*. Hanley & Belfus, Inc., Philadelphia, Pennsylvania, 196.

제 11장

질 출혈(Vaginal bleeding)

- 환자분류(Triage)
- 병력(History)
- 신체검진(Physical exam)
- 감별진단(Differential diagnosis)
- 진단검사(Diagnostic tests)
- 입원/외래 경과(Hospital/office course)
- 함정(Pitfalls)
- 오류와 흥미있는 증례들(Errors and interesting cases)

질 출혈은 '응급진료센터에서 보는 10가지 가장 많은 증상 중의 하나이다. 초경전과 폐경 후의 환자에서 질 출혈은 대부분 비호르몬적 원인에 의해 생긴다.' [1] 따라서 이런 환자들을 평가할 때는 감염이나, 악성 종양, 외상, 출혈성 질환과 같은 출혈의 기질적인 원인에 초점을 맞추어야 한다. Hamilton은 응급의학과 의사가 기억할 필요가 있는 두 개의 격언을 만들었다. '초경 전의 환자에서의 질 출혈은 다른 원인으로 증명이 되기까지는 성폭행에 의한 것으로 생각해야 한다' 와 '폐경후 출혈은 다른 원인으로 증명될 때까지는 악성종양에 의한 것으로 생각해야 한다' [2]는 것이다. 감염과 같은 흔하지 않은 원인도 고려해 보아야 하는데, 그 이유는 한 연구에서 질 출혈이 있는 성적으로 활발한 환자의 30%에서 임균감염이 질출혈의 원인으로 나타났기 때문이다.[3] 임신 상태를 확인하는 것은 가임기 여성의 질 출혈의 평가 시에 우선적으로 해야 하는 일이다. 그 이유는 유산, 자궁외 임신, 태반 박리 등과 같은 임신 관련 합병증으로 생명에 위험이 될 만큼의 출혈이 될 수도 있기 때문이다. 환자가 임신이 아닐 때 의사는 위에 언급한 것들과 같은 질 출혈의 다른 원인을 고려해 보아야 한다. 그러나 출혈의 호르몬적 원인(예, 배란성, 무배란성)도 이들 환자들의 많은 비율을 차지한다.

환자분류

초기 평가는 혈역학적 안정성 여부에 초점을 맞추어야 한다. 비정상적인 활력징후(예, 저혈압, 빈맥, 발열), 기립성 저혈압, 병색(ill appearance), 복통이나 과다 출혈의 객관적인 증거를 보이는 환자들은 즉시 의사가 치료해야 한다. 안정적인 활력징후를 보이는 편안해 보이고 과다 출혈의 객관적인 증거가 없는 환자들은 덜 긴급하게 볼 수 있다. 임신한 환자를 분류할 때는 주의를 기울여야만 하는데, 임신 합병증으로 심한 출혈의 가능성이 있기 때문이다. 이러한 환자들로 의심된다면 그들은 즉시 치료 받는 것으로 분류되어야 한다.

이러한 증상호소의 심리적인 면도 기억하라. 출혈의 정도와 상관없이, 출혈 그 자체로 대부분의 사람들에게는 큰 걱정거리가 된다. 누구도 자신이 출혈이 되고 있는 동안에 기다리는 것을 원하는 사람은 없다. 정말로 우리는 이 문제로 걱정하는 환자들로부터 많은 불평을 들어왔다. 그러므로 출혈이 없는 환자는 비응급으로 분류하고 급하지 않게 치료해야 한다.

병력

질 출혈로 온 환자에서 확인해야 하는 가장 중요한 것은 임신의 가능성이다. 우리는 자궁 적출술을 시행 받지 않은 12-50세 사이의 여자는 누구든 임신 가능성이 있다고 생각한다. 나팔관 결찰술을 받았거나, 피임약을 먹거나, 자궁내 피임 기구를 사용하거나, 또는 다른 어떤 형태의 피임을 하는 여성에게도 임신 가능 여부를 확인하는 것은 중요하다. 이러한 방법들은 임신을 하지 않게 함에도 불구하고, 우리는 이러한 방법 모두에서 예외를 경험했다. 우리는 또한 환자의 최종월경일을 기초로 임신 상태를 확인하는 것은 믿을만하지 않다는 것도 깨달았다.

출혈의 시작, 정도, 양상에 대해 질문하라. 언제 환자에게 출혈이 시작되었는가? 어떤 외상과 관련된 것은 아닌가(예, 성적 활동)? 최종월경일과 출혈에 어떤 관련이 있는가? 정상 또는 불규칙적인 월경력을 가지고 있는가? 횟수나 환자가 사용한 패드들 또는 그녀의 정상 월경과 비교하는 방법으로 출혈의 양을 확인하도록 노력하라. 과다 출혈로 인한 증상 여부를 평가하는 것도 중요하다. 환자가 숨이 가쁘거나, 어지럽거나, 기절을 하거나, 피곤해 하는가? 마지막으로 어떤 종류의 혈액이 보이는가? 검붉은 색의 피인가, 아니면 선홍색인가? 응고된 부분이나 조직을 포함하고 있는가?

불규칙적인 생리 주기의 과거력이 있다고 얘기하는 환자들에서는 자세한 과거력이 요구된다. 환자가 갑상선이나 섭식 장애의 과거력이 있지는 않은가? 최근 체중에 큰 변화가 있었는가? 섬유증이나 출혈 장애와 같은 과거력 또는 가족력이 있는가? 다낭난소증후군(polycystic ovarian syndrome)과 같은 무배란과 관련된 다른 병은 없는가?

질 출혈을 보이는 환자에서 투약력을 확인하는 것은 매우 적절한 일이다. 피임약을 먹거나 데포-프로베라(Depo-Provera, 여성 피임약의 일종)를 먹는가? 이 지식은 의사가 출혈의 가능한 원인을 찾는데 도움을 줄 뿐만 아니라, 환자의 임신 상태에 대한 실마리를 제공하기도 한다. 출혈이 경구항응고제 때문은 아닌가?

병력 청취의 마지막 구성요소도 꼭 얻어져야만 한다. 산부인과력은 질 출혈을 평가하는데 명백하게 중요하다. 자세한 생리와 임신력을 확인해야 한다. 환자의 혈액형은 유산이 된 경우에 필요하다. 난소 물혹, 섬유증, 자궁내막증등의 과거력이 있는가? 골반염이 있었던 적이 있는가(자궁외 임신의 위험요인)? 사회력에 대한 병력 청취는 환자의 성적 병력 청취에 기초한다. 수술력은 과다 출혈로 이전에 수술을 받은 적이 있는지(출혈의 심각성에 대한 실마리를 제공한다), 자궁외 임신으로 수술한 적이 있는지(재발 가능성에 대한 실마리 제공)에 초점을 맞추어야 한다.

신체검진

출혈은 환자의 혈역학적 상태에 직접적인 영향을 준다. 그러므로 다섯가지 활력 징후의 중요성은 아무리 강조해도 지나치지 않는다. 그리고 모든 출혈 환자는 기립성 저혈압이 있는지 평가해야 한다. 비정상적인 활력 징후를 보이는 환자나, 다량의 출혈이 있는 환자들은 활력 징후를 자주 다시 체크해야 한다.

질 출혈의 평가는 보통 복부와 골반 부위, 두 부위에 초점을 맞춰서 하게 되지만, 몇 군데 다른 부위를 혈역학적 안정성을 위해 체크해야 한다. 이것은 창백, 피로, 또는 용적이 감소되어 보이는지 환자의 전체적인 모습을 관찰하는 것을 포함한다. 또한 폐와 심장이 용적 감소에 대한 보상 반응을 보이는지 평가되어야 한다.

압통, 팽만이나 만져지는 덩어리(mass) 등이 있는지 복부를 촉진한다. 임신한 환자에서 질 출혈과 동반된 복부 압통은 다른 원인으로 증명될 때까지는 자궁외 임신을 의심해야 한다. 팽만과 덩어리는 임신, 섬유종, 자궁내막증, 드물게는 난소 낭종이나 염전으로 생길 수 있다. 질 출혈을 위한 골반내진은 네 가지 단계로 구성된다. 첫 번째는 출혈의 다른 원인이 있는지 외부 생식기를 관찰하는 것이다. 이 단계는 외상과 이물질이 출혈의 일반적인 원인인 경우가 많은 초경 전 여성과 위축성 질염이 출혈의 일반적인 원인인 폐경 후 여성에서 좀 더 중요하다. 두 번째 단계는 질경 검사다. 이 단계는 여러 가지 이유로 중요하다. 이 때 의사는 질 벽과 자궁 경부에 출혈되는 부위가 있는지 볼 수 있다. 이 과정에서 임신에서 보이는 푸른 변색이나 자궁 경부가 열렸는지 여부를 볼 수도 있으므로 전체 자궁 경부를 확인해야만 한다. 이러한 소견은 때때로 의사가 진단적 검사 없이 빠른 진단을 할 수 있도록 도와준다. 증례 11.4 를 보아라.

골반내진의 세 번째 단계는 양손 검사(bimanual exam)이다. 이 검사는 자궁의 크기를 측정하고 주변 부속기를 촉진할 수 있게 해 준다. 우리는 양손 골반 검사가 없이 여성의 아래 복부를 검사하는 것은 불완전하다는 많은 저자들의 의견에 동의한다. 그러나 이 검사는 태반 출혈을 야기할 위험성 때문에 임신의 2번째, 3번째 3개월(trimester) 동안의 환자에서는 주의해야 한다.

질 출혈을 위한 골반내진의 네 번째 단계는 항문 검사이다. 이 단계는 우리가 임상적으로 볼 때 가장 많이 생략하는 단계이다. 이 단계는 유용한 정보를 주는 경우는 드물지만 시행하는데 3초도 걸리지 않는다. 자궁외 임신이나 골반 내 덩어리를 놓치는 경우, 환자의 변호사는 항문검사 중에 알 수도 있었을 것이라고 주장할 것이다. 그는 또한 불완전한 검사를 시행한 의사를 비난할 것이다.

감별진단

Hamilton은 질 출혈을 여섯 가지 질병 과정 중의 하나로 분류했다:[1] '임신 관련, 악성 종양성, 감염성, 외상성, 호르몬성, 혈액학적 원인 등이다.' 임신기간 동안의 질 출혈은 자연 유산, 임신성 융모성 질환, 태반 박리, 전치태반, 그리고 조기 분만 등으로부터 생긴다. 질 출혈을 야기하는 종양은 생식세포종(germ cell tumor), 난소와 자궁 종양, 그리고 섬유증이다. 질염과 자궁 경부염은 질 출혈을 일으키는 가장 흔한 2가지 감염성 원인이다. 생식기 외상에 의한 출혈은 성폭행, 공격적인 성관계, 아동 학대, 그리고 다리를 벌린 상태로 회음부에 외상을 입는 경우 등이다. 외상성 질 출혈의 숨겨진 원인은 이물질이 있는 경우다. 호르몬성 원인은 갑상샘 기능 이상, 난소 낭종, 그리고 외인성 호르몬의 사용 등이다. 마지막으로 출혈은 응고 장애나 혈액 질환 등 때문에도 생길 수 있다.

진단검사

임신은 질 출혈로 온 임신 가능한 모든 환자에서 항상 첫 번째로 고려해야만 한다. 그러므로 임신 테스트는 이러한 환자에서 필수적인 검사이다. 혈청 임신 검사가 소변 검사보다 더 예민하지만 둘 다 문헌에서 받아들여지고 있고, 소변 임신 검사를 현장에서 직접(point-of-care) 하면 빠른 결과를 얻을 수 있다. 우리는 환자가 집에서 한 소변 임신반응 검사가 음성이지만 여전히 의심스러울 때는 혈청 임신 검사를 시행해 볼 것을 권한다. 더구나 사람 융모막 성샘자극호르몬(hCG) 정량검사는 임신의 첫 번째 3개월 기간 중에 있다면 꼭 검사해야만 한다.

일반혈액검사(CBC)는 병력 청취와 신체 검진에서 많은 양의 혈액 손실이 의심된다면 처방할 수도 있다. 만약 환자가 쿠마딘을 먹고 있거나, 출혈이나 멍이 다른 부위에도 있다면, 응고 검사(coagulation panel)를 처방한다. 갑상샘 기능 검사와 난포자극호르몬(follicle-stimulating hormone)이나 황체형성호르몬(luteinizing hormone) 레벨은 의사의 재량에 따라 처방할 수도 있다. 혈액형 검사는 다량의 질 출혈이나 혈액형을 모르는데 자연 유산의 가능성이 있는 임신한 환자에게서 시행한다. 질과 자궁 경부의 면봉채취 검사는 성적으로 활동적인 모든 여성에서 시행해야 한다.

질 출혈이 있는 모든 임신한 여성에게 응급 골반 초음파가 필요할 것인가? 이 중요한 질문은 응급의학과 의사들 사이에서 큰 논쟁과 토론을 일으켰다. 즉 말하자면, 당장의 치료가 초음파의 소견에 따라 좌우될 것인가? 만약 응급처치가 달라지지 않는다면 초음파 기사를 병원으로 부르는 것은 정당화(병원 행정면에서나 방사선과에 대해)되기 어렵다. 이 사실은 초음파 기사가 부족하고 그들이 남용되는 병원에 남아 있으려 하지 않는 현재 상황에서는 특히 그렇다.

질 출혈로 응급진료센터에 오는 모든 임신한 여성은 자신의 임신 상태에 대해 걱정하고 심한 정서적인 스트레스를 받고 있다. 이런 감정 상태는 응급 초음파를 처방하지 않는다면 매우 예민하게 다루어져야만 한다. 산모와 산모의 소중한 다른 사람에게 태아의 생존 가능성 여부는 극도의 '응급' 일 수 있다. 또한 임신은 두 명의 생명이 관련되고 통증, 고통, 신생아의 탄생에 대한 소송비용이 막대하기 때문에 의학적 책임이 높은 상황을 의미한다는 것을 기억하라.

일반적으로 임신의 2번째 3개월의 초기에서 24주까지의 질 출혈은 치료가 달라지지 않기 때문에 응급 초음파가 필요하지는 않다. 이론적으로 자궁외 임신은 임신의 첫 번째 3개월을 넘어서는 경우는 거의 없고, 태아가 24주 이전에 자궁 밖으로 나오면 생존할 수 없으므로 자궁외 임신을 위한 치료나 응급 분만은 기대되지 않는다. 그러나 이 원칙에도 예외가 있다는 것을 응급의학과 의사는 기억해야만 한다. 다량의 질 출혈, 낮은 혈색소치, 또는 비정상적인 활력징후를 나타내는 환자는 응급 자궁소파술이 필요할 수 있다. 이러한 환자는 아마도 태아 사망 여부를 확인하기 위해 응급 초음파가 필요할 수도 있다. 산전 진찰을 받지 않던 환자는 임신 날짜를 믿을 수가 없다고 간주 하고, 응급 초음파를 고려해야만 한다.

임신 기간 동안 질 출혈로 왔으나 응급 초음파가 필요 없을 수도 있는 다른 환자 그룹은 첫 번째 3개월이고 예전 초음파로 자궁내 임신을 확인한 경우이다. 다시 말해 이 상황에서 자궁외 임신과 태아의 생존 가능성 여부는 이론적으로 고려할 필요가 없다. 그러나 증례 11.1에서 볼 수 있듯이 이전에 실시된 초음파의 정확성을 평가해야만 한다. 더구나 증례 11.2에서 처럼, 초음파는 의사가 정확하지 않은 추정을 하는 것을 예방해 줄 수 있다.

임신하지 않았는데 질 출혈이 있는 환자를 검사할 때 초음파를 사용하는 것에 대해서는 어떻게 생각하는가? 초음파는 골반의 이미지를 보는데 뛰어나고 자궁의 섬유증과 난소의 낭종이나 염전을 발견하기에 예민한 방법이다. 그것은 또한 자궁내막증을 진단하는데 실마리를 제공해 주기도 한다.

입원/외래 경과

수액치료와 혈역학적 안정성을 유지하는 것은 질 출혈이 있는 환자에서의 첫 번째 목표 중 하나이다. 일단 이 목표가 달성되면 환자가 응급 수술(예, 난관 절제술, 자궁 적출술, 자궁소파술 등)이 필요한지 여부를 확인해야 한다. 질 출혈을 위한 내과적 치료는 호르몬 치료(기능성 자궁 출혈인 경우), 메토트렉세이트(안정적인 자궁외 임신인 경우), 수혈(과다 출혈인 경우), 그리고 Rhogam(Rh 음성 O형 혈액형을 가진 환자의 자연 유산인 경우) 등이다.

응급이 아닌 원인에 의한 질 출혈이 있는 안정적인 환자는 외래에서 치료 받을 수 있다. 환자는 퇴원시에 기립성 저혈압이나, 증상이 있는 상태가 아닌 것을 확실히 하고 산부인과로 빠른 시일 내에 추적관찰 시킨다. 출혈이 있는 많은 임신한 환자들이 매우 조기 임신인 경우이고 애매한 초음파 소견을 보일 수도 있다. 이런 환자들에게는 여전히 자궁외 임신일 수도 있고 좀 더 자세한 검사를 위해 이틀안에 산부인과에 가야 함을 설명하라. 또한 출혈량이 늘어나거나, 통증이 심해지거나, 열이 나거나, 기립성 저혈압이 생기는 경우는 즉시 병원에 와야 함을 이해시켜야만 한다.

함정

이전에 초음파로 확인하지 않은 환자들에서는 이소성(heterotopic, 자궁내 와 자궁외 임신이 동시에 있는 것) 임신이 있을 수도 있음을 고려하라. Tintinalli는 4,000 례의 임신 당 1 례씩 이소성 임신이 발생한다고 보고하였다.[4] 그러나 '체외 수정을 시도한 병력이 있는 환자들은 100-200 례의 임신 당 1례 이상의 발생률을 갖는다.'[4] 증례 11.3은 이소성 임신의 가능성을 고려하지 못하는 것이 비참한 결과를 가져올 수 있다는 것을 보여주는 좋은 예이다.

이소성 임신을 고려하는 것은 예정(elective) 유산의 경우에서는 특히 중요하다. 우리는 많은 유산 진료소에서 임신의 첫 번째 3개월 기간 동안에 자궁외 임신에 대해 초음파로 확인하지 않고 진공소파술(vacuum curettage)을 시행하기도 한다는 것을 경험하였다. 그런 진료소의 프로토콜은 임신 부산물을 확인하기 위해 제거한 조직을 검사하는 것을 포함시키고 있으나, 이러한 과정은 때때로 부정확하거나 생략되기도 한다. 더구나 임신 부산물의 완전하고 정확한 검사가 이소성 임신의 가능성을 제거하는 것은 아니다. 증례 11.3을 보아라. 또한 예정 유산을 한 후에 질 출혈이 있는 환자는 자궁 파열, 혈관 손상, 임신 부산물이 남겨진 경우, 자궁 경부의 열상, 그리고 자궁 감염 등의 좀 더 많은 다른 원인들이 있다는 것을 기억하라.

초음파의 신뢰성은 매우 시행자-의존적이고 기술-의존적이라는 것을 기억하라. 우리는 경험상 초음파의 결과는 초음파 기사의 숙련도와 경험과 그들이 사용하는 기술에 따라 매우 다양할 수 있다는 것을 알았다. 환자의 병력이나 신체 검사가 초음파와 다른 결과를 시사한다면, 다음 단락에서 기술하는 증례처럼 초음파를 다시 시행하는 것을 고려하라.

오류와 흥미있는 증례들

[증례 11.1] 그것이 안쪽에 있다고 생각했다

- 30세 여성이 질 출혈로 내원하였고 그녀는 임신 15주(이전에 그녀의 산부인과 의사의 진료실에서 2번의 초음파를 시행한 것으로부터 계산한)라고 말했다. 자궁외 임신은 임신 주수로 판단할 때, 그리고 이전 초음파 결과로 볼 때 가장 먼저 고려할 것이 아니었다. 덧붙여 이소성 임신도 초음파 결과를 바탕으로 가능성이 없어 보였다. 우리는 처음에 산모가 심하게 출혈이 있는 것도 아니었고, 치료에 변화를 주지 않을 것이기 때문에 응급으로 초음파를 할 필요는 없다고 생각했다. 그러나 그녀가 초음파 기사가 있었던 정오 시간대에 내원하였고 우리는 환자에게 확실하게 대답을 해 주고 싶었다. 초음파가 15주의 자궁외 임신을 보였을 때 우리는 놀랐다. 이 증례는 여러번의 초음파가 자궁외 임신을 놓칠수도 있다는 것을 보여줌으로써 책에서 가르쳐 주는 의학의 경계를 가로지른다. 덧붙여 자궁외 임신이 파열되지 않은 상태로 첫 번째 3개월 이상을 존재해 있을 수 있다는 것도 매우 드문 일이다. 초음파 기사는 그 산부

인과 의사가 환자의 방광을 물로 채우지 않고 초음파를 시행해서 두 번 다 자궁 내 임신이라는 잘못된 해석을 했을 것이라고 하였다. 이 경우는 우리에게 진료실 초음파는 병원의 초음파보다 정확하지 않다는 것을 가르쳐 준다. 사실 우리는 종종 환자들이 산부인과 의사의 진료실에서 초음파를 했어도 병원 초음파를 처방하고는 해 왔다.

[증례 11.2] 태아가 죽었다는 것을 확실히 하라

- M & M files에서 Edwards는 태아가 사망했다고 잘못 판단한 질 출혈을 동반한 여환의 증례를 소개했다[5] (6주전에 초음파로 확인된). 7주된 자궁내 임신을 했던 30세 여자가 수시간 동안의 질 출혈과 복통으로 응급진료센터에 내원하였다. 병원은 다른 대부분의 병원처럼 환자가 내원한 늦은 시간대에는 초음파가 불가능하였다.
- 질경 검사에서 질 천장과 닫혀 있는 자궁경부에 소량의 혈액이 보였다. 응급진료센터 담당의는 임신 부산물로 보이는 것을 제거하였고 조직병리 검사실로 그것을 보냈다. 출혈과 통증이 멈추었고 자궁 경부가 닫혀 있었기 때문에 그 의사는 완전 유산으로 진단하였고 태아 사망 증명서를 작성했다.
- 환자의 당직 산부인과 의사와 증례를 상의한 후, 환자에게 Methergine(자궁 수축제)을 투여하고 산부인과 외래로 추적관찰 시키기로 결정했다. 환자는 충실하게 이 설명에 따랐고 약을 먹고 2일 후에 산부인과 의사를 찾았다. 거기서 그녀는 조직병리 결과에 임신 부산물이 보이지 않는다는 것을 설명 들었다. 산부인과 의사는 진료소에서 초음파를 실시하였고, 심장이 잘 뛰는 살아있는 태아를 확인했다.
- Edwards는 응급진료센터 당직의가 실수한 두가지에 대해 언급하고 있다. 첫 번째는 질 천장에서 제거한 물질을 탈락된 자궁 조직이 아니라 임신 부산물로 가정했다는 것이다. 이러한 임상적인 구별을 하는 것은 응급의학과 의사 뿐 아니라, 때때로 산부인과 의사에게도 어려운 일이다. 그러므로 완전 유산이라고 진단하는 것은 의심할 여지없이 명백한 태아 모양을 확인하거나 초음파를 시행하지 않았다면 일단 보류해야만 한다.[6] 두 번째 실수는 상당한 양의 출혈이 없는 산모에게 자궁 수축제를 사용하기로 결정했던 것이다. 이 상황에서 그 약을 사용하는 위험 대비 이익이 있을 비율은 매우 낮고 약의 사용을 정당화하는 것은 어렵다. 그러나 Edwards는 이전 초음파 결과에 따라 이번에 초음파 기사를 부르지 않은 그 의사의 결정은 지지했다.

[증례 11.3] 하나인 줄 알았던 둘

- 마지막 생리일 이후 거의 8주 때인 2일전에 유산을 했던 22세 여환이 응급진료센터에 왔다. 그녀는 아랫배의 통증과 중간량의 질 출혈을 호소했다. 그녀는 외래가 문을 닫은 늦은 저녁에 도착했으므로 의무기록을 확인할 수가 없었다. 그녀의 활력 징후는 안정적이었지만 그녀는 통증과 출혈로 인해 중증도로 고통스러워 보였다. 골반 내진시에 피가 소량 응고 되어 있는 자궁 경부 입구에서부터 중간량 정도의 지속적인 출혈을 보였다. 자궁은 매우 부드럽게 느껴졌다. 오른쪽 자궁 부속기의 자궁외 임신과 자궁내에 임신 부속물이 남아 있는지 확인하기 위해 응급 초음파를 처방했다. 그 환자는 즉시 수술을 했고 파열되지 않은 자궁외 임신을 합병증 없이 제거했고, 자궁을 완전히 제거했다.

[증례 11.4] 검사를 위해 기다리지 마라

- 이번 증례는 우리의 파일에 있는 것이고, 의료 과오의 사례는 아니다. 어찌되었든, 훌륭한 교육 증례이기 때문에 포함시켰다. 자궁외 임신은 걸어 다니는 폭탄과 같다. 자궁외 임신을 고려해야 하는 많은 임신한 여성들이 있다. 정말로 우리는 완벽하게 치료 기준에 따르고도, 그들이 자궁외 임신일 수도 있다고 설명한 후에 집에 보내는 경우도 있다. 이런 경우는 보통 초음파가 진단적이기에는 너무 초기 임신일 경우(4-5주 이전)이다. 다행히 이런 초기 단계에는, 자궁외 임신이 파열 되는 경우는 드물지만, 만약 파열된다면, 치명적인 출혈이 야기된다. 그러나 좀 더 진행된 자궁외 임신인 경우는 완전히 다른 병력을 보인다. 우리는 파열된 자궁외 임신으로 빠른 혈역학적 대상부전이 생기는 것을 보아왔다. 그러므로 이러한 임신은 가능한 한 빨리 진단을 할 필요가 있다.
- 질 출혈과 아랫배의 통증으로 응급진료센터에 온 21세 여환이 있었다. 그녀는 2주전에 생리를 했었고, 임신이라고 믿지 않는다고 얘기했다. 혈압은 96/70mmHg 정도로 약간 낮았다. 맥박은 106회 정도로 약간 빈맥을 보였다. 복부 진찰 소견은 음부 윗부분에 압통과 가딩(guarding)을 보였다. 골반 내진에서는 자궁 경부의 푸른색 변색을 보였다. 자궁 경부에서는 중간량 정도의 출혈이 있었다.
- 이러한 진찰 소견을 종합해 볼 때, 우리는 파열된 자궁외 임신이나 절박 유산의 가능성을 생각하고 즉시 산부인과 의사에게 연락했다. 산부인과 의사는 환자를 응급진료센터에서 어떤 진단적 검사의 도움 없이 수술방으로 데려갔다. 수술시 시행한 초음파에서 파열된 자궁외 임신이 있다는 것이 확인 되었다. 응급진료센터 내에서 초음파로 자궁외 임신을 확인하는 것은 혈역학적으로 안정한 환자의 경우에만 시행해야 한다.

[증례 11.5] 우리가 가진 것이 무엇인가?

- 흥미 있는 증례의 파일에는 가상(fictitious) 질 출혈을 보이는 임신한 산모가 있다. 전공의 때 산부인과 파견 시에 이런 증례는 한 주에 여러 번 생겼다. 한 산모가 질 출혈과 복통을 주소로 올 것이다. 진찰 시에는 복부에 압통이나 질 출혈을 발견하지 못할 것이다. 그 환자는 초음파를 하게 될 것이다. 초음파를 실시할 때, 초음파 기사에 대한 그녀의 주된 관심은 아기가 여자인지 남자인지이다. 우리와 함께 일하는 한 분만실 간호사는 이러한 환자들의 주증상을 '남아인지 여아인지 감별하기 위해' 라고 쓰고는 했었다.

References

1 Hamilton GC, Sanders AB, Strange GR *et al.* (2003) *Emergency Medicine: an approach to clinical problem-solving* (2e). Saunders, Philadelphia, Pennsylvania, 677.

2 Hamilton GC, Sanders AB, Strange GR *et al.* (2003) *Emergency Medicine: an approach to clinical problem-solving* (2e). Saunders, Philadelphia, Pennsylvania, 688.

3 Hamilton GC, Sanders AB, Strange GR *et al.* (2003) *Emergency Medicine: an approach to clinical problem-solving* (2e). Saunders, Philadelphia, Pennsylvania, 678.

4 Tintinalli JE, Kelen GD and Stapczynski JS (2000) *Emergency Medicine: a comprehensive: study guide* (5e). McGraw-Hill, New York, New York, 742.

5 Edwards FJ (2002) *The M & M Files: morbidity and mortality rounds in emergency medicine*. Hanley & Belfus, Inc., Philadelphia, Pennsylvania, 97–9.

6 Edwards FJ (2002) *The M & M Files: morbidity and mortality rounds in emergency medicine*. Hanley & Belfus, Inc., Philadelphia, Pennsylvania, 98.

제 12장
상처와 열상(Wounds and lacerations)

- 환자분류(Triage)
- 병력(History)
- 신체검진(Physical exam)
- 감별진단(Differential diagnosis)
- 진단검사(Diagnostic tests)
- 입원/외래 경과(Hospital/office course)
- 함정(Pitfalls)
- 오류와 흥미있는 증례들(Errors and interesting cases)

상처와 열상은 응급의학과와 급성기 치료(Urgent care practice)분야에서 매우 자주 보는 증상이다. 대부분이 가볍고 단순하기 때문에 치료가 쉽게 되지만, 어떤 경우에는 생명이나 사지를 위협하게 되는 경우도 있다. 그런 경우는 또한 상당한 비율의 의료분쟁으로 연결된다. 과실이 있다는 판결은 꼭 사망이나 사지를 잃는 것 때문에만 내려지는 것은 아니다. 다른 합병증 예를 들어 기능을 잃거나, 눈에 보이는 변형, 만성적인 통증, 그리고 남아있는 이물 때문에 법적인 문제가 생긴다.

많은 기전에 의해 피부에 상처나 열상이 생긴다. 곤충이 물거나 이물에 의해서 또는, 모낭이나 피지낭이 감염되면 피부를 상하게 하여 파손시키게 된다. 또한 상처는 내부 기관 안 깊은 곳에서 시작되어 전신적으로 퍼져 피부에 다다르거나(예, 대상포진) 근육과 근막 안에서 시작되는 경우도 있다(예, 괴사성 근막염).

환자분류

대부분의 상처와 열상은 긴급이나 비응급으로 분류될 수 있다. 그러나 응급 치료가 필요한 부류도 있다. 절단, 과다한 동맥출혈이 있는 상처, 심하게 오염된 상처, 그리고 신경혈관이상의 증상과 징후를 보이는 상처들이다. 또한 비정상적인 활력 징후 예를 들어 발열, 저혈압이나 빈맥을 보이는 사람은 가능한 빠른 치료가 필요하다. 환자분류 간호사는 더 이상 상처가 오염되는 것을 막고 출혈을 줄이기 위해 적절한 방법으로 상처를 덮어 주어야 한다. 통증을 경감시키거나 더 이상의 손상이 생기는 것을 예방하기 위해 부목으로 고정을 해야 되는 경우도 있다. 환자가 오랜 시간 대기하고 있다면 상처의 출혈 상태와 신경 혈관계를 규칙적으로 체크하여야 한다. 그리고 필요하다면 파상풍 예방주사를 주어야 한다.

병력

환자나 그 상황을 목격한 사람에게 상처를 입을 당시에 대해 자세하게 물어본다. 손상 기전은 가능한 손상의 정도를 예측하는데 있어 중요하다. 손상 당시의 주변환경은 이물과 상처의 오염정도를 파악하는데 중요하다(예, 깨진 유리, 지저분한 환경). 다친 시간은 가장 적절한 상처 치료를 결정하는데 중요하다. 예방접종력과 고의적인 손상의 가능성을 확인한다. 마지막으로 어떤 상처들(예, 총상, 자상)은 경찰에 의무적으로 신고해야 할 수도 있기 때문에 당신이 속한 지역의 법 조문을 체크한다.

손상으로 생길 수 있는 신경, 혈관계 증상이 있는지 환자에게 물어본다. 새로 생긴 둔한 느낌, 힘이 빠짐, 움직임의 제한이나 색이 변하는 것은 신경혈관계 이상의 단서가 될 수 있다. 주요 손상 때문에 간과되기 쉬운 다른 동반 손상에 대해서도 확인해야만 한다. 환자가 상처 안에 이물질이 있는 것 같다고 얘기한다면 환자의 진술은 일반적으로 맞다. 환자가 상처를 얼마나 보살펴 왔는지도 중요한 정보이다. 예를 들어 만약 환자가 상처를 씻지 않고 12시간 이상 더러운 환경에 노출시켜 두었다면, 의사가 아무리 나무랄 데 없이 치료를 하더라도 상처 감염의 기회는 상당히 증가하게 된다.

상처 치료와 관련된 다른 문제점이 있는지 확인한다. 국소 마취제에 알레르기가 있지는 않은가? 응고장애가 있는 사람은 아닌가? 당뇨나 다른 면역이 저하된 상태는 아닌가? 현재 먹는 약이 앞으로 처방할 항생제와 상호작용을 하는 것은 아닌가? 흡연자이거나 말초 혈관 질환의 과거력이 있거나 상처가 잘 안 낫는 사람은 아닌가? 과거에 상처가 켈로이드를 형성하는 문제가 있었던 사람은 아닌가?

신체검진

활력 징후는 상처나 열상으로 온 환자들에서는 불완전하거나 체크하지 않는 경우가 흔하다. 이런 습관은 추천되지 않는데, 활력 징후 중 어떤 것은 신체의 스트레스 정도와 좀더 심한 숨겨진 손상에 대한 표지자가 될 수도 있기 때문이다. 더구나 상처와 열상을 입고 온 사람은 대부분 외래 예약 후에 퇴원하게 되는데, 이 때 비교를 위해 활력 징후를 남겨 두는 것은 매우 도움이 된다. 특정한 상처에서 도움이 될 수 있는 좀더 확장된 활력 징후는 발목/위팔동맥 지수(ankle/brachial index) 이다. 이것은 발목의 수축기 혈압을 같은 쪽 위팔 수축기 혈압으로 나눈 것이다. 그 비율은 측정한 하지의 동맥 질환의 지표로 사용된다.

모든 상처는 위치, 크기, 모양, 깊이, 이물질 또는 관련된 손상이 있는지에 대해 검사해야 한다. 상처의 특징은 기전과 손상당시의 주위 환경과 일치해야 한다. 그렇지 않다면 병력을 의심해 보아야 한다. 기술적이고 양적인 용어를 사용해서 의무기록을 작성하여 다음에 다른 사람이 의무기록을 볼 때 혼란이 없도록 한다. 상처를 기술할 때 '깊은' 또는 '큰' 등과 같은 일반적인 용어는 상당히 주관적이기 때문에 피해야 한다.

피부에 물집이 있는 병변이 있다면 잠재적인 전신성 염증 반응 증후군(SIRS)의 가능성이 있기 때문에 경계해야 한다('함정' 부분을 보시오).[1] 그러한 병변은 수포성 농가진(bullous impetigo) 같은 국소 감염에서도 나타날 수 있다. 전신적인 질환을 특징짓는 또 다른 피부소견은 각질탈락(desquamation)과 물집 형성이다. 각질탈락은 독소충격증후군(Toxic shock syndrome) 이나 독성표피괴사용해(Toxic epidermal necrolysis) 등에서 보일 수 있고, 물집 형성은 화상과 대상 포진 감염에서 나타날 수 있다. 다음 부분에서 좀 더 자세히 기술하겠지만 모든 상처와 열상은 좀 더 깊은 구조에 관련 손상이 있는지 자세히 검사해야 한다. 신경, 인대, 혈관 등에 손상이 있는가? 상처나 열상을 통해 노출된 뼈가 있는지 여부를 확인하는 것은 항상 중요하다. 만약 뼈가 노출되어 있다면 개방성 골절에 대한 치료를 해야 한다. 가장자리 절제술이 필요한 괴사된 조직이 있는가? 조직 괴사의 몇가지 이유는 클로스트리듐 감염, 갈색 은둔 거미에 물린 경우, 그리고 혈류 공급이 잘 안 되는 경우이다.

마지막으로 상처와 열상에 대해 검사할 때는 신경혈관계 검사를 꼭 포함해야 한다. 말초의 맥박과 순환에 이상이 있는지 확인해야만 한다. 움직임의 범위와 근력에 제한은 없는지 검사해야 한다. 지혈을 하거나 출혈을 안정화 시켜야만 한다. 해당 부위의 반복적인 검사는 구획증후군이 생기는지 여부를 감시하는데 적절한 방법이다.

감별진단

상처와 열상의 감별진단은 항상 표면에 보이는 것 이상으로 확장해야만 한다. 이는 곧 모든 상처와 열상은 이물과 더 깊은 곳의 구조에 손상이 있는지 찾아야 한다는 것을 의미한다. 이러한 구조들은 건, 신경, 인대, 혈관, 뼈, 그리고 관절면이다. 몇 가지 특별한 상처들은 상처의 깊이가 앞으로의 치료 방향에 큰 결정인자가 된다. 예를 들어 넓은목근(platysma muscle)을 침범한 목의 상처는 수술적인 검사(surgical exploration)를 꼭 시행해야 한다.

상처와 열상은 또한 연조직염, 농양, 가스 괴저 등의 합병증이 있는지 꼭 평가해야 한다. 어떤 상처들은 외상에 의한 것이 아니라 전신적인 질환에 의해 피부가 파손되어 생긴 것 일수도 있다는 것을 항상 기억해야 한다. 그 예로는 정맥 울혈궤양, 욕창궤양, 그리고 독성표피괴사용해 등이다.

어떤 상처와 열상들은 정신과적인 또는 사회적인 병에 동반되는 경우가 있다. 자살 생각의 전형적인 제스처는 손목의 열상이다. 사지에 여러군데 설명되지 않는 칼에 의한 상처가 있을 때는 가정 폭력을 의심할 수 있다. 총상은 범죄행위로부터 생길 수 있다. 이러한 모든 것들은 명백한 법적 문제가 있을 수 있기 때문에 항상 의심해 봐야 하고 조사되어야 한다.

치료에 반응하지 않는 만성적인 상처는 어떤 특별한 문제가 있는지 의심해 보아야 한다. 먹는 항생제에 반응하지 않는 상처는 골수염과 같은 활동성 감염이 있을 가능성이 있다. 골수염은 정맥내 항생제가 필요하기 때문이다. 아물지 않거나 계속 벌어지는 열상은 이물이 남아 있기 때문일 수도 있다. 마지막으로 말초 혈관 질환, 조절되지 않는 당뇨, 그리고 영양실조 등과 같은 전신적인 질환도 상처가 치유되는데 영향을 줄 수 있다.

마지막으로 겉으로는 양호해 보이는 상처가 실은 심각한 원인이 숨겨져 있을 수 있음을 기억해야 한다. 그 예는 괴사성 근막염이다. 이 병은 깊은 조직에서 빠른 파괴가 진행 중이지만 표면적인 모습은 정상이거나 상대적으로 양호해 보인다. 찔린 상처도 하나의 예이다. 이 경우는 피부의 손상된 작은 틈이 깊은 곳에 농양이 있을 수도 있다는 유일한 실마리가 된다. 페인트 건 등에 의해 뚫린 상처들은 특히 심각한 압력에 의해 깊은 조직에 괴사가 유발될 수도 있다. 마지막으로 번개에 의한 손상은 표면은 양호해 보이지만 심각한 근육 파괴를 감추고 있을 수도 있다.

진단검사

엑스레이는 골절이나 이물을 찾기 위해 시행한다. 금속이나 유리는 보통 보이지만, 플라스틱, 나무나 다른 유기 물질은 보이지 않을수도 있다는 것을 기억하라. 엑스레이는 상처의 연조직에 가스가 있는지를 찾기 위해서도 시행할 수 있다. 가스가 있다는 것은 클로스트리듐에 의한 근육괴사나 가스 괴저와 같은 좀 더 심각한 감염을 의미한다. 다른 검사들은 전산화 단층촬영, 자기공명영상이나 초음파 등이 있다. 일반혈액검사와 상처 및 혈액 배양은 입원 대상이 되는 모든 환자에서 고려해야 한다.

이전에 이미 얘기 했지만 특별한 상황에서는 추가적인 검사가 필요할 수도 있다. 삼중 시기 골 스캔(Triple phase bone scan)은 골수염을 확인하는데 있어 엑스레이보다 더 예민하다. 발목/위팔동맥 지수를 활용할 수도 있겠지만 색 혈류 도플러(color flow doppler)나 혈관조영술로 동맥 검사를 하는 것이 좀 더 예민하고 심각한 말초 혈관 질환이 있는 환자들에게 필요할 수도 있다. 혈청 크레아틴인산활성효소(creatine phosphokinase)와 소변 미오글로빈(myoglobin)은 근육 손상이 의심되는 환자에게서 도움이 될 수도 있다. 마지막으로 조직 생검은 전신적인 질환을 확인하기 위해 사용될 수 있다.

입원/외래 경과

어떤 종류의 상처는 전문가에게 의뢰할 필요가 있다. James Palombaro는 "Just the Facts in Emergency Medicine" 에 여러 가지 경우를 제시하였다.[2] 여기에 포함된 상처들은 다음과 같다 : 눈꺼풀의 눈꺼풀판(tarsal plate)이나 눈물관을 침범한 경우, 개방성 골절이나 관절면을 침범한 경우, 외과적인 입원이 필요한 다발성 외상, 얼굴을 침범한 경우와 광범위한 성형 재건술이 필요한 경우, 기능의 손실과 관련된 경우, 건, 신경, 혈관을 침범한 경우, 표피의 상당한 손실이 동반된 경우 등이다.[2]

상처 치료를 기록하는 것은 적은 비율일지라도 상처는 합병증을 일으킬 수 있다는 확신 때문에 매우 중요하다. '의료과실 소송에 걸리지 않는 유일한 방법은 환자를 절대 보지 않는 것이다' 라는 말은 오늘날 의료계에서 친숙한 격언이다. 이와 비슷한 말을 상처 치료의 경우에도 만들 수 있다. 상처의 합병증을 만들지 않는 유일한 방법은 절대 상처를 치료하지 않는 것이다. 그러므로, Guidner 와 Leinen 은 EMpulse 의 'Legal Corner' 에서 상처를 치료할 때 기록해야 할 4가지 필수항목에 대해 기술하고 있다. 첫째, 이물이 있는지 검사한다. 둘째, 많은 양의 세척을 한다. 셋째, 신경혈관 검사를 한다. 넷째, 건의 이상을 확인한다.

우리는 모든 상처를 치료할 때 최소한의 표준 기록 계획을 가지고 있다. 이것은 다섯 단계로 구성된다. 첫 단계는 상처가 정상적인 무균적 방법으로 준비되고 무균천으로 덮었다는 것을 기술한다. 두 번째 단계는 사용한 마취약의 종류를 기술한다. 세 번째 단계는 상처를 생리 식염수로 철저히 세척하였다는 것을 기술한다. 네 번째 단계는 이물과 관련 손상에 대해 상처를 조사한 것을 기술한다. 이 때 죽은조직제거술이나 어떤 처치를 했다면 이것도 기술한다. 다섯 번째 단계는 상처를 어떻게 봉합했는지 기술한다(특히 사용한 봉합의 종류와 수). 이 다섯 단계에 친숙해지는 것은 모든 상처를 치료할 때 각 단계에서 시행해야 할 것들을 기억하기 쉽게 해 준다. 다섯 단계에 추가로 파상풍 면역상태를 기술해야만 한다.

미용적으로 예민한 부위의 상처를 치료할 때는 환자에게 흉터가 생길 수 있는 위험에 대해 설명해야 한다. 그리고 설명한 내용을 의무기록에 기록해 두어야 한다. 흉터가 생겼을 때 놀라서 되돌아와 그런 설명을 절대 들은 적이 없다고 얘기하는 환자들이 있다. 더구나 미용적으로 예민한 부위는 환자들마다 다양해서 외모에 문제가 생길 수 있을 것 같다고 느낄 수 있다. 우리는 손등을 다쳐 온 62세 할머니의 상처를 치료한 적이 있는데, 그녀는 손등에 흉터가 남겠느냐고 10번도 넘게 물어봤다. 우리는 그것이 전형적이지도 않고 기대되지도 않았지만 이 걱정을 존중해 주었다.

상처와 열상에 대한 퇴원 설명은 발견되지 않은 합병증을 예방하는데 매우 중요하다. 우리 중 대부분은 환자에게 통증이 심해지거나, 열이 나거나, 붓거나, 빨개지거나, 상처에서 진물이 나오면 병원으로 돌아오라는 설명을 한다. 그러나 증례 12.11에 보면, 환자에게 전화하라고 설명하는 것이 때로는 당신에게 문제를 일으킬 수 있다는 것을 보여준다.

함정

때로는 성형외과 의사가 열상을 봉합해 주기를 요구하는 환자들이 있다. 그런 요구를 하는 경우는 얼굴의 복잡한 열상에서부터 팔의 간단한 열상까지 다양하다. 환자의 보험상태와 열상에 대한 당신의 의견에 상관없이 그 요구를 존중해 주고 성형외과 의사에게 연락해 주어라. 그 성형외과 의사가 거절할 수도 있고, 바빠서 시간이 걸릴 것이라고 얘기할 수도 있다(그들은 보통 환자의 상처를 봉합하기 위해 수술방이나 외래를 떠나려 하지는 않는다). 이 대화를 환자에게 전해 준다면 그들 중

다수의 마음이 바뀔 것이고, 당신에게 봉합을 받거나 기다릴 것이다. 성형외과 의사에게 연락을 하지 않는다면, 외모가 환자들의 마음에 들지 않았을 때 당신에게 책임이 지워질 것이고 성형외과 의사가 봉합하지 않은 미용적인 결과에 대해 당신을 고소할 수도 있다.

특히 찔린 상처를 치료할 때는 주의를 기울여야 한다. 그 상처들은 보통 표면적으로는 양호해 보이지만 그 내면에는 응급상황을 내포하고 있다. 찔린 상처는 그 깊이를 측정하기 힘들다. 마찬가지로 건, 신경, 혈관의 손상을 확인하는 것 또한 요구된다. 페인트 건에 대해서는 각별히 언급되어야 하는데 그 이유는 화학적 자극과 구획증후군의 발생 가능성 때문이다. 증례 12.5 를 참조하라. 또한 증례 12.9에서 보여 주듯이, 찔린 상처의 깊이를 적게 측정한 경우는 심각하고 비참한 결과를 야기할 수도 있다.

상처와 열상이 있는 환자를 치료할 때는 항상 의도적인 손상의 가능성이 있음을 기억하라. 손목의 열상과 같은 전형적인 손상 패턴은 환자가 부인하더라도 의도적인 손상일 수 있다는 것을 생각해야 한다. 이런 상황에서 만약 반복적으로 질문하지 않는다면 자살을 예방할 수 있는 조치가 취해질 수 없을 것이다. 증례 12.1에서 보듯이 그 후에 일어나는 법적인 댓가는 크다.

수포성 농가진이나 얕은 연조직염(erysipelas)을 제외하면 물집은 심각한 질병의 진행과정에서 나타날 수 있는 현상임을 기억해야 한다. 이것은 괴사성 근막염이나 가스 괴저와 같은 감염성 진행과정과 독성표피괴사용해와 같은 비감염성 진행과정을 포함한다. Stevens는 '보라색의 물집이 보이면 의료진은 즉시 괴사성 근막염이나 가스 괴저에 대한 가능성을 생각해야 한다' 라고 조언한다.[4]

우리는 괴사성 근막염이 의료계에서 진단하기 가장 힘든 병중에 하나라고 믿는다. 발열과 피부 깊은 부위의 통증만이 초기에 나타나는 증상이고 신체검진에서는 아무런 피부 이상소견이 없다.[5] '놀랍게도 최종적으로 A 군 사슬알균감염(group A streptococcal)에 의한 괴사성 근막염으로 진단받은 사람의 50 %에서 균이 들어간 부위가 없었다.' [6] 감염이 깊은 부위의 조직내에 위치하고 눈으로 봐서는 명백한 소견이 없기 때문에 초기에 진단이 안되는 경우가 흔하다. '종종 이러한 환자들은 진단이 될 당시에는 쇼크와 장기부전 상태인 경우가 많다.' [6]

이물이 남겨진 경우는 상처 치료에 관한 소송의 대부분을 차지한다. '상처안의 이물 중 가장 많은 것은 흙이다. 다량의 유기물이 섞인 흙은 감염 가능성이 높다.' [7] 그것들은 여러 가지 이유로 문제가 된다. 상처 감염과 농양의 빈도를 증가시킨다. 그것들은 움직일 수도 있고 그 결과로 신경혈관계 문제를 일으킬 수 있다. 마지막으로 만성 통증을 야기하거나 문신을 한 것처럼 외관을 손상시킬 수도 있다.[8] 우리는 모든 상처에서 이물을 찾기 위한 철저한 조사과정을 시행하고 기록하는 것의 중요성을 논의해 왔다. 증례 12.2를 보라.

문제를 일으킬 수 있는 다른 종류의 이물은 유리 같이 날카로운 것들이다. 발견하지 못하거나 제거하지 않으면 그것들은 신경, 건, 인대, 혈관을 자를 수도 있다. The Americal Journal of Diaseases in Children에 게재된 논문에서 Avner와 Baker는 매우 얕은 상처를 제외하고는 유리가 연관된 모든 상처에서 엑스레이를 찍을 것을 권유하였다.[9] 증례 12.6을 보아라. 마지막으로 기억할 것은 열상을 야기한 도구가 불분명 하다면 이물의 가능성을 항상 고려해야 한다는 것이다. 증례 12.12를 보아라.

덧붙여 유리와 같은 날카로운 물체에 의한 열상은 그렇지 않다고 증명될 때까지는 신경, 건, 혈관 손상이 동반되었을 것임을 가정해야만 한다. 이것은 자세한 신경혈관계의 검진뿐만이 아니라 어떤 경우는 색 도플러 초음파나 혈관조영술까지도 시행할 수 있음을 의미한다. 증례 12.7을 보라.

어린 아이에서의 상처와 열상은 많은 점에서 문제가 된다. 어린 아이들은 미지에 대한 두려움을 가지고 있고 검진을 하거나 상처와 열상을 봉합할 때 보통 얌전히 있지 않는다. 생식기나 항문 주위와 같이 아이들에게 신성시 되는 부위에 손상이 있을 수도 있다. 증례 12.3을 보라. 아이들은 낯선 사람이 그 부위를 만지지 못하도록 부모에게 교육을 받는다. 검진을 하기 위해서는 진정(어떤 경우는 전신마취)이 필요한 경우가 자주 있고 많은 의사는 아이를 진정시키는 것에 대해 주저한다. 더구나 어떤 보호자들은 아이를 진정시키는 것에 대해 두려워하고 그것을 거부하는 경우도 있다. 이런 경우에는 우리는 어린 여자아이의 생식기의 상처와 열상에 대한 검진은 산부인과 의사에게 위임하고는 한다. 왜냐하면 아이들은 오직 한 사람의 의사에게만 검진하는 것을 허용할 수도 있고, 그것을 하기에 가장 경험이 많은 사람이 하는 것이 최선이기 때문이다.

가능하면 당신이 봉합한 환자는 당신이 직접 추적관찰을 하거나 당신의 그룹에 있는 사람 중 한 사람이 추적관찰을 하도록 하라. 몇 해 동안 우리는 외래나 응급진료센터에서 많은 수술 후 합병증들을 직면했다. 이러한 합병증이 생길 때마다 수술을 했던 외과의가 볼 수 없을 때 다른 외과의에게 그 환자를 보게 하는 것은 언제나 어려움이 있다. 일반적으로 어느 누구도 '다른 누군가의 곤경 속으로 질질 끌려 들어가고' 싶어 하지는 않는다. 이 격언은 반대로도 적용되는데 많은 의사들이 다른 의사가 자신의 일에 간섭하는 것을 원하지 않는다. 두 번째 의사는 당시 사용되었던 봉합방법에 동의하거나 친숙하지 않을 수도 있다. 상처를 더 안 좋게 만들거나 위험하게 만들 수도 있다. 더구나 많은 의사들이 자신이 한 일의 결과를 보고 싶어한다(잘 된 일에서 만족감을 얻거나 실수로부터 배우기 위해). 그러므로 당신 자신의 진료실에서 상처나 봉합된 열상을 추적관찰하는 것이 가장 최선이다. 증례 12.4를 보아라.

Dermabond의 발명은 단순 열상을 좀 더 빠르고, 좀 더 덜 아프게 치료할 수 있게 해 주었다. 그것은 사용하기 쉽고, 사용했을 때 매우 강력한 접착제이다. 하지만 그것은 단순하고, 직선이고, 깨끗하고, 장력이 적거나 없는 상처에만 제한적으로 사용할 수 있다. 오염되거나, 복잡하거나, 깊은 상처는 Dermabond의 좋은 적용대상이 아니다. 증례 12.8을 보아라.

관절 위의 상처와 열상은 관절내 감염이 생길 가능성이 있으므로 주의 깊게 치료해야 한다. 패혈성 관절은 괴사성 근막염만큼 증상이 불분명하고 때로는 연조직염, 통풍이나 활액낭염으로 잘못 진단된다. 그러나 이 오진은 패혈성 관절과 관련된 심각한 합병증 때문에 용인되어지지 않는다. 증례 12.10을 보아라.

오류와 흥미있는 증례들

[증례 12.1] 마음은 읽을 수 없다

- 우리는 양측 손목 열상으로 내원한 한 남자에 대한 증례를 보았다. 그는 양 손으로 어떤 파이프를 붙들고 있은 후에 그 상처가 생겼다고 말했다. 분류 간호사와 응급의학과 의사가 각각 그 상처가 의도적으로 생겼는지를 질문했다. 그는 두 번 모두 단호하게 부인했고, 그것은 의무기록에 기록되었다. 그 환자는 치료를 받았고, 그 후 3일 후 목을 매고 사망한 상태로 발견되었다. 그는 가족이 없었으나 그의 유언 변호사가 대신하여 소송을 제기하였다. 그 의사와 병원은 그들의 완벽한 기록 덕분에 모두 잘못이 없다고 밝혀졌다. 법정은 그 의사가 환자의 '마음을 읽을' 수는 없었을 것이라고 생각했다.
- 우리는 때때로 법적인 문제를 수반하는 몇 가지 종류의 상처들을 언급했었다. 이런 상처들을 다룰 때 의사는 법적인 문제를 미리 예측하고 주의 깊게 기록해야만 한다. 위의 증례의 판결은 의사가 병력과 기록을 완벽하게 하지 않았다면 의사에게 불리하게 나왔을 것이다.

[증례 12.2] 이물질은 녹지 않는다

- M & M files에서 Edwards는 상처를 봉합했는데 안 좋은 결과를 보였던 한 증례를 소개한다. 이 증례는 좋지 않은 의무기록의 한 예이기도 하다.[10] 20살의 대학생이 운하 옆의 길을 따라 자전거를 타고 가다가 넘어졌다. 그는 덤불 속으로 떨어졌고, 다발성 안면 열상을 입었다. 그 환자는 응급진료센터에서 열상을 봉합 받았고, 의례적으로 추적관찰에 대한 설명을 들었다.
- 그 환자는 미열과 상처 부위가 빨갛게 붓는 증상으로 이틀 후에 응급진료센터에 다시 내원하였다. 두 번째 응급의학과 의사는 봉합을 제거하고 상처에서 나오는 중간량의 화농성 고름을 발견했다. 상처에는 약간의 나무 조각과 나무껍질들도 있었다. 그가 상처를 좀 더 철저하게 관찰했을 때 4-5개의 잔가지들을 뽑아 낼 수 있었다(가장 큰 것은 길이가 1.8cm 정도 되었다). 그는 상처를 세척하고 봉합하지 않고 열린 상태로 두었다. 그러고 나서 정맥 내 항생제를 사용하기 위해 그 환자를 입원시켰다. 상처는 5일 후에 성형외과 의사가 이차 봉합을 하였으나 결과는 만족스럽지 않았고 환자는 첫 번째 응급의학과 의사를 상대로 의료소송을 걸었다.
- 첫 번째로 환자를 보았던 응급의학과 의사는 의무기록에 이물질을 찾기 위해 상처를 검사한 내용을 전혀 기록하지 않았다. 그는 또한 엑스레이와 같은 다른 치료 옵션이나 안면부의 다발성 상처를 치료하기 위해 성형외과 의사에게 협진을 하는 등에 대해 고려하지 않았다(위에 논의 되었던 내용을 보시오). 마지막으로 Edwards는 이 증례에서 예방적 항생제를 사용하는

문제에 대한 토론을 제시했다. 예방적 항생제를 의례적으로 사용하는 것에는 논쟁의 여지가 있지만, 이 증례처럼 대부분의 의사들을 항생제를 사용하는 쪽으로 이끄는 특별한 경우도 있다. 그 환자의 사고는 흙 위에서 생긴 것이고 유기 물질이 많은 환경에서 발생하였다. 두가지 조건 모두 더 많은 상처 감염을 야기하게 된다. 더구나 미용적으로 예민한 부위의 다발성 상처는 최소한 예방적 항생제의 사용을 고려하는 것을 정당화 한다.

[증례 12.3] 그들은 당신이 못 보게 할 것이다

- 소아의 상처와 열상은 때때로 검사하기 어렵지만 의사는 대안을 찾아야만 하고 치료를 단념해서는 안 된다. 의료적이고 법적인 위험은 검사의 포기를 선택한 의사들에게 일어날 것이다. M & M files에서 한 증례를 소개했는데, 원숭이 장에 떨어져서 다리 사이를 강철 파이프에 부딪힌 7살 소녀의 예였다.[11] 그녀는 윗 허벅지 사이에 피에 흠뻑 젖은 수건을 대고 응급진료센터로 이송되었고 들것 위에 눕기를 원치 않았다.
- 그 환자는 응급의학과 의사가 진찰하는 것에 저항했다. 아이의 엄마와 두 명의 간호사의 도움에도 불구하고, 아이의 엄마가 화를 내서 그 노력을 끝내기 전까지 불충분한 검사가 시행되었다. 의사는 소음순에 열상을 발견했으나 진행 중인 출혈은 없었다. 의사는 아이가 소변을 보는 것을 보기 위해 기다렸다. 잠시 후 아이는 소변을 보았고 별 문제 없이 걸었다. 소변에는 소량의 혈액이 있었다. 의사는 환자를 퇴원시켰고 엄마에게 필요하면 다니던 소아과 의사에게 추적관찰 하도록 설명하였다.
- 엄마는 밤새 회음부로부터 피가 지속적으로 새어 나오는 것을 본 후 소아과 의사에게 아이를 데려갔다. 소아과 의사는 산부인과 의사에게 그 환자를 의뢰하였고 얕은 진정을 시키고 수술방으로 데려가서 질입구의 열상을 여덟 바늘 봉합했다. 엄마와 산부인과 의사 모두 그 응급의학과 의사가 충분한 진찰을 시행하지 않았던 그 병원에 항의를 제기했다.
- 소아를 진정시키는 것은 당신이 소아 응급진료센터에서 일하거나, 많은 수의 소아 환자를 보지 않는다면 흔히 생기는 일이 아니다. 이 과정은 절대 쉽거나 편한 것이 아니다. 그러나 이 증례에서는 진정을 시키는 것보다 출혈되고 있는 부위를 모르는 채 환자를 응급진료센터에서 퇴원시키는 것이 더 '창자가 꼬이는 일' 이다. 이 아이가 집에서 회음부 혈종으로부터의 출혈이 심해져서 갑자기 생체 징후가 불안정해졌다면 어떠했겠는가? 열상이 적절한 시기에 봉합되지 않아서 영구적인 기형이나 감염이 생겼다면 어떠했겠는가? 성적인 또는 비뇨기과적인 문제도 합병증으로 생길 수 있었다. 이 같은 의료소송에 지불할 경제적인 지출을 상상해 보라. 반드시 기억해야 할 메시지는 의사가 해야 할 필요가 있다고 생각한 일은 그것이 환자를 불편하게 하더라도 꼭 해야만 한다는 것이다.

[증례 12.4] 당신이 한 상처치료를 확인하라

- M & M files에서는 의사가 자신이 봉합한 것을 추적 관찰했다면 피할 수도 있었던 합병증이 생긴 증례를 소개한다.[12] 3살짜리 소년이 텔레비전에 머리를 부딪쳐 1.5cm의 두피 열상을 입었다. 신경학적인 이상은 없었고, 소년은 정상적으로 행동했다. 그래서 응급의학과 의사는 과산화수소로 상처를 세척하고 스테플러로 봉합하기로 결정했다. 그는 그것이 더 빠르고 소년에게 고통스럽게 리도카인을 주사하는 것도 피할 수 있을 거라고 느꼈다. 모든 사람이 이 상처 치료에 만족하는 것처럼 보였다.
- 엄마는 5일 후에 staple을 제거하기 위해 소아과 외래로 소년을 데리고 갔다. 그런데 소아과 의사는 그 staple을 제거할 수 있는 도구도 없었고 경험도 없었다. 응급진료센터에서 staple remover를 구했으나, 소아과 의사는 그것을 사용하는데 문제가 있어 보였고 상처에서는 곧 출혈이 되고 아이는 소리 지르기 시작했다. 아이는 오후에 외과의사에게 보내졌고 그 역시 staple을 제거하는데 문제가 있었고, 그것은 이제 피하지방층에서 꼬인 것처럼 보였다. 얕은 진정하에서 외과 의사는 상처를 열고 staple을 제거할 수 있었다. 상처는 이차적으로 봉합되었다. 엄마는 병원에 항의했고 치료비를 지불하기를 거부했다.
- 우리 의견으로는, 이 증례에서 두 가지의 실수가 있었다. 그러나 그 실수 중 어느 것도 응급의학과 의사의 치료와 관련된 것은 아니다. 작은 두피 열상은 보통 staple로 봉합하기도 한다. 리도카인을 주입할 때의 통증을 피할 수 있다는 것 또는 작은 열상을 위해 얕은 진정을 하는 위험을 피할 수 있다는 좋은 의도는 매우 적절하다. 그것은 퇴원시의 만족감과 상처에 합병증이 없었다는 것이 증거가 된다. 그러나 첫 번째 실수는 응급의학과 의사의 거취결정 설명에 있었다. 그는 엄마에게 staple을 제거하기 위해 응급실로 아이를 데려오라고 충고하지 않았다. 물론 대부분의 의사가 staple을 제거하는 방법을 알고 있지만, 이 경우는 응급의학과 의사가 기대하지 않았던 매우 드문 예외였다. 두 번째 실수는 소아과 의사의 실패한 시도에 있었다. 이같이 비교적 쉬운 술기조차도 당신이 이전에 전혀 해 본 적이 없다면 또는 적절한 감독자가 없다면 시도하지 말았어야 했다.

[증례 12.5] 총은 심각한 손상을 야기할 수 있다

- Selbst 와 Korin 의 Preventing Malpractice Lawsuits in Pediatric Emergency Medicine에 나와 있는 증례에 따르면 한 화가가 고압 페인트 건으로 그의 손가락에 페인트 희석제를 주입했다.[13] 응급의학과 의사는 비교적 양호해 보이는 찔린 상처가 있는 화가를 퇴원시켰다. 그는 몇 시간 후 되돌아왔고 수술적 검사(surgical exploration), 세척, 그리고 결국에는 손가락을 절단했다. 응급의학과 의사는 그 환자의 손상에 대해 77,500달러의 책임이 있다는 판결을 받

았다. 이물이 주입된 모든 손상에 대해서는 구획증후군과 조직 괴사의 위험이 상당히 높기 때문에 외과적 협진이 필수적이라는 것을 기억하는 것이 중요하다.

- 이와 관련된 상황을 우리가 일하는 중에 몇 번 보았는데, 그것은 전산화 단층 촬영을 하면서 정맥내 주사로부터 조영제가 새는 것이다. 우리는 많은 외과의들과 이런 증례의 치료에 대해 토론해 오고 있지만 아직 일치된 치료 계획을 받아보지 못했다. 그럼에도 불구하고 이런 경우들은 당직 외과의사나 성형외과 의사와의 상의가 필수적이다.

[증례 12.6] 유리에 의한 손상에 주의하라

- Selbst 와 Korin 의 Preventing Malpractice Lawsuits in Pediatric Emergency Medicine에는 한 여자 환자가 남겨진 이물질로 영구적인 손상을 입은 증례가 있다.[14] 세계적인 운동 선수가 해변에서 한조각의 유리에 발을 딛은 후 응급진료센터로 왔는데, 두명의 의사가 이물질을 제거하는데 성공하지 못했다. 그 결과로 그의 발에는 무딘 감각과 '독수리 발가락' 이 지속되는 영구적인 신경손상이 생겼다. 그녀는 이후 병원과 응급 의료진을 상대로 의료소송을 걸었고 5,200,000달러의 배상금을 받아냈다. 후에 재심에서 배상금은 350,000 달러로 줄어 들었다.
- 날카로운 남겨진 이물질을 제거하기 위해서 철저하고 광범위한 시도를 해야만 한다. 주변 신경혈관계 구조에 손상을 줄 수 있는 가능성이 높기 때문이다. 반복된 시도가 성공적이지 않다면, 투시 엑스레이 유도 방법(fluoroscopy-guided technique)을 사용하는 외과의에게 협진하는 것을 고려하거나 그 이물질이 움직이는 것을 예방하기 위해 그 부위를 부목으로 고정한다.

[증례 12.7] 날카로운 물체에 의한 손상

- Selbst와 Korin의 책에는 유리에 의해 손상된 복잡 상처의 증례가 있다.[15] 10세 된 소년이 판유리 창문을 차서 발에 손상을 입은 후 앰뷸런스를 타고 응급진료센터로 왔다. 응급구조사들은 상당한 출혈을 기록하였으나 응급 의료진의 의무기록에는 이것이 반영되지 않았다. 그 의사는 출혈되는 혈관을 봉합하고 상처를 봉합한 후 환자를 퇴원시켰다.
- 나중에 소년은 자신의 발을 움직일 수 없었다. 수술실에서 절단되어 있는 4개의 건과 부분적으로 절단된 동맥이 있다는 것이 발견되었다. 그 의사는 불충분한 검사를 하였고 환자의 신경혈관계 이상을 발견하지 못했던 것으로 인해 고소되었다. 법정은 의뢰인에게 238,000 달러의 배상을 하라고 판결하였다.
- 의사들은 때때로 상처를 봉합하는데 정신이 팔려서 이차적인 손상에 초점을 맞추지 못하게

되기도 한다. 이 증례에서 응급의료진은 아마도 신경혈관적 검사를 시행하지 않았을 것이고, 그는 소년의 건의 손상을 발견했어야 했다. 그는 자신이 본 손상된 혈관을 치료하는 것에 집중하였고, 그것이 출혈의 유일한 원인이라고 확신했었다. 이런 가정은 위험한 것이고 특히 날카로운 물체에 의한 손상일 경우는 더욱 그렇다. 그가 자신의 진찰 시에 이런 합병증 중 어떤 것도 없었다는 것을 기록했었다면 아마도 그의 변명은 꽤 설득력이 있었을 것이고, 심지어 승리할 수도 있었을 지도 모른다.

[증례 12.8] 감염된 상처를 봉인하지 말라

- 다섯 살 된 소년이 집에서 기르던 개에게 물려서 응급진료센터로 왔다. 상처는 아래쪽 뺨에 직선으로 나 있었으나 깊이는 정확히 측정하기 어려웠다. 응급의료진은 Dermabond 로 상처를 봉합하였고, Keflex(항생제)를 주면서 감염의 징후가 생기면 다시 오도록 구체적인 설명을 했다.
- 2일 후 환자는 증가된 안면부의 부종으로 왔다. 출렁이는 큰 안면부 농양이 형성되어 있었고 성형외과의사에 의한 배농이 필요했다. Dermabond가 고정된 봉인을 형성하였기 때문에 고름이 배농되지 않았다. 상처의 고름을 배양하여서 Alcaligenes 이 자랐고, 그것은 Keflex 에 저항성이 있었다.
- 이 증례에서 합병증은 상처 치료의 수준에 상관없이 생길 수 있었던 것이었다. 그러나 동물 교상을 치료할 때는 특별한 주의를 해야만 하고 특히 얼굴일 때는 더욱 그렇다. Dermabond 는 상처의 깨끗한 정도와 깊이를 측정하기 어려운 경우는 봉합의 방법으로 좋은 선택이 아닐 것이다. 특별한 항생제(Sanford Antimicrobial Guide에서 추천되는)를 사용해야만 했다. 이 경우에서 Keflex 는 대부분의 피부 감염에 효과적인 항생제였지만, 동물 교상에서는 가장 최선의 선택이 아니다. 마지막으로 얼굴에 생긴 동물 교상은 심각한 미용적인 기형을 야기할 가능성이 있다. 합병증이 가능한 한 일찍 발견되어야 하므로 24시간 이내에 다시 진찰하는 것이 현명하다.

[증례 12.9] 얼마나 깊은 것인가?

- Selbst와 Korin의 책에 나오는 한 증례에서, 찔린 상처의 깊이를 잘못 판단하는 것의 심각성이 강조되고 있다.[16] 18세 남자가 얼음 깨는 송곳에 찔린 후에 내원하였다. 응급 의료진이 '얕은 상처(superficial wound)' 라고 진단하고 환자에게 증상이 안 좋아지면 다시 오라고 얘기한 후 퇴원시켰다. 환자는 3시간 후에 구토와 복통으로 다시 왔다. 그는 수술하여 십이지

장이 파열되었다는 것을 알게 되었고 치료 받았다. 그러나 외과의는 십이지장에 두 번째 파열 부위는 놓쳤다. 또한 우측 신장과 우측 신 정맥의 열상도 발견하지 못했다. 이 부위에서 출혈이 지속되었고, 환자는 4시간 후에 심장마비가 발생했다.

- 응급의료진과 병원은 오진과 지연된 치료에 대해 의료소송에 걸렸다. 외과의사는 다른 손상을 놓친 것에 대해 소송이 걸렸다. 재판 전에 병원 측이 가만히 있었음에도 배심원단의 판결은 의료진에 호의적이었다. 이 결정은 위에 자세히 열거된 일들을 기반으로 볼 때 우리에게 놀라운 것이었다. 우리는 가슴, 등, 배의 찔린 상처는 장기 손상과 과다 출혈의 가능성이 있기 때문에 매우 주의를 기울여 치료해야만 한다고 생각한다. 깊이를 명확하게 볼 수 없다면 전산화 단층촬영이나 초음파 같은 검사를 고려해야 한다.

[증례 12.10] 주변 구조의 손상

- Selbst와 Korin의 책에서는 또한 합병증이 생기기 쉬운 부위의 상처에 대해 다루고 있다.[17] 한 환자가 넘어지면서 무릎을 못에 긁혀서 응급실에서 타박상으로 소염진통제로 치료 받았다. 다음 방문때에 무릎은 부어있었고, 따뜻했으며, 백혈구 수치가 약간 증가되어 있었다. 파상풍 주사를 주고 엑스레이를 찍고 환자는 초기 감염으로 항생제를 받았다. 10일 후에 추적관찰을 위해 방문하도록 설명하였다.
- 그 환자는 5일 후에 정형외과 의사를 찾았고, 관절이 감염되었다는 것을 알았다. 관절이 붉게 부어있었고 악취가 나는 고름이 나왔다. 무릎 관절 내에 가스 괴저가 생겨 있었고 환자는 무릎에서 절단을 해야만 했다. 환자는 감염을 확인하기 위해 좀 더 일찍 병원에 오도록 설명하지 않은 것에 대해 응급의료진을 상대로 의료소송을 제기하였다. 의사와 간호사는 증상이 나빠지면 다시 병원에 와야 한다고 환자에게 얘기했다고 주장했지만, 그 사실에 대한 기록은 없었다. 더구나 고소인의 전문가 증인은 환자가 10일 동안 기다렸다면 패혈증으로 사망했을지도 모른다고 주장했다. 그 의사는 이후 부주의했다는 것으로 밝혀졌고 그의 호소는 성공하지 못했다.
- 고소인의 주장은 이 증례에서 확실히 매우 설득력이 있었고 효과적이었다. 그것은 응급의료진이 오진을 했다는 주장 없이도 확실하다. 패혈성 관절염을 첫 방문에서 진단하는 것은 정말이지 거의 불가능한 일이지만, 두 번째 방문에서는 고려해 봤어야만 했다. 그 때 진단이 고려되었었다면 그 환자는 훨씬 더 보존적인 치료로도 좋아졌을 것이다. 그 치료는 정맥내 항생제, 정형외과 협진, 관절 주사 흡인(joint needle aspiration) 등을 위해 입원 시키거나, 다시 진찰하기 위해 24시간 이내에 다시 내원하도록 설명하는 것 등이다. 보존적인 치료는 아마도 이 손상의 유병률을 감소시켰을 것이다.

[증례 12.11] 부적절한 지혜의 말

- 환자들은 종종 증상이 안 좋아지면 전화하라는 말을 듣는다. 이러한 충고는 경험이 부족한 직원에 의한 전화 의료 상담 때문에 큰 의료과실이 되고 있다. 어떤 외래와 병원에서는 병원 직원들이 자주 이동하고 전화 환자분류를 하는 많은 구성원이 있다. 이러한 사실은 복합적으로 부적절하고 경험이 없는 전화 상담을 하게 하고 의료 과실과 의료 과오를 야기한다. 환자에게 증상이 안 좋아지면 전화하라고 하지 말고 병원으로 오도록 얘기하도록 바뀌고 있다.
- Selbst와 Korin의 책에서 부정확한 전화 환자분류가 합병증이 발견되지 않도록 한 증례를 보여주고 있다.[18] 한 소년이 농구를 하다가 개방성 복합 손가락 골절이 생겼다. 응급의료진은 상처를 세척하고 봉합한 후 퇴원 설명지를 환자에게 주었다. 소년이 나중에 손가락이 붓고 아프다고 전화했을 때 간호사는 그런 증상들은 이상한게 아니라고 얘기했다. 환자는 다음날 똑같은 응답과 그의 주치의를 찾아가 보라는 얘기를 들었다.
- 그가 다른 의사를 찾아갔을 때, 손가락 관절낭에 포도알균 감염(staphylococcal infection)이 되었다고 진단되었다. 그는 치료를 위해 입원했다. 이후 응급진료센터를 대상으로 감염의 증상을 인지하지 못하고, 적절한 추적관찰 치료를 제공하지 않은 것에 대해 성공적으로 의료소송을 하였다.
- 이 증례는 치료한 의사가 아마도 개방성 골절을 적절히 치료하지 않았다는 것이 흥미롭다(다시 말해 수술방에서의 상처 세척과 정맥내 항생제 치료). 감염은 이 임상적인 실수에서 생겼을 것이다. 그러나 그 의사는 잘못된 치료에 대해 소송에 걸리지 않았다. 대신 전체 응급진료센터가 상처의 추후 치료에 대해 책임이 있다는 결론이 나왔다. 그것은 감염이 생겼을 때 환자가 즉시 병원으로 오도록 얘기를 들었다면 이 소송이 제기되지 않았을 지도 모른다는 것을 의미하는 것인가? 이 증례는 의료-법의학은 의사의 진단과 환자를 치료하는 것 이상이라는 것을 되새기게 한다.

[증례 12.12] 무엇이 범인인가?

- Foresight에서 Gardner 와 Mendelson은 알지 못하는 도구에 의한 열상으로 합병증이 생긴 경우를 소개하고 있다.[19] 24세 남자가 해변을 맨발로 걷다가 구덩이에 빠졌다. 그의 발에 날카롭고 타는듯한 느낌이 있었다. 그는 중간량의 출혈을 막기 위해 그의 셔츠로 발을 감고 응급진료센터로 왔다.
- 응급의료진은 발바닥에 중족골 부위에서 발꿈치까지 이어진 10cm 길이의 열상을 발견했다. 그는 정상적인 혈관, 운동, 감각 기능이 있다고 기록했다. 상처는 세척되고, 봉합되고, 고정되었다. 그 환자는 봉합을 제거하기 위해 7-10일후에 다시 오라는 설명을 들었다.

- 그 환자는 4일 후에 통증이 증가하고 상처에서 진물이 나와서 다시 내원하였다. 다른 응급진료센터 의사가 봉합 사이에서 고름이 나오는 것을 보았다. 엑스레이를 찍었고 4cm 가량의 기다란 이물질과 여러개의 좀더 작은 모래알 같은 이물질이 있는 것을 발견했다. 환자는 수술을 하게 되었고, 긴 성게 가시와 여러개의 작은 돌들을 제거했다. 그 환자는 길고 복잡한 입원 경과를 겪게 되었다. 그는 여러번의 수술과 피부이식, 물리치료를 경험했고 다리를 절게 되었다. 첫 번째 응급진료센터 의사에게 소송이 걸렸다. 남겨진 이물질에 대한 그 의사의 기록이 없었기 때문에 이 증례는 450,000 달러로 결정되었다.
- 이 환자에게 열상이 생기게 한 원인은 분명하지 않았다. 손상 당시의 주변 환경이 꼭 고려되어야만 한다. 그 환자는 맨발로 해변을 걷고 있었다. 그곳에는 원래 존재하거나, 해변의 오염에 의한 많은 날카로운 물질이 있다. 그런 것들에는 깨진 유리(예, 맥주병)와 해양 동물의 날카로운 부속기들이 있다. 그러므로 이물질을 주의깊게 찾아보아야만 한다.

References

1 Stevens DL (2003) Skin and soft tissue infections. *Infections in Medicine*. **20**(10): 484.

2 Cline DM, Ma OJ, Tintinalli JE *et al.* (2001) *Just the Facts in Emergency Medicine*. McGraw-Hill, New York, New York, 64.

3 Guidner G and Leinen A (2004) Malpractice or misfortune: we, the jury, find the emergency physician… *EMpulse*. **9**(1): 8.

4 Stevens DL (2003) Skin and soft tissue infections. *Infections in Medicine*. **20**(10): 492.

5 Stevens DL (2003) Skin and soft tissue infections. *Infections in Medicine*. **20**(10): 492–3.

6 Stevens DL (2003) Skin and soft tissue infections. *Infections in Medicine*. **20**(10): 493.

7 Cline DM, Ma OJ, Tintinalli JE *et al.* (2001) *Just the Facts in Emergency Medicine*. McGraw-Hill, New York, New York, 63.

8 Cline DM, Ma OJ, Tintinalli JE *et al.* (2001) *Just the Facts in Emergency Medicine*. McGraw-Hill, New York, New York, 77.

9 Avner JR, Baker MD (1992) Lacerations involving glass: the role of routine radiographs. *American Journal of Diseases in Children*. **146**: 600–602.

10 Edwards FJ (2002) *The M & M Files: morbidity and mortality rounds in emergency medicine*. Hanley & Belfus, Inc., Philadelphia, Pennsylvania, 135.

11 Edwards FJ (2002) *The M & M Files: morbidity and mortality rounds in emergency medicine*. Hanley & Belfus, Inc., Philadelphia, Pennsylvania, 138–9.

12 Edwards FJ (2002) *The M & M Files: morbidity and mortality rounds in emergency medicine*. Hanley & Belfus, Inc., Philadelphia, Pennsylvania, 142–4.

13 Selbst SM and Korin JB (1999) *Preventing Malpractice Lawsuits in Pediatric Emergency Medicine*. American College of Emergency Physicians, Dallas, Texas, 76.

14 Selbst SM and Korin JB (1999) *Preventing Malpractice Lawsuits in Pediatric Emergency Medicine*. American College of Emergency Physicians, Dallas, Texas, 74–5.

15 Selbst SM and Korin JB (1999) *Preventing Malpractice Lawsuits in Pediatric Emergency Medicine*. American College of Emergency Physicians, Dallas, Texas, 75.

16 Selbst SM and Korin JB (1999) *Preventing Malpractice Lawsuits in Pediatric Emergency Medicine*. American College of Emergency Physicians, Dallas, Texas, 126–7.

17 Selbst SM and Korin JB (1999) *Preventing Malpractice Lawsuits in Pediatric Emergency Medicine*. American College of Emergency Physicians, Dallas, Texas, 147–8.

18 Selbst SM and Korin JB (1999) *Preventing Malpractice Lawsuits in Pediatric Emergency Medicine*. American College of Emergency Physicians, Dallas, Texas, 150–51.

19 Gardner AF, Mendelson DJ (2002) Avoidable. *Foresight: Risk Management for Emergency Physicians*. **5**(October): 3–5.

제 13장

영상의학에 관한 법적인 문제 (Legal issues involving radioloy)

- X-ray 검사 판독의 책임
- 올바른 X-ray 검사를 했는지에 대한 확신
- 간호사가 X-ray 검사를 지시한다?
- CT 판독의 책임
- 영상 검사 결과의 분실
- 모든 검사에 대한 결과의 확인
- 영상의학과 전문의에게 도움을 구하기
- 하나의 X-ray검사에 의한 혼돈의 방지
- 소아의 X-ray
- 영상 검사는 무해하지 않다

진단 영상의 사용은 의학의 거의 모든 분야에서 이용되고 있다. 기술의 발전으로 장비가 더 간소화 되고 저렴하게 되어 영상 검사가 점차 대중화 되었다. 대부분의 외래에서는 단순영상검사를 위한 장비가 갖추어져 있고 CT나 초음파 검사도 같이 시행할 수 있는 곳들이 있다. 대부분의 응급실에 초음파 장비와 CT 기기, 심지어 MRI 장비까지 구비하는 것이 표준화 되고 있다. 최근 몇 년간 영상 장비의 이동이 용이해졌다.

영상 검사의 사용이 증가되는 것은 의사가 판독해야 하는 검사가 많아지는 것을 의미한다. 이러한 검사들은 외래환자 진료에 기반을 두고 시행하거나 '공식적인' 근무시간이 지나고 난 뒤 영상의학 전문가가 없을 때에 진행이 되므로 많은 검사 결과가 영상의학과 전문의가 아닌 의료진에 의해 판독이 이루어진다. 대부분의 의사가 수련기간 동안 방사선 판독에 대한 교육을 받지 못하여, 판독의 오류가 범해질 수 있다. 일차 진료를 담당하는 의료인의 수련 역시 영상의학과 전문의나 전공의의 판독에 의존하므로 자신의 경험을 쌓기에 충분한 검사를 시행할 수가 없다.

X-ray 검사 판독의 책임

미국의 대부분의 응급실과 외래진료실에서는 치료를 담당한 의사가 초기의 X-ray 검사의 판독에 대한 책임이 있다. 극소수의 의료기관이 영상의학과 의사가 그 자리에서 동시에 판독을 하거나 영상의학과 의사의 집으로 영상을 전송하여 판독을 할 수 있는 체계를 가지고 있다. 그러므로 수년 동안 영상의학 전문이 아닌 의료인에 의한 판독능력이 법적으로 이슈가 되어 왔다. 보통 우리는 영상의학 전문의처럼 동일한 판독의 기준이 있지 않으나, 판독을 하는 능력을 보여 주어야 한다. 이러한 능력은 의료 분야에 따라 천차만별이다. 가정의학이나 내과 의사는 흉부 방사선 검사에서 폐렴이나 울혈성 심부전의 진단을 잘 할 것으로 기대 되지만 적은 양의 기흉이나 종격동 기종의 진단을 잘 하리라고 기대하지는 않는다. 뒤에 언급한 2가지 질환은 주로 외상에 의해 생기므로 일차진료의가 담당하는 '정상' 환자에게서 표현되는 것은 아니다. 응급의학과 의사는 흉부방사선 촬영에서 이러한 2가지 소견을 탐지해 내는 능력이 있어야 한다. 비슷하게 응급의학과 의사는 정형외과 의사보다는 Salter-Harris 골절을 판독해 내는 능력은 약간 떨어진다.

의료의 책임에 있어 방사선 판독의 오류를 방지하는 몇가지 방법이 있다. 첫째이며 가장 중요한 것은 환자에게 현재의 판독은 예비 판독이라고 말을 해주고 영상의학 전문의의 판독이 상이하게 나온다면 환자에게 다시 결과를 통보해 주겠다고 이야기 하는 것이다. 이런 방법은 영상 판독 결과에 대한 확인이 필요하다. 응급의학과 의사는 수일동안 비번인 경우가 있다. 병원으로 돌아 와서 의심이 되는 영상 검사의 판독을 확인하는 것은 좋은 방법이 아니다. 가끔은 휴가나 판독 결과가 조회되지 않는 등의 이유로 불가능 할 때도 있으나 가능한 빨리 판독 결과를 알려고 노력해야 한다. 우리 병원에서는 구두 판독이 있어 오랜기간 병원을 비워두는 경우에 사전에 필요한 정보를 기록하여 환자에게 영상의학과의 판독 소견을 전화를 통해 전해 줄 수 있다. 같은 방법으로 대부분의 진료실에서는 영상의학과의 판독을 2가지 방법으로 환자에게 전달한다. 대부분은 우편을 통해 영상의학과의 판독을 수일 안에 회수한다. 때로는 따끈따끈한 판독지를 특급우편을 통해 특별히 전해 받을 수도 있다. 이러한 방법은 비용이 많이 들기에 모든 필름에 적용할 수 없다. 즉각적인 판독을 통해 치료를 결정하는 애매모호한 경우에 이용 하도록 해야한다. 마지막으로 영상 검사의 판독이 의심스러울 때에는 신중한 방법으로 환자의 치료를 결정하는 것이다. 임상적으로는 골절이 의심이 되나 영상 검사에서 확인이 안 되는 경우에는 스플린트를 손상 부위에 적용하고, 폐렴이 의심 된다면 항생제를 사용하고 퇴원을 시키거나 항생제를 사용하지 않고 다음날 영상 검사 결과를 확인할 수 있게 다시 방문 하도록 한다.

처방을 낸 의사가 오류를 범하여 영상의학과의 판독과 상이 할 경우 종종 일어나는 상황이 있다. 대부분의 판독은 환자의 치료여부가 결정된 뒤에 나오기 때문에 이런 추후의 판독은 법적인 책임 소재의 논란이 된다. 누가 판독 결과를 환자에게 알려주어야 하는 책임이 있는가?

다음의 내용은 우리 병원에서 어떻게 응급으로 시행한 X-ray의 판독을 하는 지이다. 응급실마다 절차가 다를 것이라고 생각하나 응급실에서 X-ray검사를 시행한 후에 응급의학과 의사는 이를 판독하고 이를 근거로 환자의 치료를 결정 한다. 환자들은 종종 이 판독이 예결이며 영상의학과의 판독과 상이할 경우 이에 대한 연락이 있을 것이라는 이야기를 듣곤 한다. 수 시간에서 며칠이 지난 후 영상의학과의 판독이 나오면 구술된 판독물이 처방의의 우편함에 쌓이게 된다. 영상의학 의사는 생명에 지장을 주는 판독이 아닌 이상 모든 이상 판독 소견에 대해 의사에게 연락을 하지 않는다.

가장 명백한 오류는 영상의학과의 판독이 지연이 된다는 것이다. 이것은 골절이 있는 환자가 스플린트 없이 퇴원을 하고, 폐렴 환자가 치료를 받지 않으며, 이물질을 제거하지 않는 것을 의미한다. 이런 지연은 응급의학과 의사가 근무 교대를 하고 며칠 동안 자리를 비워두는 것과 복합적으로 작용을 할 수 있다. 게다가 응급실에 전담의가 근무를 하면 이들은 우편함이 없기 때문에 판독물을 확인 할 수가 없다. 또한 응급실에서는 여러 의사가 근무를 하기 때문에 판독물이 다른 사람에게 전해 질 수도 있다.

X-ray를 판독한 의사들끼리의 의견 교환도 오류를 예방하는 적절한 방법은 아니다. 이전에 언급하였 듯이 영상의학과는 예를 들면 기흉, 경추 골절 등 생명에 지장을 주는 질환일 경우 보통 의사에게 연락을 하나 골절, 폐렴, 이물질 등은 처방의와 토의를 덜 한다. 이런 질환들의 경우 적절히 적합한 방식으로 알려지지 않는다면 상당히 많은 소송을 당할 소지가 있다. 영상의학과 의사가 X-ray에 소견에 대해 응급의학과와 연락을 하더라도, 간호사나 다른 응급의학과 의사에게 연락을 하는 경우가 있으나, 이들은 환자에 대한 관심이 없어 딜레마가 생긴다. 환자에 대해 알지 못한 상태에서 그들은 다른 중요한 업무를 수행하는 중이므로 결과보고에 대한 망각을 하기 쉽다. 게다가 업무량에 치어 지쳐있을 경우 그들은 환자와 의사의 교감이 없기 때문에 이에 대한 교정(예를 들면, 차트를 다시 확인하고, 환자 면담을 하는)을 할 책임을 못 느낀다.

[증례 13.1] 책임 전가하기

- 영상의학과 의사가 응급실에 전화를 걸어 전날의 흉부 X-ray 검사에서 폐렴이 있는 환자에 대해 다음 근무자에게 연락을 하였다. 응급의학 의사는 환자의 기록을 열람하고 치료 내역을 확인 하였지만 다른 중환자 차트 옆에 놓아두었고 이에 대해 기억을 하지 못하였다. 영상의학과 의사는 판독 결과를 응급의학과 의사에게 전해 주었다고 구술 하였다.
- 2일 뒤 환자는 응급실에 심한 호흡 곤란을 주소로 다시 방문 하였다. 그는 폐렴으로 치료를 받지 못한 상태 였다. 환자는 바로 호흡 곤란으로 사망을 하였다. 환자의 가족들은 처음 진료한 응급의학과 의사와 보고를 받은 의사, 영상의학과 의사에게 소송을 제기하였다. 보고를 받은 응급의학과 의사는 환자와는 아무 상관이 없다며 결국 소송에서 제외 되었다.

이 증례와 같은 경우는 논쟁의 여지가 있고 법원에서는 다른 관점으로 다루어 질 수 있을 것이다. 이상적으로는 영상의학과 의사의 판독이 검사 후 빠른 시간 내에 이루어지는 것이 최선이다. 디지털 장비와 영상 전송기술의 발전으로 이러한 것들은 곧 이루어질 것이라고 생각된다. 그 때까지는 X-ray 검사 이후 상호 지속적으로 협조하는 프로토콜 대로 작업을 해야 한다. 처방을 내는 의사와 영상의학 의사는 서로 환자의 질환을(생명에 지장을 주는 질환이건 간에) 파악하기 위한 1차 책임이 있다. 2명의 의사 모두 환자의 차트에 올라있고 비용 청구에 관련이 있어 의사-환자관계를 형성하고 있으며 따라서 책임이 있다. 환자의 진료와 관련이 없는 다른 의사가 끼어드는 것이 이러한 책임을 줄여주지는 않는다.

[증례 13.2] 의사소통의 필요성

- Selbst와 Korins의 *Preventing Malpractice Lawsuits in Pediatric Emergency Medicine* 에 있는 영상 판독시에 생명에 지장을 주는 것이 아니어서 의사소통을 하지 않았다는 내용이다.[1] 4살 된 소아가 팔을 다쳐 응급실로 왔고 의사가 영상 판독을 하고 난 뒤 이상이 없다고 하여 압박 붕대를 하고 퇴원을 하였다. 다음날 영상의학과 의사가 상완골의 원위부의 골절이 있다고 판독을 하였고 응급의학과 의사나 환자 가족에게는 연락을 하지 않았다. 몇 달 뒤에 환자는 수술을 하였고 보호자는 영상의학과 의사를 상대로 고소를 하였다. 법정은 의료 전문가가 환자의 안녕(well being)을 위해 최선의 노력을 해야 했다고 판결 하였다.[1]

우리는 위의 증례처럼 몇 달 동안 치료를 받지 않게 하여 골절이 악화되는 것을 방지할 수 있는 방안이 있을 수 있다고 생각한다. 처방 한 의사는 습관적으로 자신의 X-ray의 판독 결과를 확인하여야 한다. 영상의학과 의사는 또한 이상 소견이 발견이 되면 처방을 낸 의사 또는 환자와 의사소통을 위한 노력을 해야 한다. 게다가 응급실에서의 진료 이후 수일 뒤에 주치의에게 다시 진료를 받고 구술된 정식 판독을 확인토록 환자에게 설명을 하여야 한다.

[증례 13.3] 판독 결과를 들었습니까?

- 반대로 Selbst와 Korins는 *Preventing Malpractice Lawsuits in Pediatric Emergency Medicine* 에서 영상의학과 의사가 그의 소견을 환자에게 이야기할 이유가 없다는 것을 이번 증례를 통해 이야기 했다.[1] 18세 소녀가 감기증세와 가슴이 답답한 증세로 응급실을 방문하여 검사 후 응급의학과 의사에게 흉부 검사는 정상이라는 설명을 듣고 퇴원 하였다. 영상의학과 의사는 가슴에 종괴의 가능성이 있다고 판독을 하였고 2일 뒤 소녀가 재방문을 하여 같은 의사에게 다시 진료를 받았으나 응급의학과 의사는 판독을 보고 난 뒤 가능성이 낮다고 생각하고 환자에게 설명을 하지 않았다.
- 환자는 이후에 호지킨 림프종으로 치료를 받고 불임이 되었다. 환자는 종괴에 대한 정보를 환자에게 알리지 않았다고 응급의학과 의사에게, 또 그녀의 주치의에게 이러한 사실을 알리지 않았다고 영상의학과 의사에게 소송을 하였다. 환자는 좀 더 일찍 이 사실을 알았다면 일찍 치료를 받아 불임이 되지 않았을 것이라는 내용이었다. 영상의학과 의사는 환자에게 구두로 연락할 의무가 없다고 주장하였고 응급의학과 의사는 가슴의 종괴는 림프종과는 상관이 없다고 주장 하였다. 판결은 병원과 응급의학과 의사가 50만 달러의 비용을 환자에게 지불하였고 영상의학과 의사는 무죄였다.

이러한 증례들은 법원의 판결이 일관성이 없는 것처럼 보인다. 앞의 두 의사는 그들의 진료에 대한 방어설명이 오만한 면이 있다. 암 진단의 오류는 법적인 책임이 매우 크므로 영상의학과 의사는 치료를 담당한 의사에게 연락을 하는 것이 의학적 교류에 있어 중요한 부분이라고 생각한다. 우리는 이러한 관점에서 영상의학과 의사의 환자 진료는 '치료의 표준' 에 미치지 못 했다고 생각 한다. 응급의학과 의사는 가슴의 종괴가 림프종이 아니라는 주장을 하였으나 배심원들에게 관철되지는 않았다. 그가 진단을 하지 못하였으므로 가슴의 종괴가 림프종이 아니라고 증명을 하는 것이 그의 역할이라는 것이다(그는 이렇게는 하지 않았다). 위의 증례에서는 다양한 결론을 얻을 수 있다. 환자를 치료하는 의사의 역할과는 별개로, 만약 그가 환자와 연락을 하려했다는 것을 보였다면 법원에서 유리한 판결을 받을 수 있었다. 무관심해 보이거나 연락할 의사가 없었다면 책임이 있는 것 같다.

올바른 X-ray 검사를 했는지에 대한 확신

이 책에서 환자에게 약물을 주기 전에 간호사에게 수차례 확인을 하도록 하는 것을 이야기 했다. X-ray 검사에서도 확인 과정은 복잡하지 않더라도 필요하다. 의사들은 환자의 검사가 환자 본인의 것(올바른 부위를, 적절하게)인지 확인하는 것이 맞다고 생각한다.

[증례 13.4] 올바른 부위를 선택하기

- 정형외과 의사가 방사선사가 상완골 골절부위를 잘못 표기하여 다른 쪽 어깨 수술을 하였다. 기사는 오른쪽 어깨를 촬영을 하고난 뒤 왼쪽이라고 표시를 하였다. 환자는 보조 의사의 진료를 받고 난 뒤에 수술 동의서를 제대로 읽지 않고 사인을 했다. 의사는 환자가 전신 마취를 시행할 때 까지 환자의 진료를 하지 않았고, 왼쪽 어깨의 수술을 할 때까지 오류를 알지 못했다. 이 예는 법정 밖에서의 합의로 해결 되었다.

[증례 13.5] 똑바로 촬영하기

- Edwards는 *M & M files*에서 환자의 부적절한 부위의 촬영에 대한 다른 증례를 소개하였다. 25세의 여자가 배구를 한 뒤에 생긴 왼쪽 4번째 손가락의 통증으로 응급실에 방문하였다.[2] 환자 분류를 받고 난 뒤에 환자는 곧바로 영상의학과로 가서 X-ray를 촬영하였다. 진료의가 보기 전에 촬영을 한 상태에서 의사는 손가락의 '두드러진 부종과 반상출혈' 을 관찰 하였고 염좌보다 더 심한 손상이 있을 것으로 생각하였다.
- X-ray 검사 결과 이상이 없다고 판독을 하고 의사는 환자에게 염좌라고 설명을 하였다. 환자는 손가락에 부목을 대고 3일동안 부목을 착용하고 지내라는 설명을 받고 퇴원을 하였다. 4

일 뒤에 환자는 별다른 차도가 없어 가족주치의를 찾았다. 그녀의 주치의는 병원의 X-ray를 확인하였고 중지 부위를 촬영한 것을 알았다. 제대로 된 검사를 시행한 후에 골절이 확인 되었다. 환자는 병원과 응급의학과 의사에게 소송을 하였다. 누가 처방을 내야하는지에 대해서는 다음에 논의하겠다. 비록 간호사가 부정확한 부위의 X-ray 처방을 냈지만 의사는 X-ray가 제대로 검사가 되었는지를 확인할 책임이 있다.

간호사가 X-ray 검사를 지시한다?

환자분류소의 간호사가 의사가 환자를 보기 전에 X-ray 처방을 내는 것은 찬반양론이 있다. 찬성은 주로 환자와 의사의 시간을 절약한다는 점이다. 대부분의 환자는 대기실에서 대기하는 것을 좋아 하지 않고 X-ray 촬영 후 진료를 보기위해 기다린다. 환자의 진찰 후에 촬영된 X-ray로 의사의 판독을 즉시 받으면 환자의 진료시간은 확실히 짧아진다. 게다가 골절이나 기흉이 의심이 되는 소견이 있을 때 대기실에서 일시적인 치료를 받을 수 있고, 좀 더 개선된 분류를 시행 받을 수 있다. 또 간호사에게 이런 부가적인 권한을 부여하면 직업상의 만족을 줄 수가 있다.

한편 간호사의 X-ray 처방을 제한하는 다른 여러 가지 좋은 이유가 있다. 불필요한 X-ray 검사를 처방하여(Ottawa 기준에 맞으면 무릎의 촬영이 필요 없다) 자원이 효율적으로 이용되지 않는다. 더 응급상황에 있는 환자들이 불필요하게 기다려야 한다. 비용면에서도 도움이 안 된다. 또 환자와 기사가 불필요하게 방사선에 노출 된다.

앞의 증례에서처럼, 환자의 다른 부위에 대한 검사를 처방한다. 의사가 처음 환자를 진료하면 이러한 오류를 피할 수 있고 임상적으로 의심이 되는 부위에 중점적으로 X-ray를 볼 수 있다. 만약 필름이 적절하지 않다면 다른 추가 검사가 필요하다. 위의 증례의 의사는 X-ray를 볼때 임상적으로 의심이 되는 부위에 초점을 맞추지 않았다. 게다가 손상에 의한 병태생리를 경험하지 못한 간호사에 의해 부적절한 부위의 처방이 났다. 예를 들자면 언제 환자가 발목이 비틀리고 경골/비골의 인대결합이 손상을 받는지이다. 환자는 하지의 중간부위의 통증을 호소하여 간호사가 비골부위의 X-ray를 지시하였다. 이 X-ray는 발목의 미묘한 골절이나 Jones 골절을 놓치기 쉽니다. 이들 2개의 손상은 경골/비골 인대 결합의 손상이 있을때 나타난다.

CT 판독의 책임

대부분의 병원은 CT 영상의 판독 책임이 영상의학과에 있다. 검사가 진행되면 영상의학과 의사에게 전달이 되거나 병원에 없을 경우 인터넷을 통해 집으로 영상이 전송 된다. CT 판독의 지연은 종종 발생한다. 급성 뇌출혈이나 복강내 장기의 천공등과 같은 질병이 있는 환자들은 판독이 바로 이루어져야 한다. 이번 장에서는 이것들의 문제에 대해 논의를 하겠다. 누가 CT 판독을 적절한 시간에 하는 것에 대한 책임이 있는가?

[증례 13.6] 검사가 진행되면 바로 판독하라

- Edwards는 *M & M files*에서 CT 판독의 지연으로 환자에게 악영향을 미치고 병원이 해결을 한 사례를 보고하였다.[3] 52세의 남자가 작업 중에 6피트의 높이에서 추락을 하여 기둥에 머리를 부딪혔다. 그는 의식의 소실이 없었고 추락 이후에 집으로 걸어서 갔으나 두피에 3cm의 상처가 있었다. 친구에 의해 병원으로 왔고 그 곳에서 부인을 만났다. 1차로 신경학적 검사를 시행하고 이상이 없어 두피 봉합술을 받았다. 환자는 이후에 두통을 호소하였다. 의사는 다시 시행한 신경학적 검사도 변화가 없었지만 두부 CT를 처방하였다.
- 사고가 주말에 발생하여서 병원에는 영상의학과 의사가 없었다. 검사는 판독을 위해 30마일이 떨어진 큰 의료기관으로 인터넷을 통해 전송이 되었다. 그 병원은 더 혼잡하였고 영상의학과 당직 의사가 판독을 하는데 까지 수 시간이 소모되었다. 응급의학과 의사는 CT 판독에 자신이 없어 정식 판독이 나올 때 까지 다른 조치를 취하지 않고 기다리고 있었다.
- 1시간 반 뒤에 환자는 구토와 이상한 행동을 하여 그의 부인이 응급의학과 의사에게 이 사실을 알렸다. 또 환자는 항응고제를 먹고 있다고 하였다. 의사는 다시 환자를 재평가 하였다. 환자는 질문에 제대로 답변을 못하였고 한쪽 동공이 산대되어 있었다. 응급의학과 의사는 영상의학과 의사에게 연락을 하여 바로 CT의 판독을 요구하였다. 수분 뒤에 경막하 출혈이 있다는 연락을 받았다. 환자는 기관삽관을 하고 헬기를 타고 신경외과 중환자실이 있는 큰 병원으로 이송되었다. 환자는 영구적인 신경학적 결손을 남긴 채 회복되었다. 병원은 추후에 이 문제에 대하여 가족의 대리인을 통해 소송의 화해를 하였다.
- 이 증례에서 교정 할 수 있는 오류는 무엇일까요? 가장 쉬운 방법은 환자에게 두부손상이 있었는 지와 항응고제를 복용 하는지에 대해 질문을 하는 것이다. 환자가 항응고제를 먹고 있다면 뇌출혈의 위험이 높아지고 CT 촬영의 기준을 낮추어야 한다(우리는 이런 경우 모두 CT 촬영을 한다). 또 환자에 대한 신체 검진과 CT촬영 결과까지에 소모되는 시간을 가능한 최소화 할 수 있다. 이 예의 응급의학과 의사가 환자가 항응고제를 복용한다는 것을 알았다면 영상의학과 의사에게 즉시 연락을 하여 바로 판독을 하도록 요구를 하거나 본인이 판독을 하는 것을 시도해 보았어야 한다.
- 이 예에서는 2번째 오류가 있다. 두부 CT의 판독에서 종종 영상의학과에서 난해한 경색이나 출혈을 알아낸다고 하더라도 대부분의 응급의학과 의사들에게 주요한 뇌출혈이나 뇌부종을 진단하는 것은 어려운 일이 아니다. 뇌반구의 이동이 있어 뇌헤르니아가 있다는 징후가 있을 정도라면 더욱 더 그렇다. Edwards는 '두개내의 출혈이 모이면서 반구의 이동이 있으면 이를 감지하는 것은 쉽고, 응급의학 의사의 기본'[3]이라고 하며 우리의 의견에 동의하였다. CT 판독을 잘 하지 못하는 의사는 영상기사나 CT 촬영기사와 잘 지내면 이들에게서 병적인 이상 소견 등의 정보를 얻을 수 있다. 또 응급 영상에 대한 많은 교육과정이 있다.

- 마지막으로 병원의 CT 판독을 위한 영상의학과의 진료 흐름에 오류가 있다. 응급실에서 위험한 질환의 CT 검사를 시행하면 1시간 안에 판독이 이루어져야 한다. 적어도 검사를 마친 뒤 30분 이내에 이루어지는 것이 좋다. 위에 언급한것에 예외는 있지만 최소한의 시간 내에 진행을 하는 것 좋다. 만약 응급상황에서 CT의 판독이 보통 한 시간 이상이 소모가 되면 병원에 CT를 보유하지 않는 것이 좋다. Jauch는 *'Cardiovascular and Neurovascular Emergencies: implications for clinical practice'*에서 급성 뇌졸중 환자에게 도착 후 25분 이내에 적절한 검사를, 45분 이내에 이에 대한 판독을 시행하여야 하며 응급의학과 의사는 이러한 영상의 판독을 하는데 책임이 없다고 기술 하였다.[4]

영상 검사 결과의 분실

영상의학과 의사의 응급 방사선 검사 판독은 응급의학과 의사에게 전달이 된다. 이러한 판독은 구두로 전하여지기 때문에 전해 받은 의사와 시간, 구술내용에 제한이 있다. 만약 구두로 전해 받은 의사가 이에 대한 기록이나 인계를 하지 않으면, 이에 대한 기록을 분실하거나, 다음 진료의사가 이에 대한 정보를 얻기에 곤란을 겪을 것이다. 환자가 다른 병원으로 전원을 가고, 필름은 안 가는 경우, 다른 병원에서는 다른 판독 시스템을 이용하는 경우에는 더더욱 이런 상황이 잘 일어난다.

다음 증례에서 Jeff Abraham은 불확실한 정보로 환자 전원을 하였을 때 발생하는 문제점을 말해준다.

[증례 13.7] 그 정보가 도움이 되었을 것이다

- 38세의 간호사가 2m 높이에서 페인트 작업을 하다가 추락하여 지역병원에서 치료를 받고 있었다. 그는 추락 당시에 머리와 엉덩이에 부상을 입었다. 의식의 소실이 있었고, 구토와 심한 두통을 호소하였다. 지역병원에서 두부와 골반 CT를 진행 하였고 영상의학과 의사가 이를 판독을 하여 치료를 담당하는 응급의학과 의사에게 알려주었다. 처음 진료한 응급의학과 의사는 이에 대하여 인계받을 의사에게 두부 CT 에서는 이상이 없으나 구토를 한다고 전해 주었으며 골반 CT를 촬영한 것에 대해서는 인계를 하지 못하였다. 이 검사에 대하여는 구두로 검사 지시가 있었고 구두 판독을 받았기 때문에 차트에는 기록이 남아있지 않았다.
- 지역 병원에는 신경외과 의사가 없기 때문에 환자를 다른 의료기관으로 전원을 하기로 하였다. 응급의학과 의사는 환자의 골반의 CT를 제외한 정보를 전원 받는 기관의 의사에게 제공하였다. 모든 환자의 진료기록을 복사를 하고 환자와 함께 전원을 보냈다. 환자가 그병원에 도착을 한 이후에 환자는 의사에게 골반 CT의 결과에 대하여 물었다. 응급의학과 의료진은 이에 대한 정보를 얻으려 하였으나 얻을 수가 없었다. 처음 진료한 응급의학과 의사와 판독의 모두 연락이 되지 않았다. 게다가 2번째 병원이나 응급의학과 의사는 이전 병원의 판독 시

스템에 접근하는 방법을 알지 못하고 있었다. 2시간이 지난 후, 그들은 판독결과를 보고 환자가 비전위 골반골 골절로 고통 받고 있다는 것을 알았다. 또한 CT에서 골반 정맥내에 혈전이 관찰 되었다.

- 환자는 항응고제를 투여받기 시작 하였으며 입원치료를 받았다. 환자는 뒤늦게 치료 받기 시작한 골반 정맥의 혈전으로 인한 만성적인 골반 통증이외에는 별다른 합병증 없이 회복하였다. 양쪽 병원과 응급의학 의사에게 소송이 제기되었고 상당히 많은 배상금이 부과되었다.

모든 검사에 대한 결과의 확인

이상적으로 의사들은 자신이 처방한 모든 영상 검사를 확인해야 한다. 이것은 우리가 처방한 모든 CT, MRI, 핵의학 검사 등을 점검 하지 못하기 때문에, 현실이 아니라고 솔직히 고백을 한다. 어쨌든 의사들은 자신이 처방한 X-ray는 자신이 판독을 하려 노력해야 한다. 이렇게 하는 것이 실력을 향상시키는 좋은 방법이다. 임상의는 영상의학과 의사가 놓치는 것을 자신이 종종 발견 하였을 때에는 상당히 감탄한다. 임상의에게는 환자의 임상 병력과 신체 검진을 할 수 있는 장점이 있다.

위에 언급한대로 필름만을 보는 것은 충분한 것이 아니다. 우리가 영상의학 의사가 아니기 때문에 우리는 흔하지 않거나 미심쩍은 부분에 대해서는 자주 판독의 오류를 범한다. 이러한 세부적인 것들은 사소한 것(예, 부 갈비뼈 accessory rib)부터 중대한 것(예, 기흉) 일 수 도 있다. 현재로는 별로 중요하지 않은 것(예, 폐결절 pulmonary nodule)이더라도 이후에 중요한 문제(예, 폐암)가 될 수도 있다. 이런 소견의 변화는 무시하더라도 처방을 낸 의사는 그 판독을 확인할 책임이 있다.

[증례 13.8] 판독지를 추적하라

- 이 증례는 방사선 판독지 분실에 대한 내용이다.[5] 한 남자가 복부 팽창, 쇄약과 구토를 이유로 응급실에 방문을 하였다. 복부와 흉부 X-ray를 응급실에서 촬영하고 환자는 그의 주치의에게 입원을 하였다. 환자는 위장관 출혈과 빈혈로 두달 동안 병원에서 치료를 받았으나 주치의는 복부대동맥류의 존재를 나타내는 방사선 판독지를 받지 못하였다.
- 환자는 한 달 뒤에 계속 되는 위장관 출혈로 응급실을 다시 방문 하였다. 그의 대동맥류는 아직까지 감지가 안 되었고 그는 집으로 귀가를 하였다. 수 시간 뒤에 대동맥류의 파열이 있어 환자는 급히 응급수술을 받았으나 수술이 너무 늦어 대량 출혈로 인한 말단 장기의 손상을 받았고 단기간 안에 환자는 사망을 하였다.
- 고소인은 주치의에게 대동맥류를 일찍 인지 못한 잘못이 있다고 소송을 제기하였다. 주치의는 병원에 대하여 자신에게 영상판독 결과지를 주지 않았다고 불만을 토로하였다. 배심원은 양쪽 모두 과실이 있다며 일정액을 배상하라고 판결을 하였다. 이번 증례는 소송을 일으킬 만한 여러 가지 관점이 있어 승소하기가 힘들었다. 고소인은 피고간의 의견이 불일치하는 것

을 잘 이용하였다. 배심원들은 주치의가 영상의학과 보고서를 확인하려고 했는지에 대한 의문을 제기하였다. 마지막으로 고소인은 응급의학과 의사가 자신의 처방한 필름에서 대동맥류의 확인을 하지 못한 것에 대해 성공적으로 소송을 제기하였다.

[증례 13.9] 그곳에 없는 무언가를 치료한다

- 이번 증례는 72세 여자가 호흡 곤란으로 응급실에 방문한 내용을 담고 있다. 그녀는 심장이나 폐 질환의 병력이 없었으며 지난주에 '폐렴' 으로 6일 동안 병원에 입원을 했었다. 흡연의 과거력도 없었다. 환자의 산소 포화도는 대기 중에서 93%로 측정 되었고 다른 활력 징후는 별 이상이 없었다. 산발적으로 호기시에 천명음이 들렸으나 폐침윤의 증거는 없었다. 그녀의 흉부 X-ray는 우측 심장 경계면의 하단면 주위에 약간의 고밀도 음영이 보였고 다른 혈액 검사나 심전도에서 이상 소견은 없었다.
- 흉부 X-ray 검사는 전형적인 폐렴을 시사하지는 않았다. 그녀의 혈액 검사도 이런 진단을 뒷받침하지는 않았다. 그녀의 입원 기록을 통해 실제로 그녀가 폐렴으로 치료를 받았으며 매일 흉부 X-ray 검사를 시행 하였다는 것을 알았다. 모든 5장의 흉부 X-ray 가 영상의학 판독으로는 심낭의 지방패드 이외에는 정상으로 나왔다. 입원시킨 주치의는 이 보고를 확인하지 않은 것 같았다. 이것으로 인해 폐렴의 진단에 의문을 가지게 되어 폐 CT를 촬영을 하였고 양쪽 폐에 폐색전이 발견 되었다. 하지에 심부 정맥혈전도 발견이 되었다. 이러한 소견들이 입원 이후와 입원 중에 발견이 되었으나 폐렴이라는 오진은 영상 판독에 기초한 의심하에 알게된 것이다.

[증례 13.10] 계속해서 수색하라

- 마지막 증례는 우리의 파일 중 하나이다. 임신 6주의 여성이 우리 병원에 와서 산부인과의 요구대로 예정된 산전 진찰일의 일주일 전에 외래 초음파 검사를 예약 하였다. 환자는 지역병원 영상의학과에 초음파 검사 예약을 하였다. 수년 동안 우리는 초음파 기사가 그들의 스캔 자료를 판독을 하고 의사에게 중요한 자료를 즉시 전달한다는 것을 알고 있었다. 이 기사는 초음파로 자궁외 임신을 확인하였으나 환자를 잡아 두지 않고 집으로 귀가를 시켰다. 초음파를 한 다음 바로 판독지를 보내달라는 요청에도 이렇게 한 것이다.
- 그녀의 초음파 스케줄이 끝나고 3시간이 지난 후에 판독 결과가 도착하지 않아서 영상의학과에 전화하여 결과를 확인 해 달라고 하였다. 스캔자료는 영상의학과 의사에게 전해져서 자궁외 임신을 확진하였다. 우리는 환자에게 전화를 걸었으나 연락이 되지 않았고 다른 연락처

로 연락을 하여 그녀가 그곳으로부터 10마일이 떨어진 시골에 산다는 이야기와 이송 수단이 없어 환자에게 갈 수가 없다는 이야기를 들었다. 마지막 방법으로, 병원에서 1시간 거리인 그녀의 부모 집으로 운전을 하고 가서, 저녁 9시 30분에 그녀의 집에 도착하여 그녀에게 산부인과 치료를 받으러 병원으로 돌아오라는 정보를 주었다. 이 여성에게 치명적인 합병증을 예방하기 위해 영상의학과의 판독 보고서를 찾는 것이 이 증례의 교훈이다.

영상의학과 전문의에게 도움을 구하기

우리의 영상의학과 의료진은 2가지 이유로 컴퓨터를 좋아한다. 방대한 정보가 있고, 특이한 영상 소견에 대한 많은 감별소견을 항상 제공하기 때문이다. 이러한 감별 목록이 가끔은 이상하거나 드문 진단을 포함하기도 하지만 대부분은 정확한 진단을 포함하고 있다. 그러므로 그들에게 방사선 소견이 무엇을 의미하고 나타내는지 물어볼 가치가 있다. 또 당신에게서 얻는 정보를 통해 다른 감별 진단의 목록을 작성할 수 있는 기회가 있다. 발전적인 대화는 양쪽 의료진에게 모두 도움이 된다.

영상의학과 의사는 가끔은 그들에게 주어진 정보에 한하여 작동한다는 점에서 컴퓨터와 비슷하다. 암흑속에서 일을 하는 것과 마찬가지로 애매모호한 환자의 검사를 판독하는 것은 좌절을 하게 한다. 환자의 적절한 임상 정보를 주지 않고 영상의학과에 검사에 대해 문의를 하는 것은 방대하고 어려운 일을 그에게 강요하는 것과 같다. 예를 들면 어떤 의사들은 어떤 CT는 수백장의 슬라이드로 이루어졌다는 것을 알지 못한다. 그것은 세세하게 조사하고 스캔하기 위한 수많은 사진들이다. 더 나은 결과물을 원한다면 영상의학 의사에게 어떤 방향으로 나아가야 할 지에 대한 방향을 설정해 주어야 한다.

[증례 13.11] 동료로부터 약간의 도움을 받아라

- 다음의 증례는 임상 경험에서 얻은 좋은 예이다. 56세 여자가 20시간동안 지속된 갑자기 발생한 상복부 통증으로 응급실에 방문하였다. 그녀는 오심은 있었으나 발열이나 구토, 설사는 없었다. 등으로 방사되는 통증도 없었다. 수년전에 갑상선 암의 병력은 있었으나 현재 만성적으로 복용하는 약물이나 이전에 개복술의 병력은 부인하였다.
- 약간의 저혈압이외에는 활력징후에서 이상이 관찰되지 않았으며 환자는 약간 불안해 보였다. 응급의학과 의사는 간기능 검사와 리파아제와 더불어 심근효소 검사를 지시하였다. 환자의 모든 검사에서 이상이 발견되지 않았으며 GI cocktail로 증상이 약간 호전 되었다. 통증이 다시 재발을 하였고 증상은 더 심해진 것처럼 보였다. 데메롤 등을 정맥주사하고 복부대동맥 박리 검사를 위해 복부 CT를 촬영하였다. 영상의학과의 판독은 정상이었다.
- 근무 교대를 하고 난 뒤에도 환자는 계속해서 원인 모를 복통이 있었고 점차 심해지는 양상이었다. 처음 진료한 의사의 환자 걱정에, 우리는 담석을 확인하기 위해 복부 초음파를 시행

하기로 하였다. 당직 영상의학과 의사에게 환자의 상복부 통증에 대한 정보를 주었다. 초음파에서 담석이 발견되기도 하였지만, 췌장의 두부에 2cm의 저음영이 관찰되었다. 이런 소견은 다시 확인한 CT에서도 발견할 수 있었다. 환자는 입원을 하여 췌장생검을 통해 췌장암을 진단 받았다. 임상적으로는 환자의 통증이 담석이나 종양 중 어떤 것이 원인인지 알기가 힘들다. 환자의 통증의 가능한 원인은 만약 첫 번째 영상의학과 의사에게 임상 정보를 주었다면 CT에서도 확인 할 수 있었을 것이다.

영상의학과 의사와 임상증례를 토의하는 것 또한 어떤 추가 검사를 진행할지에 대한 조언을 할 수 있는 기회가 된다.

[증례 13.12] 우리가 필요로 하는 것을 볼 수 있을까?

- Edwards는 *The M & M Files*에서 영상의학과 의사와의 토론을 통해 X-ray의 판독오류를 예방할 수 있다는 증례를 보고 하였다.[6] 32세 남자환자가 모든 척추를 고정한 채 양쪽 발목의 통증을 호소하며 응급실에 실려 왔다. 그는 두경부의 손상이나 다른 곳의 통증은 없다고 하였다.
- 응급의학과 의사는 경부와 발목의 X-ray를 촬영을 지시하였다. 영상의학과 의사가 원내에 있어 정상이라고 바로 판독을 하였다. 응급의학과 의사는 환자에게 이 결과를 설명하고 압박붕대로 양 발목을 고정할 것을 지시하였다. 환자는 왼쪽발목이나 발꿈치로 체중을 지탱할 수 없어 휠체어를 타고 퇴원을 하였다. 환자는 증상의 호전이 없을 시에 다음날 외래로 올 것을 설명 들었다.
- 일주일이 지나도 환자는 체중을 지탱 할 수가 없었다. 환자의 주치의는 환자의 오른쪽 발뒤꿈치가 부어있고 점상출혈이 있는 것을 발견하였다. 주치의는 이상해서 병원의 X-ray를 다시 확인을 해 보았다. 환자의 발꿈치뼈가 정상으로 생각되지 않아 발꿈치뼈를 촬영하여 골절을 확인 하였다.
- 환자는 병원에 이의를 제기하였고, 진료비를 청구하면 소송을 제기한다고 하였다. 그는 경추의 손상이 없다고 하였는데 왜 경부 촬영을 했는 지와 골절이 있는 발꿈치뼈의 촬영은 왜 하지 않았는지에 대해 질문을 하였다. 그는 석 달 이상 직장생활을 할 수가 없는 것에 대해 상당히 흥분해 있었다. 좀 더 일찍 진단이 되었다면 환자의 장애는 약간 줄어들었을지 모르지만, 만약 응급의학과 의사와 영상의학과 의사가 세밀하게 손상 받은 부위의 진찰을 하였다면 환자의 분노는 막을 수 있었을 것이다. 이 경우에는 발꿈치 촬영(calcaneous view)을 했어야 한다.

하나의 X-ray검사에 의한 혼돈의 방지

이것은 영상의학과 실습을 하며 배운 가장 기본적인 규칙이다. 우리는 환자의 병력과 신체 검진을 체계적으로 시행하라고 교육 받아 왔다. 마찬가지로 영상의학과 의사도 이와 비슷한 방법으로 필름을 보라고 교육을 받는다. 결과적으로 우리는 종종 우리가 미처 관찰하지 못한 부수적인 소견들을 영상의학과 판독에서 발견하곤 한다. 가장 흔한 예로 우리는 흉부 사진에서 급성의 폐병변을 확인하려 하는데, 폐결절이 확인되기도 한다. 급성의 소견이 다른 소견들에 의해 영향을 받아 관찰이 안 되기도 한다.

[증례 13.13] 보고자 하는 것만 보인다

- 최근에 위에 언급한 내용의 증례를 보고 받았다. 67세의 만성폐쇄성 폐질환과 폐암이 있는 남자가 호흡곤란과 기침으로 그의 주치의를 방문 하였다. 최근 3일 동안 기침과 호흡곤란이 증가하였고 화농성의 가래가 나오기 시작하였다. 그는 열은 없는 상태였고 의사는 X-ray 촬영을 지시하였다. 의사는 폐렴이 발생 하였는지에 대해 집중을 하였고 그의 기록에 새로이 생긴 침윤은 관찰 되지 않는다고 하였다. 또 환자의 폐에 많은 반흔이 있음을 기록으로 남겼다. 환자는 급성 기관지염의 치료를 위해 항생제를 처방받고 퇴원을 하였다.
- 영상의학과 의사는 다음날 환자의 우측 폐 75% 정도의 기흉이 있음을 의원에 알려 주었다. 의원에서는 환자에게 연락을 취하여 응급실로 가도록 하였다. 우리는 우측 폐에 흉관을 삽입하고 다시 확장된 폐를 가진 환자를 응급실에서 만나게 되었다. 환자의 주치의는 침윤과 같은 농도가 짙은 병변에 초점을 두었고, 폐의 반흔에 집중을 하여 기흉처럼 투과도가 높은 병변이 있는 것을 간과하였다.

소아의 X-ray

소아의 X-ray는 매우 매력적이다. 소아는 성장판을 가지고 있고 이들 부위의 손상이 있으면 감지하기도 힘들고 영구적인 성장의 장애를 받을 수 있다. 게다가 X-ray로는 확인이 불가능한 골절도 있다(Salter-Harris I) 소아의 판독을 하는 의사들은 Salter-Harris 골절의 의미와 분류를 알아야 한다. 또 소아 영상판독의 오류는 오진과 관련된 소송의 많은 부분을 차지하고 있다. 최근에는 병원들이 소아 영상의학과 의사를 고용하여 이들의 판독을 맡기고 있다.

[증례 13.14] 훨씬 큰 배상금

- Starr는 *Cortlandt Forum*에서 판독의 오류는 큰 소송으로 이어진다고 하였다.[7] 어느 날 오전 휴가로부터 돌아온 지 채 몇 시간이 되지 않아 영상의학과 의사가 12세 소년의 대퇴골과 골반 골절이 있는 사진을 보여 주였다. 소년은 몇 개월 전부터 활동시에 왼쪽다리의 통증을 호소하여 어머니와 함께 주치의의 진료를 받으러 갔다고 한다. 그 의사는 '성장이나 유전적인 이상을 감별하기 위해' X-ray의 촬영을 지시하였다.[8]
- 영상의학과 의사는 정상으로 판독을 하였고 주치의는 어머니에게 환자가 정상 생활을 할 수

있을 것이라고 설명을 했다고 한다. 22개월 뒤에 환아는 점차 증가되는 통증을 계속 호소하여 의사는 골반 X-ray를 촬영하도록 지시 하였다. 사진에는 분명한 관절 연골의 손상과 연골 용해가 있었다. 이러한 변화로 고관절의 운동 제한과 영구적인 장애를 유발하였다. 환아는 나중에 골반수술이 필요할 것으로 생각 되었다.

- 환자의 부모는 대리인을 고용하여 영상의학과 의사를 상대로 소송을 하였다. 다른 영상의학과 의사는 이전에 촬영한 필름을 양쪽의 grade I의 대퇴골두 골단분리증이라고 증언을 하였다. 피고인은 영상 전문가의 의견을 통해 '필름에서의 미묘한 변화를 놓친 것은 정상 범위 안의 것이며 과실을 의미한다고 할 수는 없다' 고 변호 하였다.[9] 이 증례는 5년 동안 소송이 지속 되었다. 소년은 십대가 되었고 재건 수술에 실패하여 영구적으로 보조기를 착용하고 10년마다 고관절 수술을 해야 한다. 결국에는 평생 동안 보조를 받아야 하고 의료비를 고려하여, 장애에 대하여 270만 달러의 소송액이 걸려있는 분쟁이 되었다.
- 이 증례는 확실히 이 사건에 연관된 사람들 뿐 아니라 이 증례의 독자들에게도 어려운 예이다. 의심 할 여지가 없이 오류로 인해 환자는 영구적인 장애를 가지고 살며 경제적인 보상이 필요하다. 반대로 영상의학과에 의해 생긴 오류는 예방이 가능한 것인가? 소아 영상은 판독을 하기가 힘들고 만약 병변을 확인하지 못 하였을 때 영구적인 손상을 일으킬 수 있으므로, 성인의 것과는 달리 의료 과실을 범하기가 쉬운 것이다.

영상 검사는 무해하지 않다

모든 의사와 대부분의 환자들은 영상 검사 시에 방사선 노출을 걱정 한다. MRI와 초음파를 제외하고는 다른 영상 장비들은 약간씩의 방사선 노출을 한다. 이것은 종종 소아환자와 임산부에게 이슈가 되고 있다. 어떤 의료기관은 영상 검사 전에 임신검사를 요구하는 프로토콜을 가진 곳도 있다.

방사선의 영향이 과대평가 되고 있는 반면에 다른 영상 검사의 잠재적인 위험은 저평가 되고 있다. 정맥 주입 조영제의 사용전에 과민반응의 위험에 대한 내용은 모든 환자들에게 알려줘야 한다. 울혈성 심부전 환자가 정맥조영제의 주입 후 위험한 상황으로 될 수가 있다.

[증례 13.15] 넘칠 만큼 많이 넣지 마라

- 호흡곤란과 흉통을 호소하는 환자를 진료하였다. 영상의학과 의사는 흉부 X-ray는 정상이라고 하였다. 환자는 폐 CT 촬영을 위해 125mL의 조영제를 주사 받고 나서 호흡 정지가 왔고 기관 삽관을 할 때 매우 많은 양의 거품과 같은 가래가 있었다. 나중에 그녀는 급성 폐부종이 있었다는 것을 알았다. 다행히 환자는 별다른 문제없이 회복 되었다.

조영제의 화학적인 영향은 심각할 수 있다. 조영제의 정맥 외로의 누출로 연부 조직이 괴사되거나 하는 것들을 많이 경험 하였을 것이다. 또 조영제는 신기능의 장애가 있는 환자에게 사용 할 때 급성신부전으로 발전 할 수 있다. 마지막으로 조영제는 모유로 배설이 되기 때문에 이것이 확인되지 않으면 모유로 수유를 하는 영아에게 유해 할 수 있다.

[증례 13.16] 조영제도 처방이 필요하다

- 이 증례는 우리가 경험한 예로 조영제가 필요한 영상의학 검사를 지시할 때, 조영제의 처방이 반드시 필요하다는 것과 그것의 위험성을 기억하게 해주는 예이다. 3일전에 제왕절개 수술을 한 36세 여자 환자가 호흡곤란을 주소로 병원에 왔다 그녀의 주치의는 폐색전증에 대한 염려를 하였다.
- 환자를 진료하였을 때 환자는 양 하지에 약간의 함요부종이 있었고 경도의 빈맥이 있었으나 저산소증은 없었다. 우리는 환자에게 산부인과 의사의 생각에 대해 알려 주었고 폐색전증에 대한 검사를 처방하였다. 환자는 모유수유 중이었고 우리는 조영제가 체외로 배출 되는데 하루가 소요되므로 2일 동안 모유 수유를 금할 것을 설명 하였다. 환자는 눈물을 흘리며 모유수유를 중단하기 싫다고 하였다.
- 다른 대체 방법으로 영상의학과의 자문을 얻어 우리는 환기관류스캔을 시행하기로 하였다. 영상의학과에서는 핵을 사용하므로 체외로 배출 되는데 3일이 소모 된다고 하였다.
- 환자를 위해 다른 방법을 찾으면서 산부인과 의사에게 연락을 하여 의견을 물었다. 그는 둘 중 하나의 검사를 해야 한다고 하며 환자에게 정보를 제공하고 결정을 하도록 하였다. 환자는 CT를 선택하였다. 검사 결과는 정상이었고 결과적으로 불필요한 검사를 한 것이 되었다. 어쨌든 우리는 검사가 정상이라는 것을 알고 밤에 숙면을 취할 수 있었다.

References

1 Selbst SM and Korin JB (1999) *Preventing Malpractice Lawsuits in Pediatric Emergency Medicine*. American College of Emergency Physicians, Dallas, Texas, 127.
2 Edwards FJ (2002) *The M & M Files: morbidity and mortality rounds in emergency medicine*. Hanley & Belfus Inc., Philadelphia, Pennsylvania, 149–50.
3 Edwards FJ (2002) *The M & M Files: morbidity and mortality rounds in emergency medicine*. Hanley & Belfus Inc., Philadelphia, Pennsylvania, 80–82.
4 Jauch EC (2004) *Cardiovascular and Neurovascular Emergencies: implications for clinical practice*. EMCREG-International, Cincinnati, Ohio, 64.
5 Priest W (2003) If a physician does not receive a copy of an abnormal X-ray and radiology report, who is liable – the physician or the hospital? *Physician's Medical Law Letter*. December: 2–3.
6 Edwards FJ (2002) *The M & M Files: morbidity and mortality rounds in emergency medicine*. Hanley & Belfus Inc., Philadelphia, Pennsylvania, 145–6.
7 Starr DS (2004) Exhausted physician misses a key diagnosis. *Cortlandt Forum*. **17**(4): 86–7.
8 Starr DS (2004) Exhausted physician misses a key diagnosis. *Cortlandt Forum*. **17**(4): 86.
9 Starr DS (2004) Exhausted physician misses a key diagnosis. *Cortlandt Forum*. **17**(4): 87.

찾아보기

Index